全国工人中级技术考核培训教材

数 控 车 工

人力资源和社会保障部教材办公室　组织编写

中国劳动社会保障出版社

图书在版编目(CIP)数据

数控车工/人力资源和社会保障部教材办公室组织编写. —北京：中国劳动社会保障出版社，2011
全国工人中级技术考核培训教材
ISBN 978-7-5045-9362-7

Ⅰ.①数… Ⅱ.①人… Ⅲ.①数控机床：车床-车削-职业技能-鉴定-教材 Ⅳ.①TG519.1

中国版本图书馆 CIP 数据核字(2011)第 226141 号

中国劳动社会保障出版社出版发行

（北京市惠新东街 1 号　邮政编码：100029）
出　版　人：张梦欣

*

北京隆昌伟业印刷有限公司印刷装订　新华书店经销
880 毫米×1320 毫米　32 开本　10 印张　281 千字
2011 年 11 月第 1 版　2016 年 2 月第 3 次印刷
定价：20.00 元

读者服务部电话：(010)64929211/64921644/84626437
营销部电话：(010)64961894
出版社网址：http://www.class.com.cn

版权专有　　侵权必究

如有印装差错，请与本社联系调换：(010)50948191
我社将与版权执法机关配合，大力打击盗印、销售和使用盗版图书活动，敬请广大读者协助举报，经查实将给予举报者奖励。
举报电话：(010)64954652

前　言

通过改革开放30多年的努力，我国制造业取得了令人瞩目的成就，我国制造业增加值占世界的份额已经达到一成以上，中国制造业大国地位初步确立。但是，我国仍不是制造业强国。从产业结构上看，中低端、低水平产品多，低端产能过剩，高端产品研发能力不足，产能不足。要实现由制造业大国向制造业强国的转变，调整经济结构，提升制造业核心竞争力，是"十二五"规划对我国制造业发展提出的新要求。建设制造业强国，离不开高素质的劳动者。为此，国务院先后颁发了《国家中长期人才发展规划纲要（2010—2020年）》和《国家中长期教育改革和发展规划纲要（2010—2020年）》，全面提高劳动者职业技能水平，加快技能人才队伍建设。为了适应这一技能人才培训的新形势需要，我们组织编写了《全国工人中级技术考核培训教材》，首批涉及车工、钳工、装配钳工、工具钳工、机修钳工、冷作钣金工、铣工、焊工、数控车工、数控铣工、加工中心操作工、涂装工、金属热处理工、电工、维修电工、电气设备安装工、汽车修理工、起重工等十几种职业工种。

在教材内容编排上，我们从工人岗位生产技术的实际出发，一方面加强工人相关理论知识的学习，提高工人的理论水平，为促进其更好地掌握和应用技术打下坚实的理论基础。另一方面着重阐明本工种中级技术的生产工艺、设备调整与维修等操作技能，强化操作的规范性，通过技术培训力求打造优质、高效、低耗、安全文明的生产技术力量。同时，教材及时反映行业发展的新技术、新工艺、新材料、新标准等方面的内容，使广大工人始终能把握技术发展的新动向。

> 数控车工

　　为了满足工人进行国家职业鉴定考核训练的需要，根据国家职业标准，本套教材还专门编写了试题库，在试题库中安排了理论知识试题和技能考核试题，并配套编写了理论知识试题答案和技能考核试题的评分标准。

　　在本套教材的组织编写过程中，我们得到了来自北京、安徽、湖南、江苏、浙江、四川、内蒙古等地人力资源和社会劳动保障厅（局）、职业技能鉴定中心的大力支持，来自北京市职工技术协会、中国南车株洲电力机车有限公司、马鞍山钢铁股份有限公司、航天科技集团、航天科工集团等企业的许多工程技术专家、技师、高级技师以及许多职业技术院校都参与了本套教材的编审工作，付出了辛勤的劳动，在此我们表示衷心的感谢。

　　本套教材可作为企业工人中级技术培训教材，也可作为各级职业学校、培训机构开展中级工国家鉴定考核培训用书，还可作为技术工人参考工具书。衷心欢迎广大读者对教材中存在的不足提出宝贵意见和建议。

人力资源和社会保障部教材办公室

内容简介

本书内容涉及中级数控车工的相关理论知识、操作技能和大容量的题库。具体包括：加工准备；数控车床程序编制；数控车床操作；零件加工；数控车床维护与精度检验。

本书是一本针对企业培训和中级工鉴定考核非常实用的教材，涵盖中级数控车工应知应会的知识与技能，注重理论联系实际。同时，附有大量题库，便于学员复习或企业开展对职工考核时使用。

本书由陈瑶主编，李捷、王琳琳参编，唐玢审稿。

目 录

第一章 加工准备 ··· 1
- §1—1 读图与绘图 ··· 1
- §1—2 数控车削加工工艺的制定 ··· 43
- §1—3 数控车削零件的定位和装夹 ··· 58
- §1—4 数控车床的刀具 ··· 69

第二章 数控车床程序编制 ··· 87
- §2—1 数控车床手工编程 ··· 87
- §2—2 计算机辅助编程 ··· 113

第三章 数控车床操作 ··· 143
- §3—1 数控车床操作面板 ··· 143
- §3—2 程序的输入与编辑 ··· 152
- §3—3 数控车床对刀 ··· 154
- §3—4 程序的调试与运行 ··· 169

第四章 零件加工 ··· 172
- §4—1 轮廓加工 ··· 172
- §4—2 螺纹加工 ··· 192
- §4—3 车槽、切断加工 ··· 204
- §4—4 孔加工 ··· 216
- §4—5 零件精度检验 ··· 222
- §4—6 数控车床加工实例 ··· 233

第五章　数控车床维护与精度检验 ················ 240
§5—1　数控车床维护与保养 ················ 240
§5—2　数控车床故障诊断 ················ 246
§5—3　数控车床精度检验 ················ 249

试题库 ················ 252
理论知识试题 ················ 252
理论知识试题参考答案 ················ 273
技能考核试题与评分标准 ················ 285

第一章 加 工 准 备

§1—1　读图与绘图

一、复杂零件的表达方法

在生产实际中，由于使用场合和要求的不同，物体的结构形状也是各不相同的。当其形状比较复杂时，仅用三视图难以将物体的内外形状正确、完整、清晰地表示出来，必须根据物体的结构特点，采取多种表达方法，如各种视图。

视图是机件向多面投影体系的各投影面做正投影所得的图形。视图主要用于表达机件的外部结构形状，分为基本视图、向视图、局部视图和斜视图。

1. 基本视图

将机件放在由六个基本投影面构成的投影体系中，分别向六个基本投影面投射，得到六个基本视图：主视图、俯视图、左视图、右视图、仰视图、后视图，如图1—1所示。

六个基本投射方向及视图名称见表1—1。

（1）各视图画在同一张图纸内，按如图1—2所示的位置配置时，不需标注视图名称。

（2）在六个基本视图中，"三等"规律仍存在。

2. 向视图

未按投影关系配置的基本视图为向视图。向视图必须在图形上方

➢ 数控车工

中间位置注出视图名称"×",并在相应的视图附近用箭头指明投射方向,注上相同的字母,如图1—3所示。

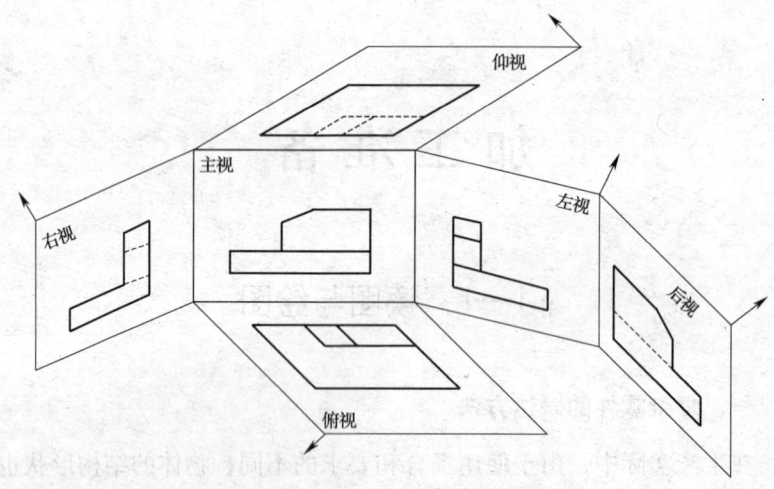

图1—1 六个基本视图的形成

表1—1 六个基本投射方向及视图名称

投射方向	由前向后	由上向下	由左向右	由右向左	由下向上	由后向前
视图名称	主视图	俯视图	左视图	右视图	仰视图	后视图

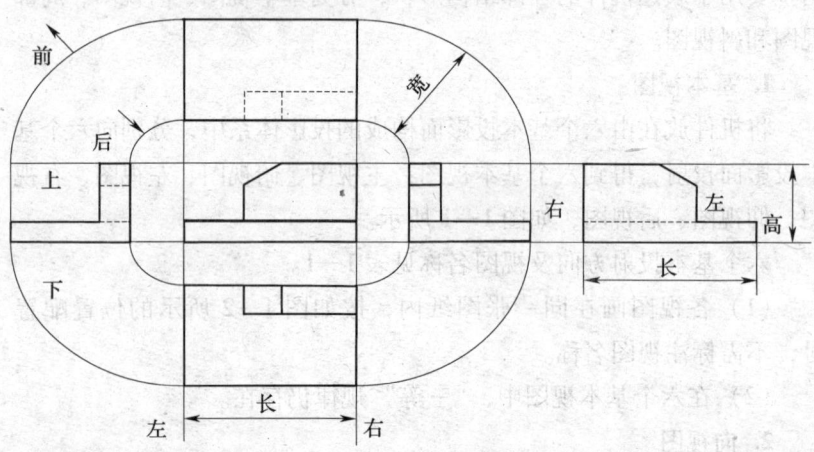

图1—2 六个基本视图的配置和方位对应关系

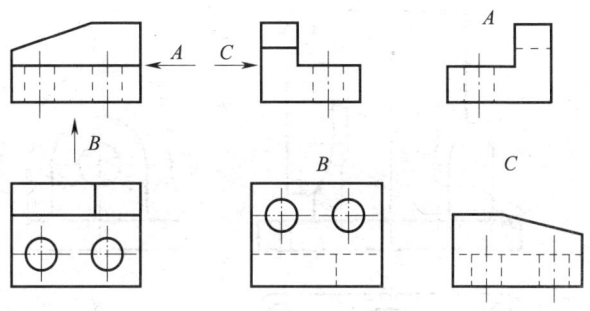

图1—3 向视图及其标注

注意:

（1）向视图是基本视图的另一种表现形式，它们的主要差别在于视图的配置发生了变化。所以，在向视图中表示投射方向的箭头应尽可能使所获视图与基本视图相一致。

（2）向视图的视图名称"×"为大写英文字母，无论是在箭头旁的字母还是视图上方的字母，均应与读图方向相一致，以便于识别。

3. 局部视图

将机件的某一部分向基本投影面投射所得的视图称为局部视图。

如图1—4所示的机件，用主、俯两个基本视图表达了主体形状，但左、右两边凸缘形状如用左视图和右视图表达，会显得烦琐和重复。而采用A和B两个局部视图来表达这两个凸缘形状，就显得简练又突出重点。

局部视图的配置及画法：

（1）局部视图按基本视图位置配置，如图1—4中的局部视图A。

（2）局部视图也可按向视图的配置形式配置在适当的位置，如图1—4中的局部视图B。

（3）局部视图的断裂边界一般用波浪线表示，如图1—4所示的A向局部视图。但当所表示的局部结构是完整的，且图形的外轮廓线呈封闭时，波浪线可省略不画，如图1—4中局部视图B。

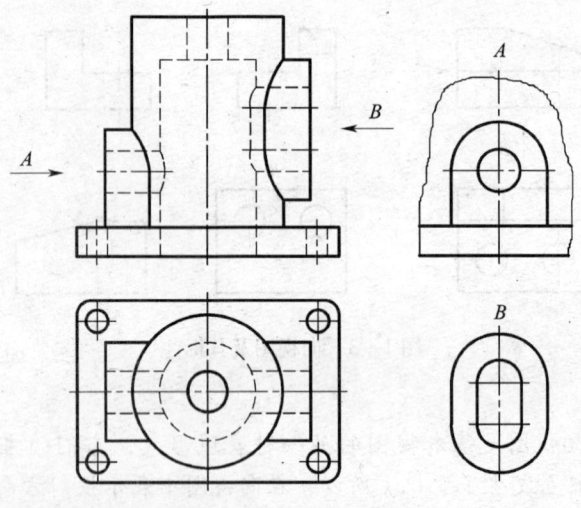

图1—4 局部视图

（4）对称机件的视图可只画一半或四分之一，并在对称中心线的两端画两条与其垂直的平行细实线，如图1—5所示。这种简化画法（用细点画线代替波浪线作为断裂边界线）是局部视图的一种特殊画法。

图1—5 对称机件的局部视图

4. 斜视图

将机件向不平行于基本投影面的平面投射所得的视图称为斜视图。

如图1—6所示，当机件上某局部结构不平行于任何基本投影面，在基本投影面上不能反映该部分的实形时，可增加一个新的辅助投影面，使它与机件上倾斜结构的主要平面平行，并垂直于一个基本投影面，然后将倾斜结构向辅助投影面投射，就得到反映倾斜结构实形的视图，即斜视图。

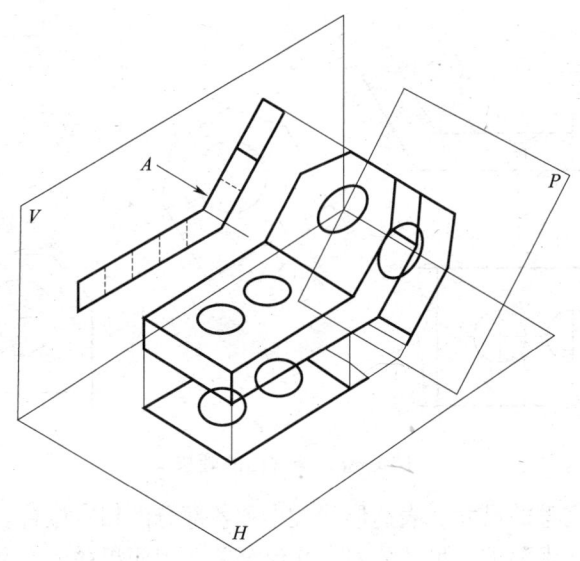

图1—6　倾斜结构视图的形成

画斜视图时应注意：

（1）斜视图常用于表达机件上的倾斜结构。画出倾斜结构的实形后，机件的其余部分不必画出，此时可在适当位置用波浪线或双折线断开即可，如图1—7所示。

（2）斜视图的配置和标注一般遵循向视图的相应规定，必要时允许将斜视图旋转配置。此时应按向视图标注，且加注旋转符号，如图1—7所示。旋转符号为半径等于字体高度的半圆弧，表示斜视图名称的大写拉丁字母应靠近旋转符号的箭头端，也允许将旋转符号标在字母之后。

二、简单零件图的画法

1. 零件图的作用

零件图是用来表示零件的结构形状、大小及技术要求的图样，是制造和检验零件的重要技术文件。

2. 零件图的内容

（1）一组视图。完整清晰地表达零件的结构和形状。

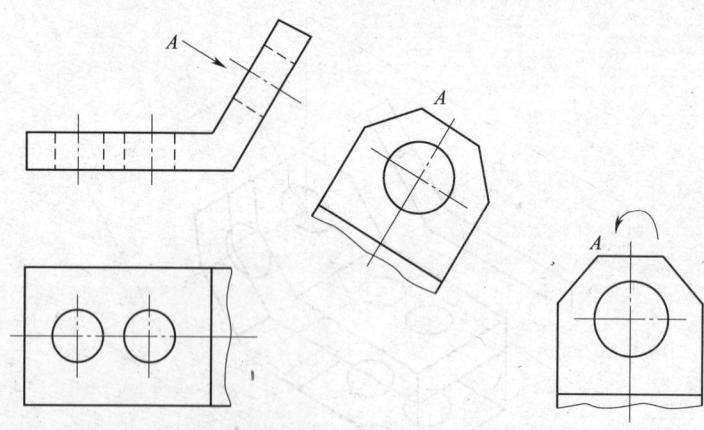

图1—7　斜视图的画法

（2）完整的尺寸。表达形状大小和各部分的相对位置。

（3）技术要求。尺寸公差、几何公差、表面粗糙度及文字说明。

（4）标题栏。名称、数量、材料等，如图1—8所示为齿轮轴的零件图。

3. 零件图样的一般规定

（1）图线。图线是构成视图的最基本的要素之一，掌握各种图线的含义和用途是看懂机械图样的基础。机械图样中各种图线的名称、形式、代号、宽度以及在图上的一般应用见表1—2。

（2）比例。图样的比例是指图形要素的线性尺寸与实物相应要素的线性尺寸之比。如图1—9所示为用不同比例画出的同一图形。

注意：不论采用何种比例绘图，尺寸数值均按原值注出。

（3）尺寸。尺寸是表示物体的形状大小且有特定单位的数值。图样上未注明单位的尺寸都是以"mm"为单位。在分析图样的尺寸时，应从图样的长、宽、高三个方向标注的尺寸数字进行分析。

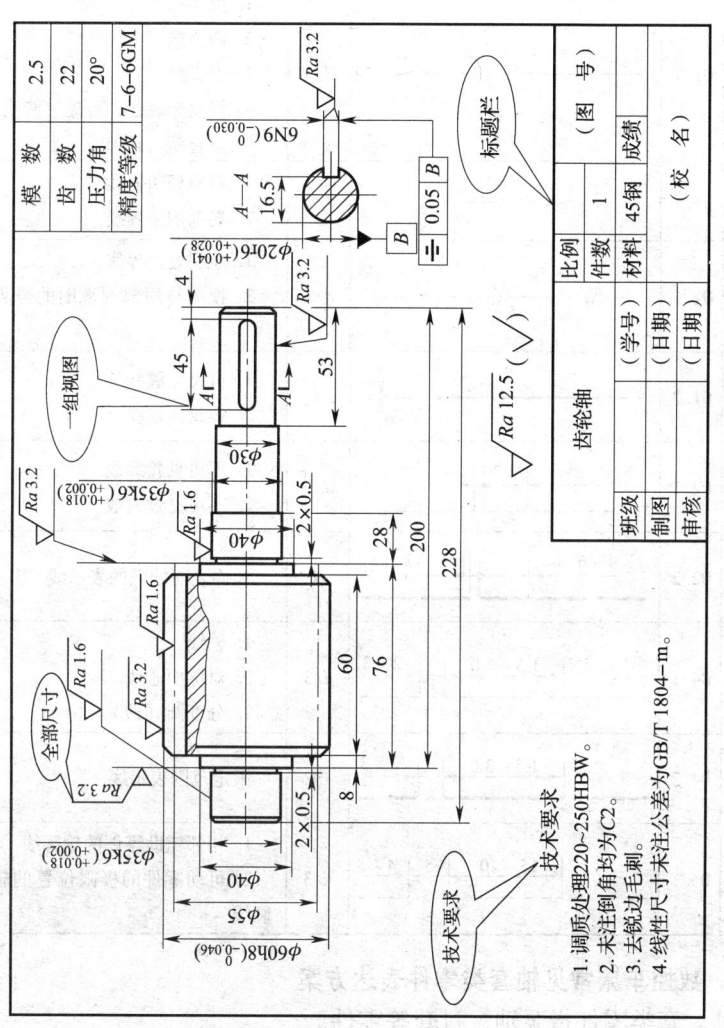

图 1—8 齿轮轴的零件图

表1—2　　　　　　　图线的线型及应用

图线名称	代码 No.	线型	线宽	一般应用
细实线	01.1	 ———————	$d/3$	1. 尺寸线、尺寸界线 2. 剖面线 3. 引出线 4. 螺纹牙底线，可见过渡线 5. 重合断面轮廓线
波浪线	01.1	 ～～～～～	$d/3$	1. 断裂处边界线 2. 局部剖分界线
双折线	01.1	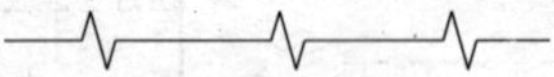 ⌇⌇⌇⌇⌇	$d/3$	1. 断裂处边界线 2. 视图与局部剖视图的分界线
粗实线	01.2	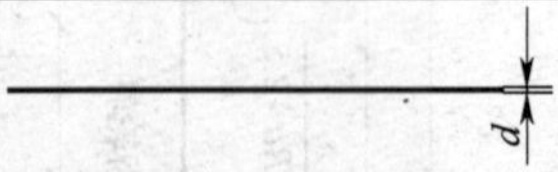 ———————	d	1. 可见轮廓线 2. 螺纹牙顶线
细虚线	02.1	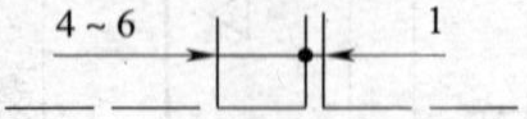 - - - - - (4~6, 1)	$d/3$	1. 不可见轮廓线 2. 不可见过渡线
粗虚线	02.2	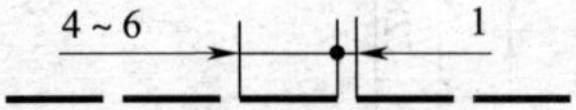 - - - - - (4~6, 1)	d	允许表面处理的表示线
细点画线	04.1	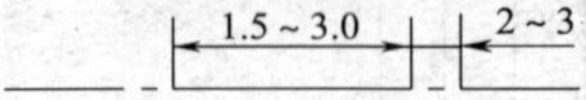 —·—·—· (1.5~3.0, 2~3)	$d/3$	1. 轴线 2. 对称中心线 3. 分度圆（线）
粗点画线	04.2	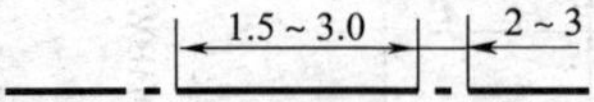 —·—·—· (1.5~3.0, 2~3)	d	限定范围表示线
细双点画线	05.1	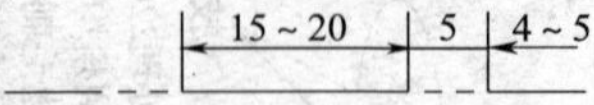 —··—··— (15~20, 5, 4~5)	$d/3$	1. 相邻辅助零件的轮廓线 2. 可动零件的极限位置的轮廓线

4. 数控车床常见轴套类零件表达方案

轴、套类零件指泵轴、衬套等零件。

一般只画出完整的主视图（应使轴线水平放），对键槽、孔等结构采用移出断面图或局部剖视图表达。必要时，采用局部放大图表达，如图1—10所示。

第一章 加工准备

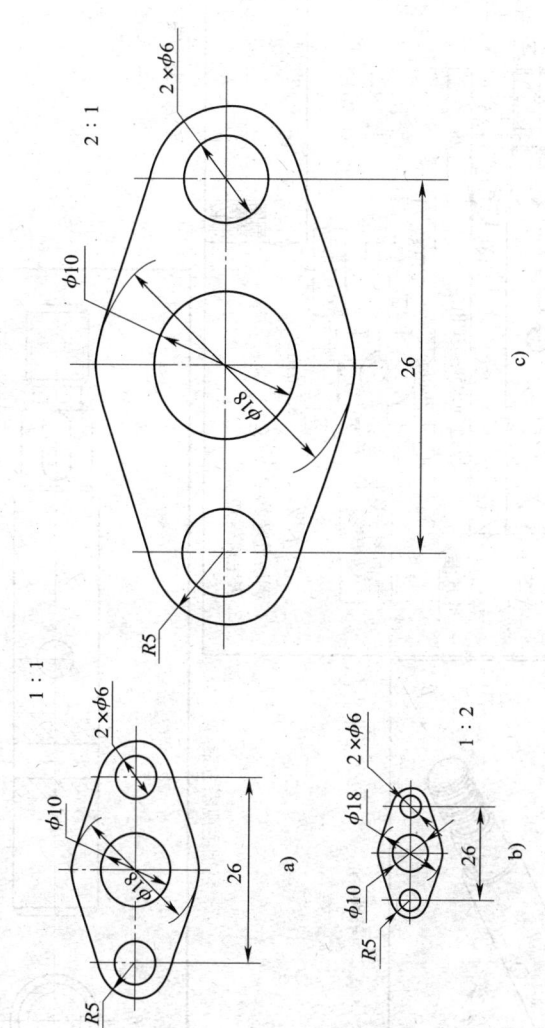

图1—9 用不同比例画出的同一图形

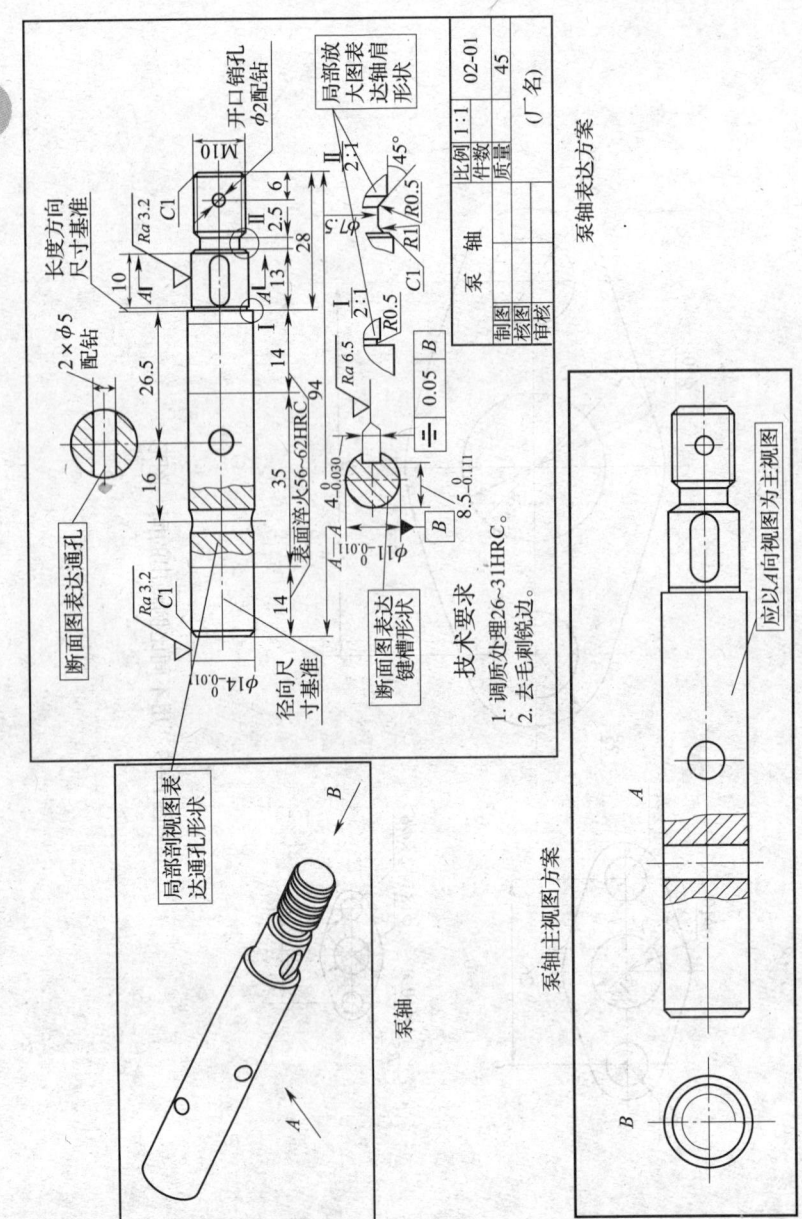

图1—10 轴套类零件的视图表达

5. 零件图上技术要求的内容

零件图上通常标出的技术要求内容有：

（1）表面粗糙度

1）表面粗糙度的基本概念。如图 1—11 所示，将零件加工后表面上具有的微小间距和微小峰谷组成的微观几何形状特征称为表面粗糙度。

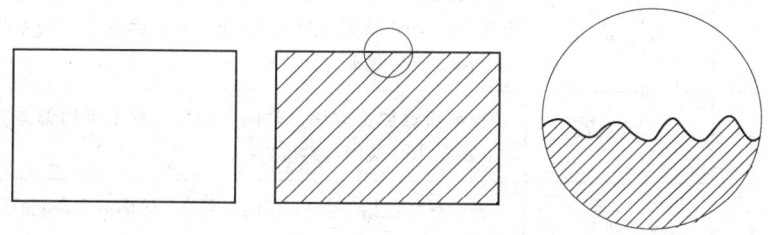

图 1—11　表面粗糙度示意图

2）表面粗糙度的评定参数。主要评定参数是高度参数，有轮廓算术平均偏差 Ra 和轮廓最大高度 Rz。

轮廓算术平均偏差 Ra 是指在取样长度内轮廓上各点至轮廓中线距离的算术平均值，如图 1—12 所示，能充分反映表面微观几何形状高度方面的特性，且测量方便，因而标准推荐优先选用 Ra。

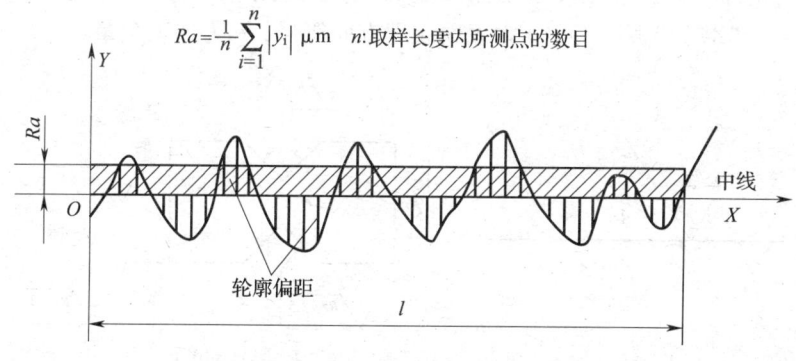

$$Ra = \frac{1}{n}\sum_{i=1}^{n}|y_i|\ \mu m \quad n:\text{取样长度内所测点的数目}$$

图 1—12　轮廓算术平均偏差 Ra 测定示意图

表面粗糙度高度参数标注示例及含义见表1—3。

表1—3 表面粗糙度高度参数标注示例及含义

序号	代号示例	含义/解释
1	∇ Ra 0.8	表示不允许去除材料，单向上限值，算术平均偏差为0.8 μm，16%规则（默认）
2	∇ U Ra 0.8 / L Ra 1.6	表示去除材料，双向极限值，上限值：算术平均偏差为0.8 μm，16%规则（默认）。下限值：算术平均偏差为1.6 μm，16%规则（默认）
3	∇ L Ra 1.6	表示任意加工方法，单向下限值，算术平均偏差为1.6 μm，16%规则（默认）
4	∇ Rz max 1.6	表示不允许去除材料，单向上限值，轮廓最大高度的最大值为1.6 μm，最大规则
5	∇ Ra max 0.8 / Ra 1.6	表示去除材料，双向极限值，上限值：算术平均偏差为0.8 μm，最大规则。下限值：算术平均偏差为1.6 μm，16%规则（默认）

3）表面粗糙度代号的表示方法和在图样上的标注。在表面粗糙度符号的基础上，注出表面粗糙度参数数值和其他有关的规定项目后就形成了表示表面粗糙度的代号。注写位置如图1—13a所示。a为第一表面粗糙度要求；b为第二表面粗糙度要求；c为加工方法，如"车""磨""镀"等；d为表面纹理方向符号；e为加工余量。

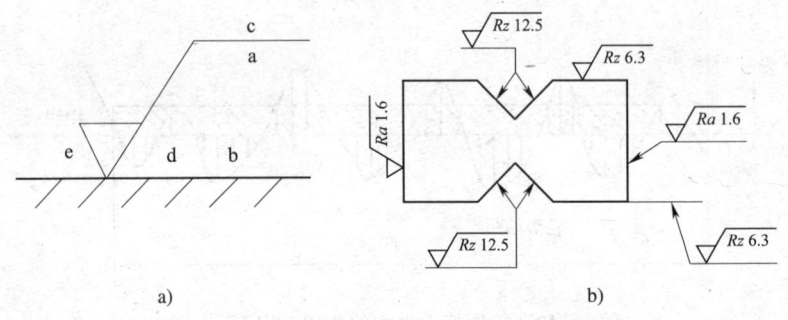

图1—13 表面粗糙度代号和标注示例

在图样上,表面粗糙度代(符)号一般注在可见轮廓线、尺寸界线或其延长线上,也可注在引出线上;符号的尖端必须从材料外指向零件表面,代号中数字及符号的注写方向应与尺寸数字方向一致。表面结构图形符号不应倒着标注,也不应指向左侧标注。遇到这种情况时应采用指引线标注,如图1—13b 所示。

(2)尺寸公差

1)互换性。在装配时从相同的零件中任取一个,不经挑选和修配就能装配到与其相配的机器上,并达到预期的配合性质,零件的这种特性即称为互换性。

2)公差。为使零件具有互换性而将有配合要求的零件的尺寸限定在一个允许变动的范围,这一允许变动的范围即称为公差。

3)有关尺寸的基本概念(见图1—14)

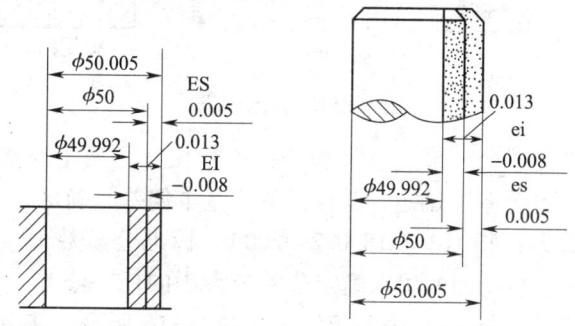

图1—14 尺寸的基本概念

①基本尺寸。设计时给定的尺寸,如 $\phi 50$ mm。
②实际尺寸。制造后的实际尺寸,如 $\phi 49.992$ mm。
③极限尺寸。允许实际尺寸变化的极限值。
最大极限尺寸:允许制造达到的最大尺寸,如 $\phi 50.005$ mm。
最小极限尺寸:允许制造达到的最小尺寸,如 $\phi 49.992$ mm。
④尺寸偏差。极限尺寸与基本尺寸之差值就是尺寸偏差,分为上偏差和下偏差。对轴和孔分别有不同的表示方法:

上偏差 = 最大极限尺寸 - 基本尺寸
下偏差 = 最小极限尺寸 - 基本尺寸

孔 { 上偏差 ES   轴 { 上偏差 es = (50.005 − 50) mm = 0.005 mm
    下偏差 EI   下偏差 ei = (19.992 − 50) mm = −0.008 mm

⑤尺寸公差。允许实际尺寸的变动量为尺寸公差。

尺寸公差 = |最大极限尺寸 − 最小极限尺寸| = |50.005 − 49.992|
       = |上偏差 − 下偏差| = |0.005 − (−0.008)| = 0.013 mm

⑥尺寸公差带，简称公差带。公差带由代表上、下偏差的两条直线所限定的区域来表示，通常用公差带图来表示，如图 1—15 所示。

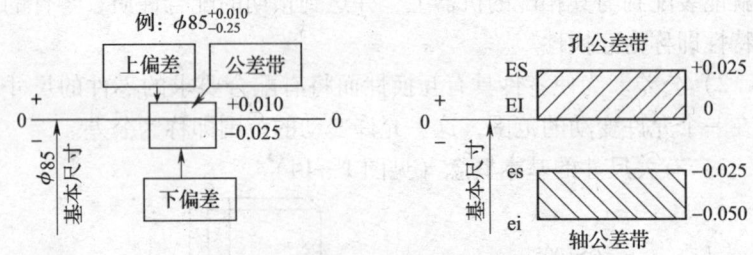

图 1—15 公差带图

公差带由"公差带大小"和"公差带位置"两个要素组成。其大小由"标准公差"确定，其位置由"基本偏差"确定。

标准公差：指 GB/T 1800.2—2009 "标准公差数值表"（ISO 286—1—2010）所列的用以确定公差带大小的任一公差，用 IT 作为标准公差代号，分 20 个公差等级，如图 1—16 所示。其中，IT01 精度最高，其余依次降低，IT18 精度最低。其相应的标准公差在基本尺寸相同的条件下，随公差等级的降低而依次增大。

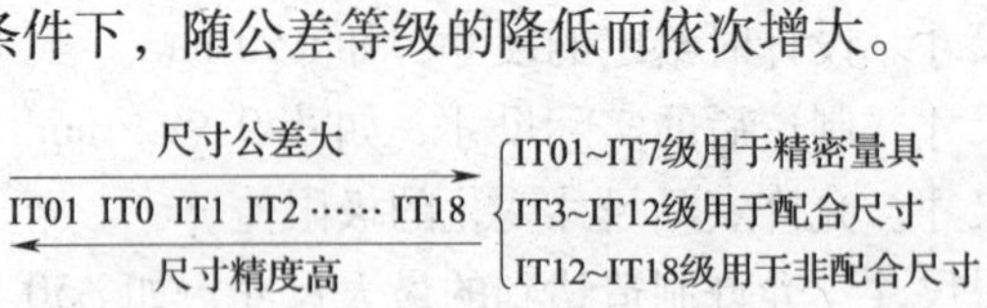

图 1—16 标准公差等级

基本偏差：一般指靠近零线位置的那个偏差，由它确定公差带相对于零线的位置。

孔、轴分别用大、小写字母表示，各有 28 个基本偏差，用基本偏差系列示意图表示，如图 1—17 所示。

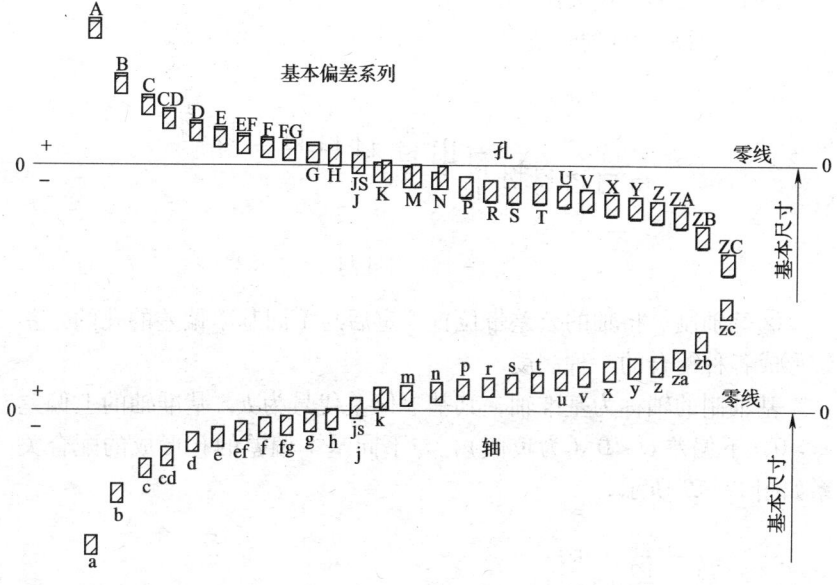

图 1—17 基本偏差代号

4）配合。指基本尺寸相同的相互结合的孔和轴公差带之间的关系，分为以下三类：

①间隙配合。轴的实际尺寸小于孔，装配后有间隙（最小间隙为 0）。用于有相对运动处。

②过盈配合。轴的实际尺寸大于孔，装配后有过盈（最小过盈为 0）。用于无相对运动处。

③过渡配合。轴与孔的实际尺寸相差不大，可能有间隙或过盈的配合。用于有对中性要求处。

5）基准制。国家标准规定两种基准制，分别为基孔制和基轴制。

①基孔制。将孔的公差带位置固定后，与不同基本偏差的轴的公差带形成各种配合的一种制度。

基孔制的孔称为基准孔，其基本偏差代号为 H，基准孔的下偏差 EI＝0，上偏差 ES＞0（为正值），与不同基本偏差的轴形成的配合关系如图 1—18 所示。

基孔制：a～h 通常形成间隙配合；

j~n 通常形成过渡配合；

p~zc 通常形成过盈配合。

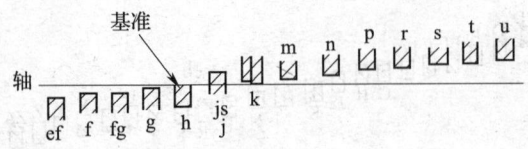

图 1—18 基孔制

②基轴制。将轴的公差带位置固定后与不同基本偏差的孔的公差带形成各种配合的一种制度。

基轴制的轴称为基准轴，其基本偏差代号为 h，基准轴的上偏差 $es=0$，下偏差 $ei<0$（为负值），与不同基本偏差的孔形成的配合关系如图 1—19 所示。

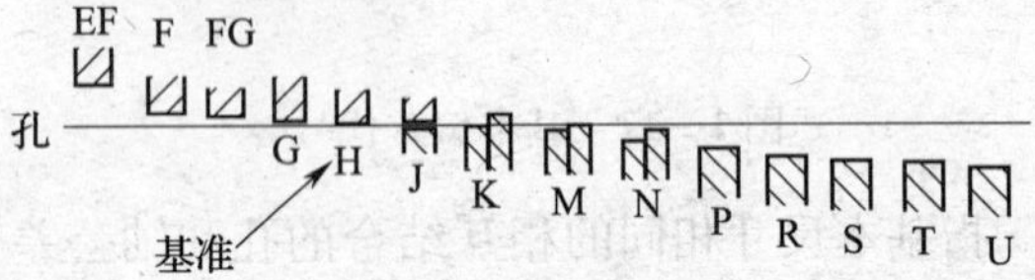

图 1—19 基轴制

基轴制：A~H 通常形成间隙配合；

J~N 通常形成过渡配合；

P~ZC 通常形成过盈配合。

孔轴配合中应优先采用基孔制，以减少刀具和量具的规格和数量，比较经济合理。只有在不必对轴进行加工（如冷轧钢作轴），或在同一基本尺寸的轴上要装配不同配合性质的零件时采用基轴制，与标准件（如滚动轴承外圈）配合的孔采用基轴制。

6）公差与配合的标注

①在零件图上的标注

a. 标注公差带代号如图 1—20 所示，适用于大批量生产。组成为：

$$基本尺寸 + 基本偏差代号 + 公差等级$$

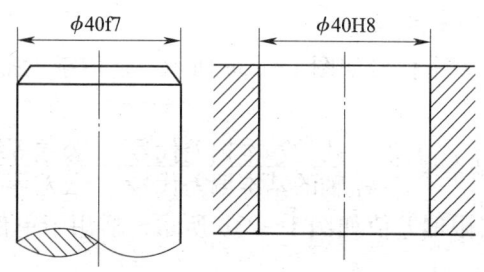

图1—20 标注公差带代号

b. 标注极限偏差值如图1—21所示,适用于产量不定的情况。组成为:

$$\text{基本尺寸}\begin{matrix}\text{上偏差值}\\\text{下偏差值}\end{matrix}$$

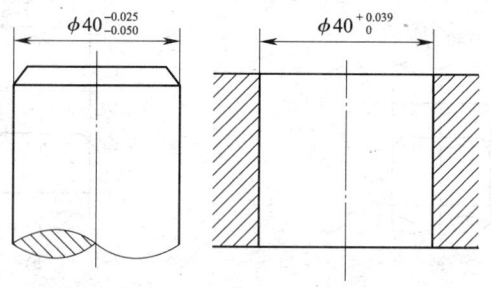

图1—21 标注极限偏差

c. 标注代号和偏差值如图1—22所示,适用于单件小批量生产。组成为:

$$\text{基本尺寸}+\text{基本偏差代号}+\text{公差等级}\begin{matrix}\text{上偏差值}\\\text{下偏差值}\end{matrix}$$

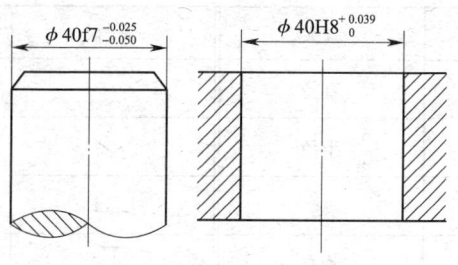

图1—22 同时标注代号与偏差

②在装配图上的标注

a. 标注公差带代号如图1—23a所示,适用于大批量生产。组成为:

$$\text{基本尺寸} \frac{\text{孔的基本偏差代号 公差等级}}{\text{轴的基本偏差代号 公差等级}}$$

b. 标注极限偏差值如图1—23b所示,适用于单件小批量生产。组成为:

$$\text{基本尺寸} \frac{\text{孔的}\frac{\text{上偏差值}}{\text{下偏差值}}}{\text{轴的}\frac{\text{上偏差值}}{\text{下偏差值}}}$$

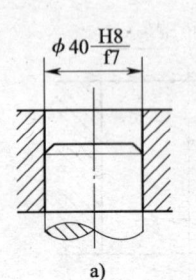
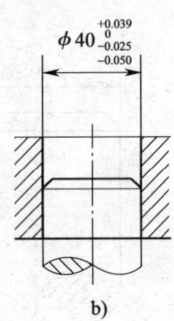

图1—23 装配图上的标注

7) 尺寸分析

①零件图常见的相关符号及含义见表1—4。

表1—4 零件图常见的相关符号及含义

符号	含义	符号	含义
ϕ	直径	t	厚度
R	半径	∨	埋头孔
S	球	⊔	沉孔或锪平
EQS	均布	↧	深度

续表

符号	含义	符号	含义
C	45°倒角	□	正方形
∠	斜度	▷	锥度

②倒角、退刀槽的尺寸标注方法见表1—5。

表1—5　　倒角、退刀槽的尺寸标注方法

结构名称	尺寸标注方法	说明
倒角	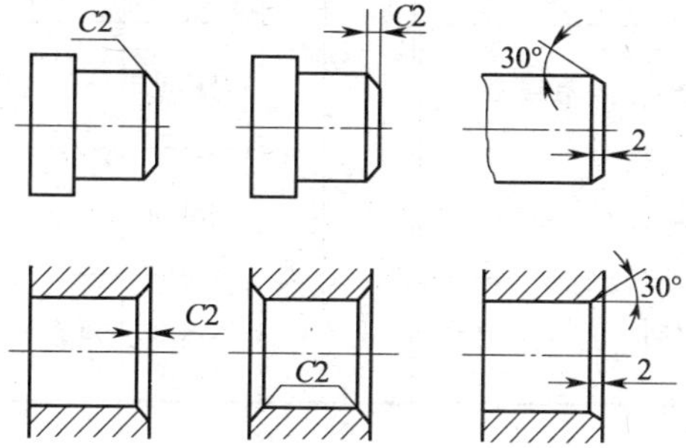	一般45°倒角按"C 宽度"注出。30°或60°倒角，应分别注出宽度和角度
退刀槽	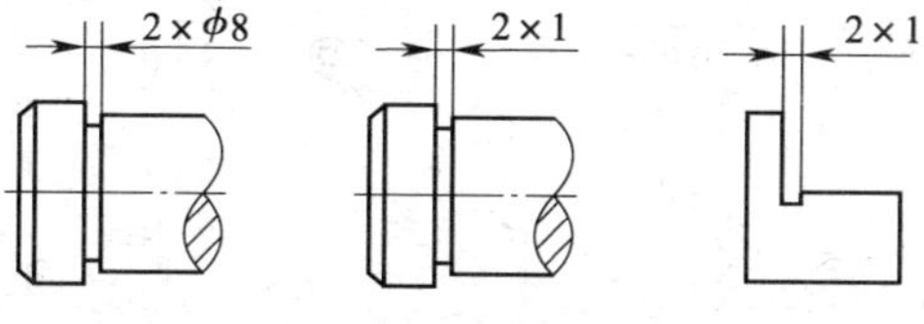	一般按"槽宽×槽深"或"槽宽×直径"注出

(3) 形状与位置公差

1) 概念

形状公差：零件上被测要素的实际形状对其理想形状的变动量称为形状误差。

位置公差：零件上被测要素的实际位置对其理想位置的变动量称为位置误差。

2) 形位公差项目符号，见表1—6。

表1—6　　　　　　　　形位公差项目符号

公差		特征项目	符号	有或无基准要求	公差		特征项目	符号	有或无基准要求
形状	形状	直线度	—	无	位置	定向	垂直度	⊥	有
		平面度	□	无			倾斜度	∠	有
		圆度	○	无		定位	位置度	⊕	有或无
		圆柱度	⌀	无			同轴度	◎	有
形状或位置	轮廓	线轮廓度	⌒	有或无			对称度	=	有
		面轮廓度	⌓	有或无		跳动	圆跳动	↗	有
位置	定向	平行度	//	有			全跳动	↗↗	有

图样上形位公差的识读举例，如图1—24所示。

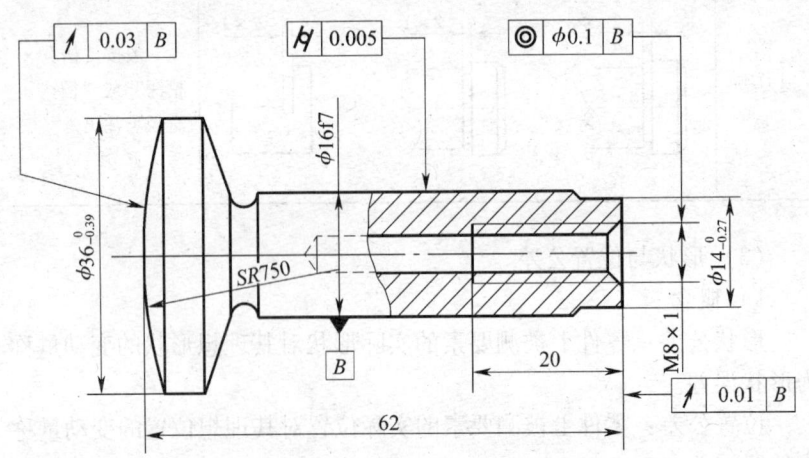

图1—24　活塞杆形位公差的识读

①球面 SR750 对 ϕ16f7 的轴线的径向圆跳动公差为 0.03 mm；
②ϕ16f7 圆柱面的圆柱度公差为 0.005 mm；
③螺纹 M8×1 的轴线对 ϕ16f7 的轴线的同轴度公差为 ϕ0.1 mm；
④右端面对 ϕ16f7 的轴线的端面圆跳动公差为 0.01 mm。

（4）零件的表面处理和热处理要求。表面处理是为改善零件表面性能的各种处理方式，如渗碳淬火、表面涂镀等。通过表面处理，可以提高零件表面的硬度、耐磨性、耐蚀性、美观性等。

热处理是改变整个零件材料的金相组织，以提高或改善材料力学性能的处理方法，如淬火、退火、回火、正火、调质处理等。零件力学性能的要求不同，所采用的热处理方法也不同。选用时应根据零件的性能要求及零件的材料性质来确定。

表面处理及热处理的要求可直接注在图上，如图 1—25 所示。也可以用文字注写在技术要求的文字项目内，如图 1—26 所示。

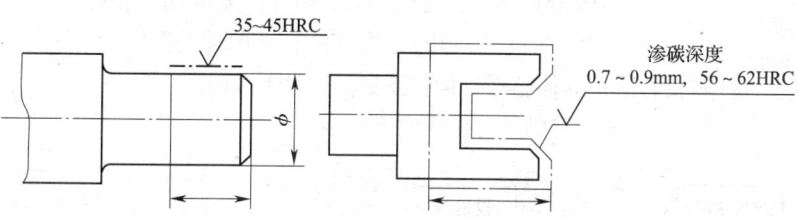

图 1—25　表面处理和热处理在图上的标注 1

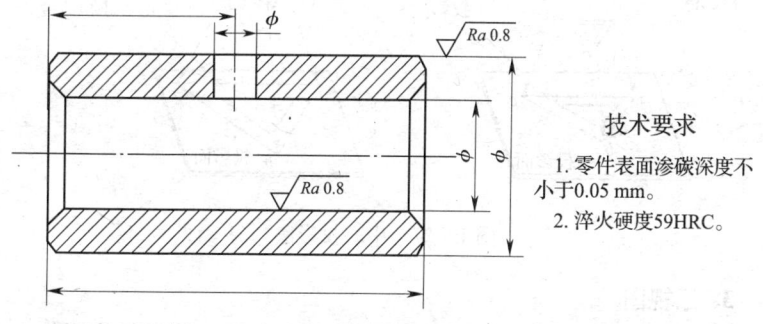

图 1—26　表面处理和热处理在图上的标注 2

三、零件三视图和剖视图的画法

1. 投影的形成
在工程上,将物体按一定规则投射到某平面上所得到的图形即为投影,而将形成投影所用的方法称为投影法。

2. 投影法分类

投影法 { 中心投影法(见图1—27)（一般用于建筑图样）
平行投影法(见图1—28)（广泛用于机械、电子、化工等行业的图样）}

平行投影法 { 正投影法 { 正投影图:准确,真实,作图简单,但立体感不强（作为机械、电子、化工等行业的工程图样）（光线$S \perp$投影面P）
轴测投影图:立体感强,但作图复杂且不准确（作为机械、电子、化工等行业的辅助图样）}
斜投影法:立体感强,但作图更复杂且不准确（光线$S \angle$投影面P）}

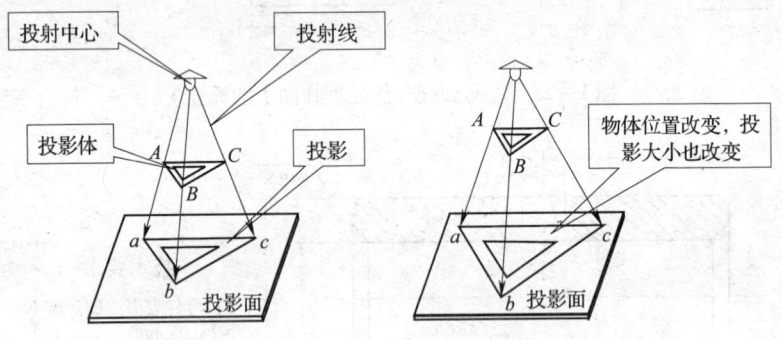

图 1—27　中心投影法

3. 三视图
只用一个方向的投影来表达形体是不确定的,通常须将形体向几个方向投影,才能完整清晰地表达出形体的形状和结构。

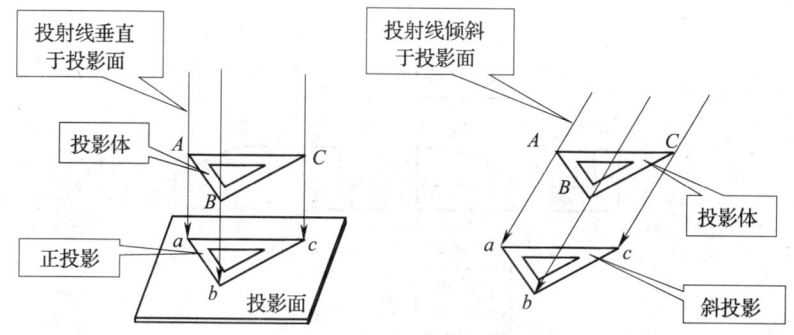

图1—28 平行投影法

(1) 三面投影体系。设立三个互相垂直的投影平面,构成三面投影体系。如图1—29所示,三个平面将空间分为八个角,我国国家标准规定采用第一角画法,必要时(例如在合同约定下)也可采用第三角画法。当采用第三角画法时,要将ISO国际标准中规定的第三角画法标志符号(见图1—30)画在标题栏附近。

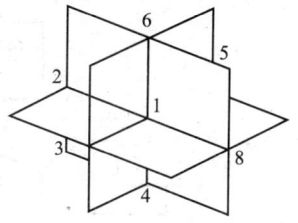

图1—29 投影面体系

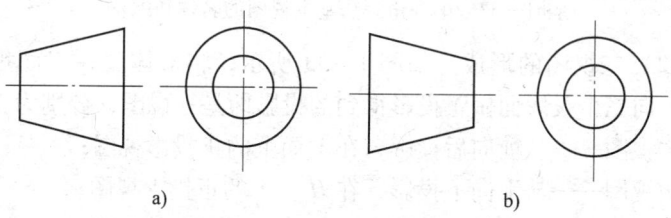

图1—30 第一角和第三角画法的识别符号
a)第一角画法用 b)第三角画法用

在第三角画法中靠近主视图的是机件的前方,远离主视图的是机件的后面,如图1—31所示。而在第一角画法中靠近主视图的是机件的后方,远离主视图的是机件的前面,如图1—32所示。

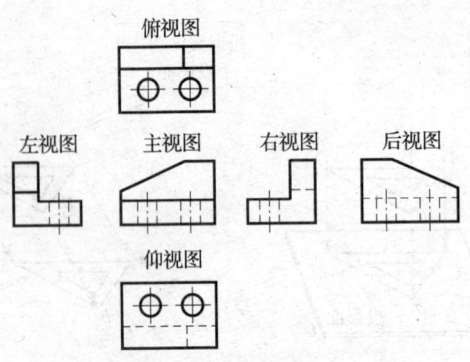

图 1—31　第三角画法基本视图的名称和配置

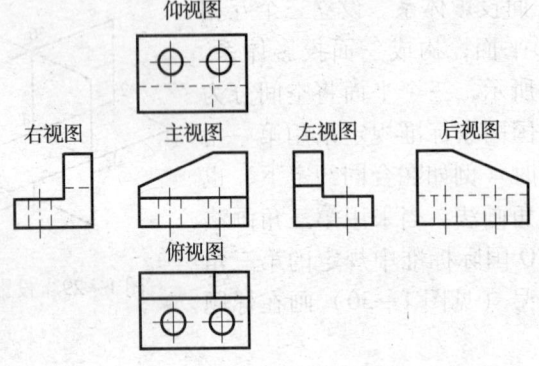

图 1—32　第一角画法基本视图的名称和配置

（2）三视图的形成。如图 1—33 所示，将形体放在三面投影体系中，向三个投影面做正投影得到的投影即是三视图，分别为：

主视图——从前向后投影，在 V 面上的正投影视图；

俯视图——从上向下投影，在 H 面上的正投影视图；

左视图——从左向右投影，在 W 面上的正投影视图。

1）位置关系。三个视图的位置关系如图 1—34 所示。

2）投影规律。如图 1—35 所示，简单归纳为：

主、俯视图"长对正"；

主、左视图"高平齐"；

俯、左视图"宽相等"。

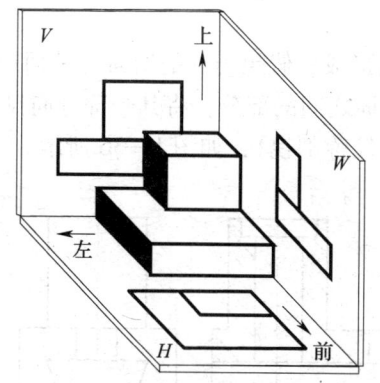

图 1—33 三视图的形成

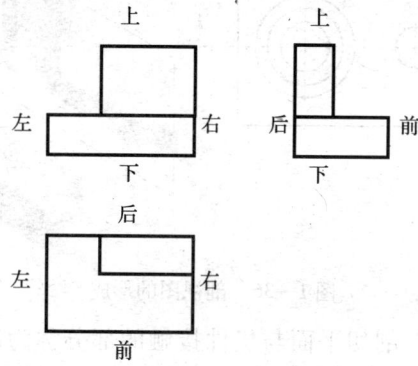

图 1—34 三视图的位置关系

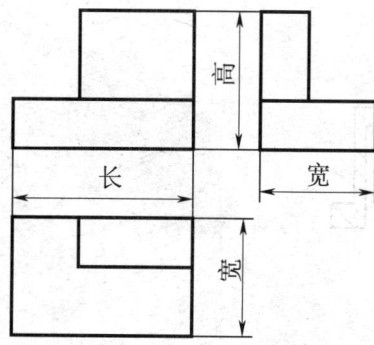

图 1—35 三视图的投影规律

4. 剖视图

（1）剖视图的形成。假想用一剖切面（平面或曲面）剖开机件，移去观察者和剖切面之间的部分，将其余部分向投影面投射，所得的图形称为剖视图（简称剖视），如图1—36所示。

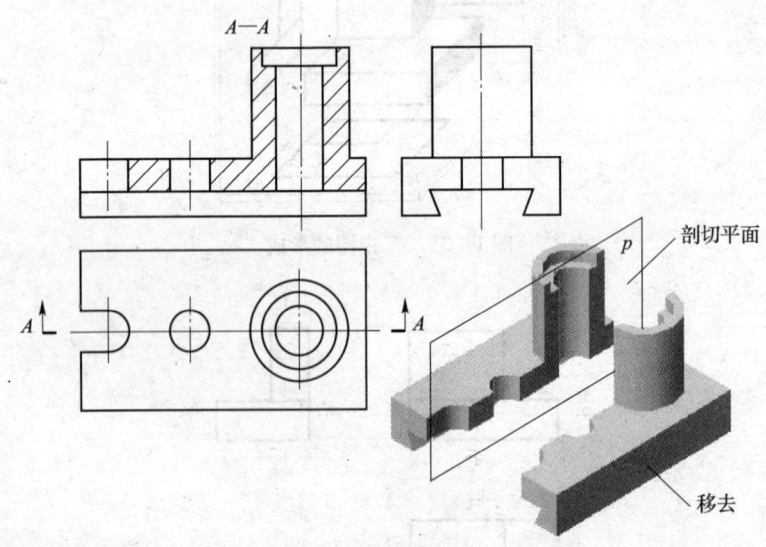

图1—36 剖视图的形成

在剖视图中，剖切平面与机件接触的部分称为剖面区域，如图1—37所示。剖面区域内要画出剖面符号。

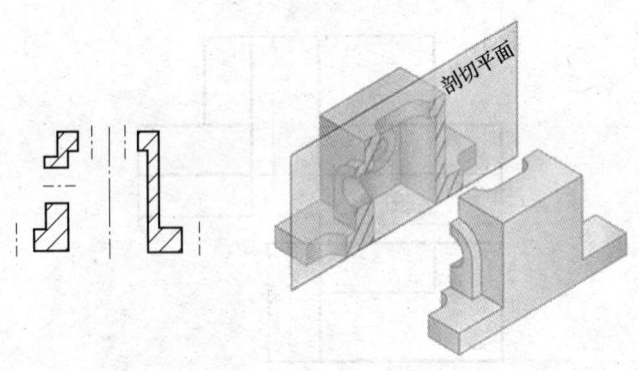

图1—37 剖面区域

各种材料的剖面符号（示例）见表1—7。

表1—7　　　　　各种材料的剖面符号（示例）

材料名称	剖面符号	材料名称	剖面符号
金属材料	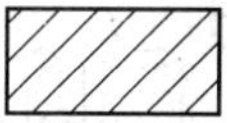	玻璃及观察用的其他透明材料	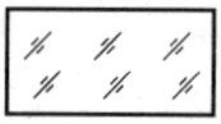
非金属材料	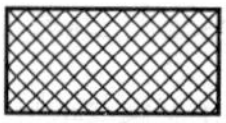	混凝土	
型砂、填砂、粉末冶金等		砖	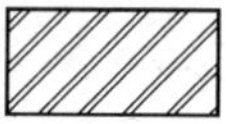

（2）画剖视图的注意事项

1）剖切平面要通过物体的对称面或轴线且平行或垂直于投影面。

2）剖切平面后方的可见部分要全部画出。

3）剖视是一种假想画法，其他视图仍应完整画出，并可取剖视。

4）剖面符号（剖面线）采用45°细实线。同一零件各个剖视图的剖面线间隔和方向应一致。

5）应尽量采用剖视图表达物体的内部结构。已在剖视图上表达清楚的结构，其虚线省略不画。

（3）剖切平面的种类。剖视图的剖切平面有三种：单一剖切平面、几个相交的剖切平面、几个平行的剖切平面。

1）单一剖切平面。用一个剖切平面剖切机件，如图1—38所示。

2）几个相交的剖切平面。用几个相交的剖切平面（这些平面的交线垂直于某投影面）剖切机件，如图1—39所示。剖视图标注方式为剖视图名称"×—×"（在图形上方水平注写），粗短画＋箭头＋字母×（水平注写）。

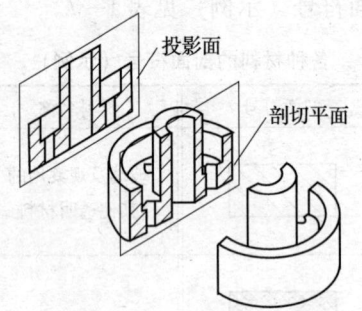

图1—38 单一剖切平面剖切

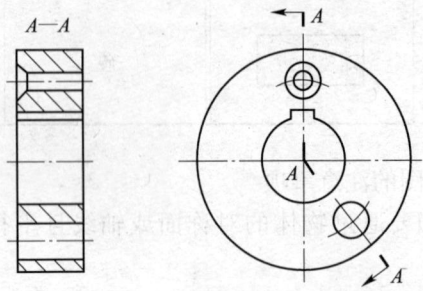

图1—39 相交的剖切平面剖切

3）几个平行的剖切平面。用几个平行的剖切平面剖切机件，如图1—40所示。

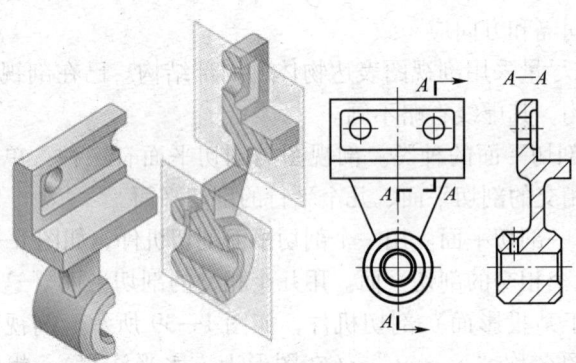

图1—40 平行的剖切平面剖切

(4) 剖视图的种类

1) 全剖视图。用剖切平面完全地剖开机件所得的剖视图,如图1—41 所示。全剖视图用于外部形状简单,内部有孔、槽的不对称形体。

缺点:不能完整地表达机件的外部结构。

剖切符号和字母的省略:

①当剖视图按投影关系配置时,可省略箭头。

②当平行于基本投影面的单一剖切平面通过机件的对称平面剖切机件,且剖视图按投影关系配置时,可将粗短画、箭头、字母、图名均省略。

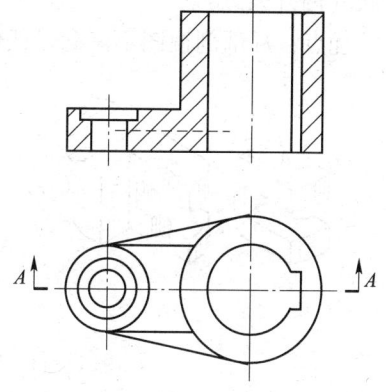

图1—41 全剖视图

2) 半剖视图。当机件具有对称平面时,以对称平面为界,用剖切平面剖开机件的一半所得的剖视图,如图1—42 所示(沿对称中心线剖切机件的1/4)。半剖视图用于外部有形状需要表达,内部有孔、槽,且在这个方向上为对称图形的形体。

优点:既可表达外部形状,又可看清内部的孔、槽结构。

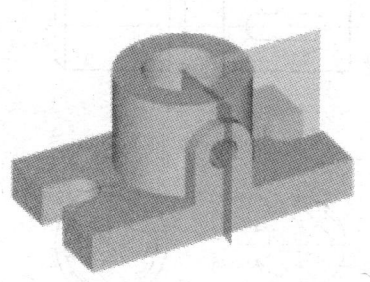
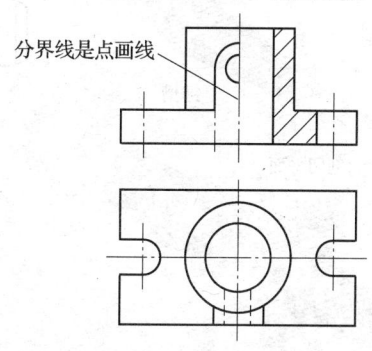

图1—42 半剖视图

当机件的结构形状接近于对称,且不对称的部分已在其他图形中表达清楚时,也可采用半剖视图。

3)局部剖视图。用剖切平面局部地剖开机件所得的剖视图,称为局部剖视图,如图1—43所示。局部剖视图用于表达局部内部结构形状(内外兼顾)。

优点:局部剖视图不需满足任何条件,可根据需要任意剖切。

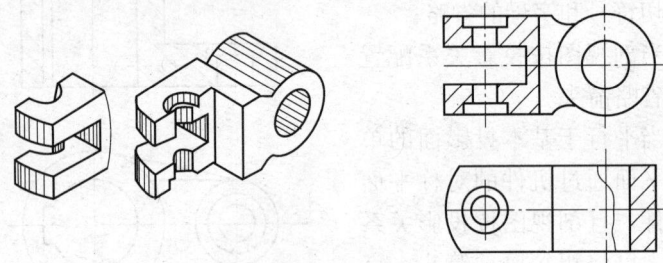

图1—43 局部剖视图

局部剖视图中,剖与未剖部分的分界一般用波浪线表示,波浪线不应与其他图线或图线的延长线重合。

5. 断面图

假想用剖切平面把机件的某处切断,仅画出截断面的图形,这样的图形称为断面图(简称断面),如图1—44所示。断面图用于表达机件某部分截断面的形状。断面图分为移出断面图和重合断面图。

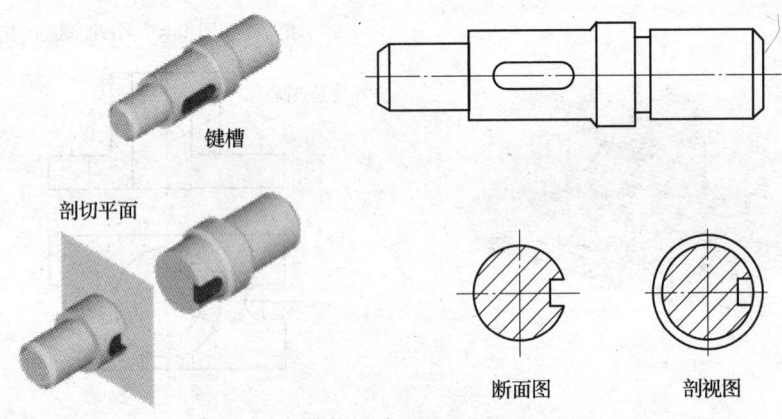

图1—44 断面图的形成

（1）移出断面图。移出断面图是指在视图（或剖视图）之外画出的断面图，如图1—45所示。

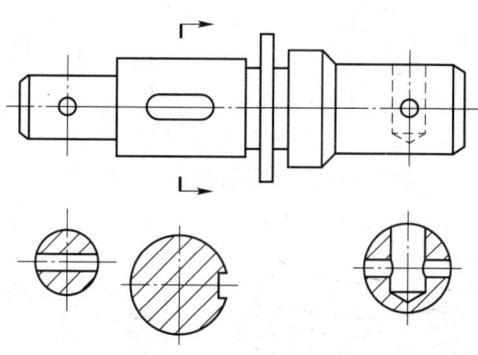

图1—45　移出断面图

移出断面图的轮廓线用粗实线画出。一般将断面图的图形配置在剖切线（表示剖切面位置的细点画线）延长线上或剖切符号粗短画的延长线上。

断面图的图形对称时，可将断面图画在原有图形的中断处，表示截断面的真实形状，如图1—46a所示。剖切平面一般应垂直于机件的轮廓线，如图1—46b所示。

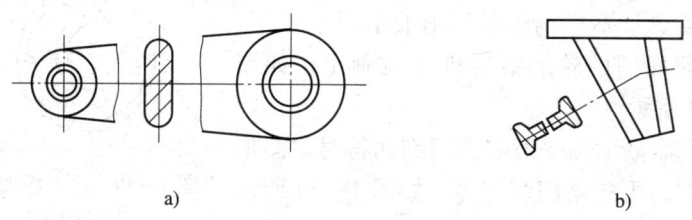

a)　　　　　　　　　　　　　　b)

图1—46　移出断面的画法

断面图是仅画出被切断截面的形状，但当剖切平面通过回转面形成的孔或凹坑的轴线时，这些结构应按剖视画出，如图1—47所示。

当剖切平面通过非圆孔会导致出现完全分离的两个剖面区域时，这些结构应按剖视画出，如图1—48所示。

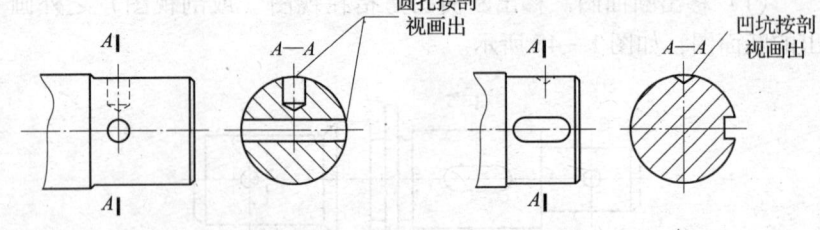

图1—47 某些结构按剖视画出1

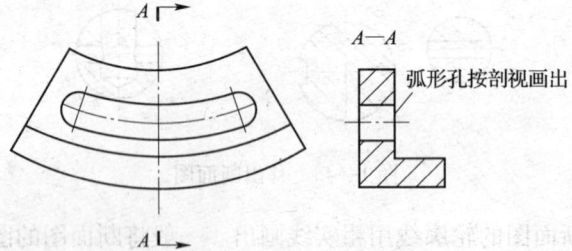

图1—48 某些结构按剖视画出2

移出断面图标注：断面图名称"×—×"，粗短画+箭头+字母×。

（2）重合断面图。在视图（或剖视图）之内画出的断面图称为重合断面图。在截面形状简单且不影响图形清晰的情况下采用。重合断面图的轮廓线用细实线画出，如图1—49所示。

重合断面图一般需注写剖切符号。图形对称时，可省略剖切符号。如图1—50所示为移出断面图与重合断面图在画法上的区别。

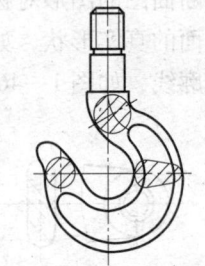

图1—49 重合断面图的画法

6. 其他规定画法和简化画法

（1）局部放大图。将机件的部分结构用大于原图形所采用的比例画出的图形称为局部放大图。局部放大图可画成视图、剖视图或断面图，如图1—51所示。

（2）几种简化画法

1）均匀分布的孔、肋的画法如图1—52所示。

第一章 加工准备

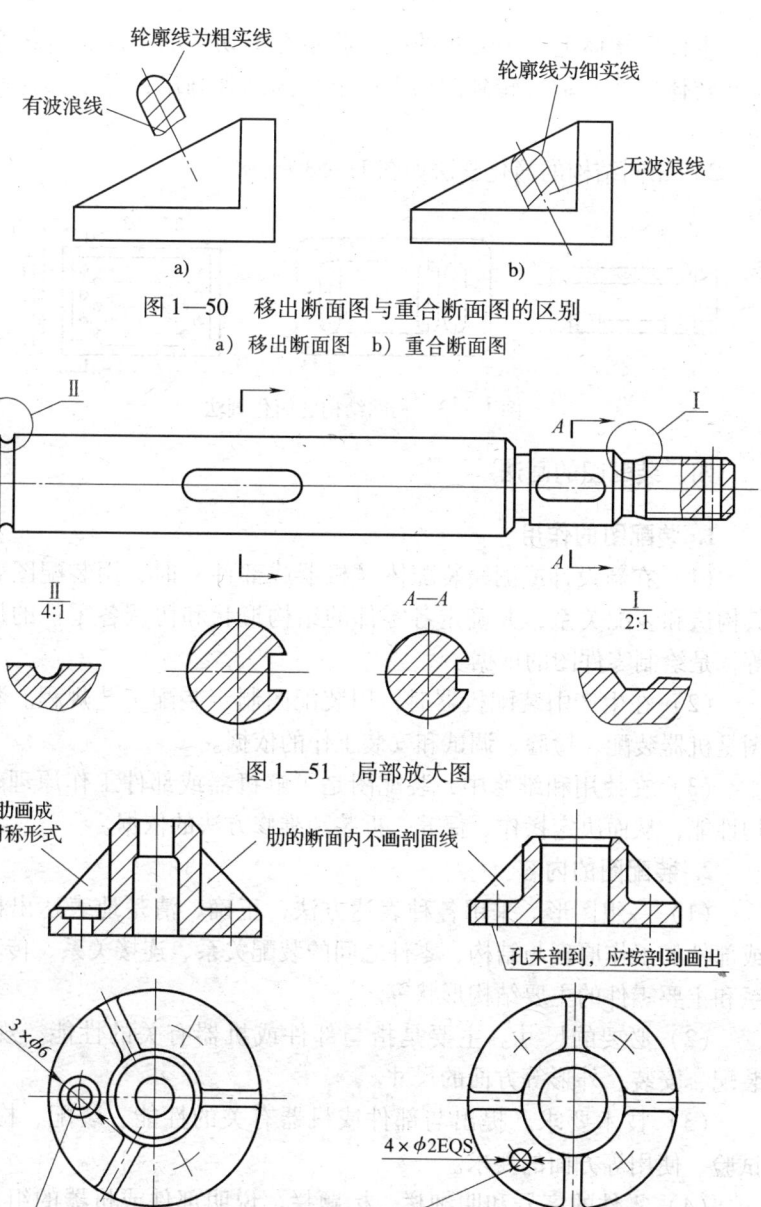

图 1—50 移出断面图与重合断面图的区别
a) 移出断面图 b) 重合断面图

图 1—51 局部放大图

图 1—52 均匀分布的孔、肋的简化画法

> 数控车工

零件回转体上均匀分布的孔、肋不在剖切平面上时，可将它们绕回转体轴线自动旋转到剖切平面上，按剖到画出，且不加任何标注。

2）相同结构的简化画法如图 1—53 所示。

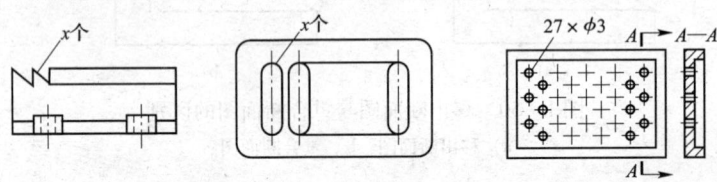

图 1—53 相同结构的简化画法

四、装配图的画法

1. 装配图的作用

（1）在新设计或测绘装配体（机器或部件）时，用装配图表示其构造和装配关系，并确定各零件的结构形状和协调各零件的尺寸等，是绘制零件图的依据。

（2）在生产中装配机器时，用装配图制定装配工艺规程。装配图是机器装配、检验、调试和安装工作的依据。

（3）在使用和维修中，装配图是了解机器或部件工作原理、结构性能，从而决定操作、保养、拆装和维修方法的依据。

2. 装配图的内容

（1）一组图形。采用各种表达方法，正确、清楚地表达出机器或部件的工作原理与结构、零件之间的装配关系、连接关系、传动关系和主要零件的主要结构形状等。

（2）必要的尺寸。主要是指与部件或机器有关的性能、规格、装配、安装、外形等方面的尺寸。

（3）技术要求。提出与部件或机器有关的性能、装配、检验、试验、使用等方面的要求。

（4）零件的序号和明细栏、标题栏。说明部件或机器的组成情况，如零件的代号、名称、数量和材料等。

装配图的内容如图 1—54 所示。

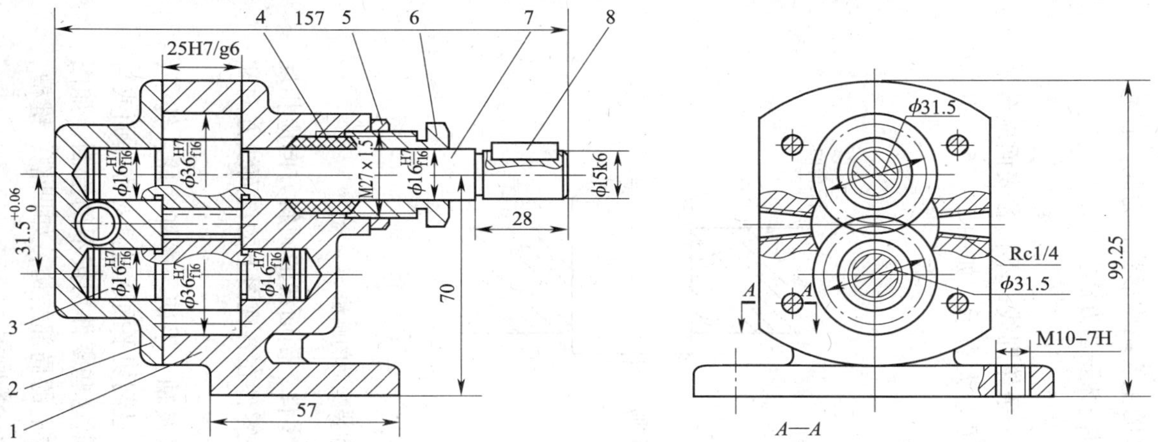

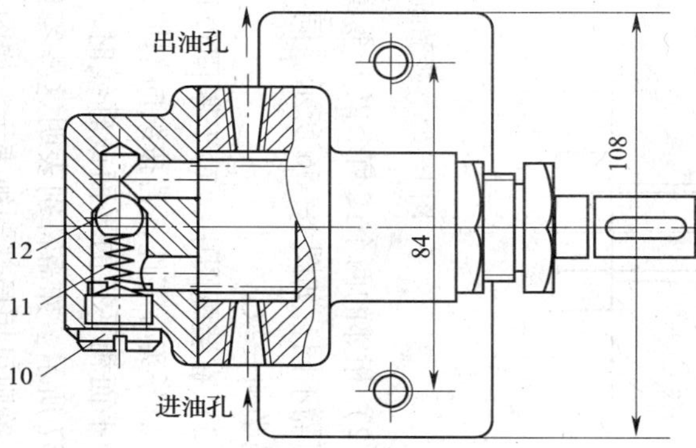

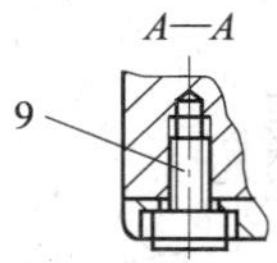

技术要求

1. 油泵试车应达到压力不小于 0.1MPa，输油量不小于 2.5L/min。
2. 无渗漏现象。
3. 油泵齿轮在运转时应无不规则的噪声，泵体不应有不正常发热现象。
4. 油管分布应整齐，不应交错杂乱；油管弯曲应保持一定圆弧，并无敲扁折裂现象。

12	GB/T 308—2002	钢球φ1/2	1	GCr15	
11		弹簧	1	75	
10		气门塞	1	Q235	
9	GB/T 5285—1985	螺钉M6×14	4	Q235	
8	GB/T 1096—2003	键5×20	1	45	
7		齿轮	1	45	$m=2.5\ z=14$
6		填料压盖	1	HT200	
5		螺母	1	Q235	
4		填料	1	石棉线	
3		齿轮	1	45	$m=2.5\ z=14$
2		油泵盖	1	HT200	
1		油泵体	1	HT200	
序号	代号	名称	数量	材料	备注

齿轮油泵

图号　　比例
制图　　第1张
审核　　共1张

图1—54　装配图的内容

3. 装配图的图样画法

绘制零件图所采用的视图、剖视图、断面图等表达方法，在绘制装配图时，仍可使用。装配图主要是表达各零件之间的装配关系、连接方法、相对位置、运动情况和零件的主要结构形状，为此，在绘制装配图时，还需采用一些规定画法和特殊表达方法。

（1）规定画法

1）两相邻零件的接触表面只画一条轮廓线；不接触表面应分别画出两条轮廓线，若间隙很小时，可夸大表示，如图1—55a、b所示。

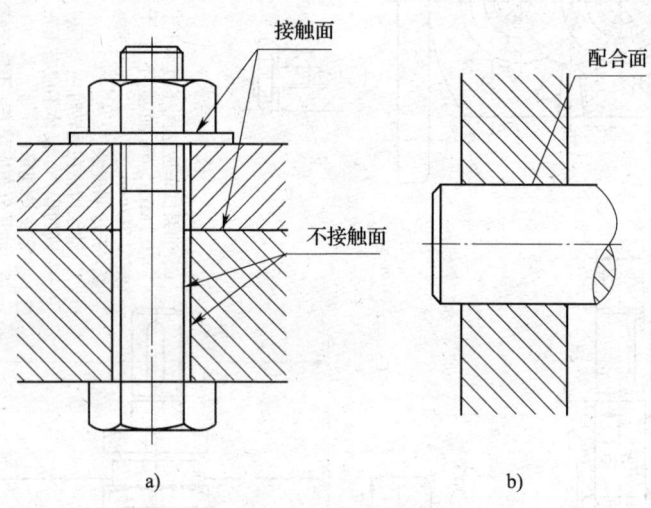

图1—55 接触面和装配面的画法

2）相邻的两个或两个以上金属零件，剖面线的倾斜方向应相反或间隔不同，如图1—56所示。同一零件在各视图上的剖面线方向和间隔必须一致。

3）在装配图中，对于紧固件以及轴、手柄、连杆、球、钩子、键、销等实心零件，若按纵向剖切，且剖切平面通过其对称平面或与对称平面相平行的平面或轴线时，则这些零件均按不剖绘制，如图1—57所示。如需特别表明这些零件上的局部结构，如凹槽、键槽、销孔等则可用局部剖视表示，如图1—58所示。

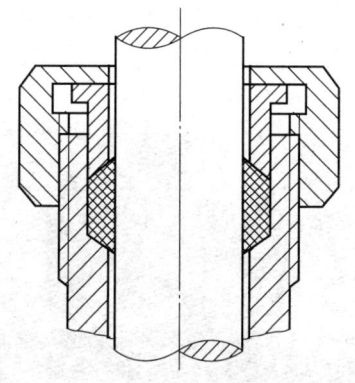
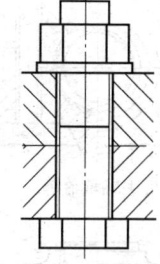

图1—56 剖面线的画法　　图1—57 标准实心件的画法1

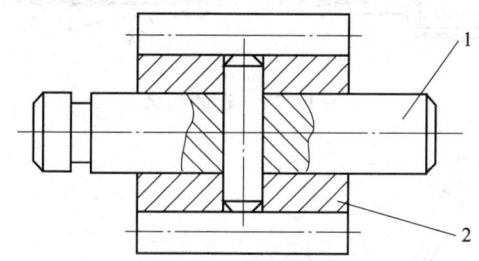

图1—58 标准实心件的画法2
1—销　2—轴套

（2）特殊表达方法

1）沿结合面剖切拆卸画法。在装配图的某一视图上，对于已经在其他视图中表达清楚的一个或几个零件，若它们遮住了其他装配关系和零件时，可以假想拆去这一个或几个零件，对其余部分再进行投影，这种画法称为拆卸画法，以使图形表达清晰，但需在该视图上方写明"拆去××件"，如图1—59所示。

2）假想画法。与本装配体有关但不属于本装配体的相邻零部件，以及运动机件的极限位置，可用双点画线表示，如图1—60所示。

3）夸大画法。有些薄的零件或小间隙、小锥度部位，按其实际尺寸绘制不能表达清楚时，允许将尺寸适当加大后画出，如图1—61所示的垫片。

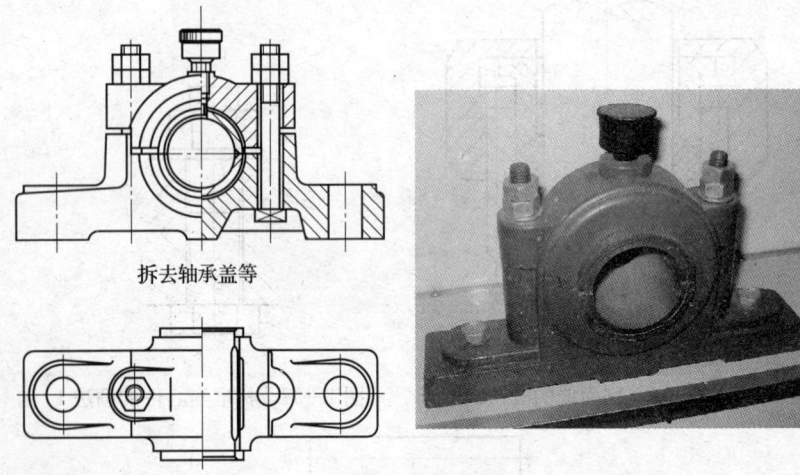

图 1—59 拆卸画法

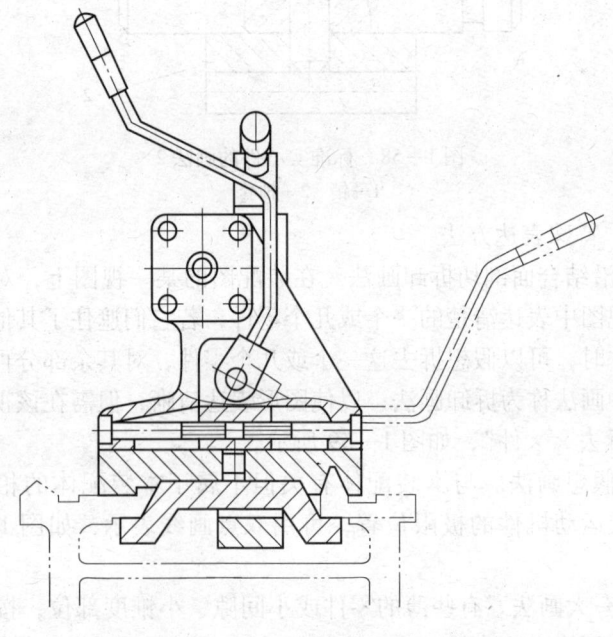

图 1—60 假想画法

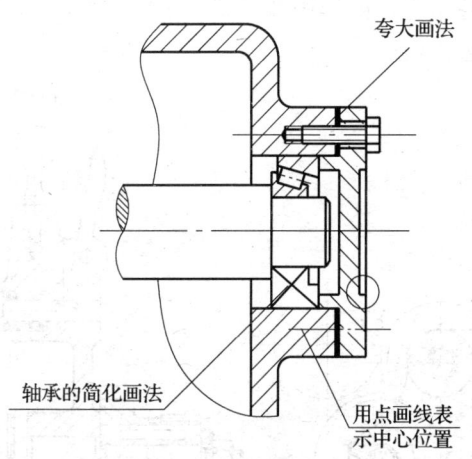

图1—61 夸大画法

4)展开画法。为了表达传动机构中轴与轴之间的传动关系,可假想按传动顺序沿各轴线剖切后,依次展开,画出其剖视图,并标注"×—×展开",如图1—62所示。

5)简化画法。装配图上的零件工艺结构,如退刀槽、倒角、倒圆等,允许省略不画,如图1—63所示。

4. 画装配图

画装配图时,首先要分析部件的工作情况和装配结构特征,然后选择一组图形,把部件的工作原理、装配关系和零件的主要结构形状表达清楚。

(1)视图选择的原则

1)完全。部件的功用、工作原理、装配关系及安装关系等内容表达要完全。

2)正确。视图、剖视、规定画法及装配关系等的表示方法正确,符合国标规定。

3)清楚。读图时清楚易懂。

(2)画装配图一般步骤

1)了解部件的装配关系和工作原理。应阅读资料,了解所画装配体的名称、用途、工作原理、拆装顺序等;仔细阅读每一张零件图,逐个分析各个零件的作用和形状;了解清楚相邻零件间装配关系是接触还是配合。

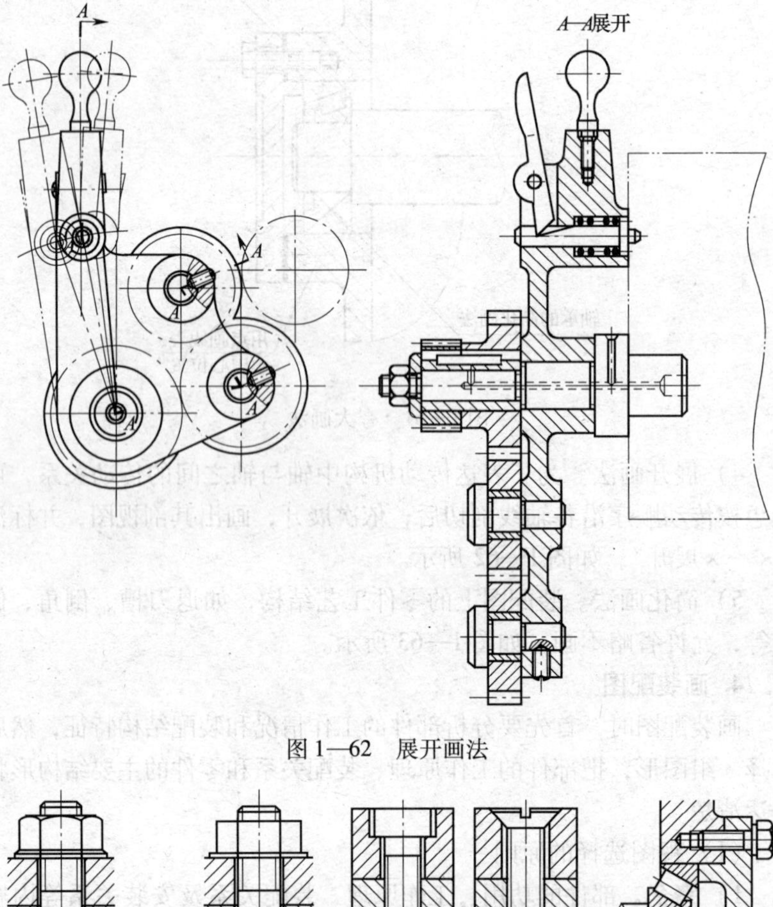

图1—62 展开画法

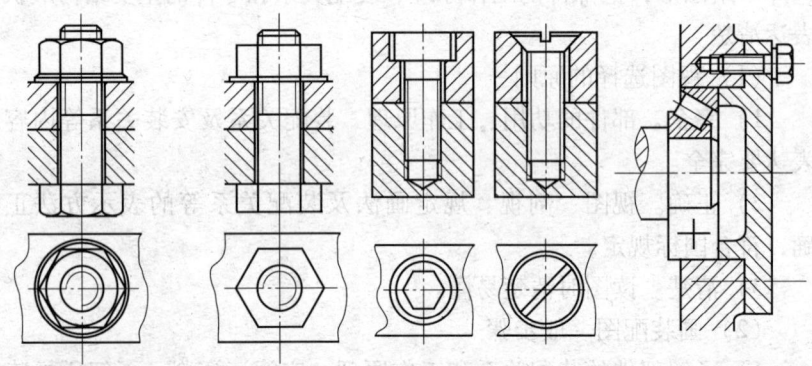

图1—63 简化画法

2）选择装配体的表达方案。在部件中，往往有许多零件是围绕一条或几条轴线装配起来的，这些轴线称为装配轴线或装配干线。采用剖视图表达时，剖切平面应通过这些装配轴线。

①确定主视图。一般将装配体的工位置作为主视图的位置，以最能反映装配体装配关系、位置关系、传动路线、工作原理、主要结构形状的方向作为主视图投射方向。例如，齿轮油泵的装配示意图如图1—64所示，其主轴为主要装配干线，并反映齿轮油泵的工作原理，可将主轴的轴线为水平位置作为主视图的投射方向，以反映主轴上零件的从左到右和从上向下的位置关系、装配关系和结构形状，并结合其他视图表达齿轮油泵的工作原理和其他功能结构。

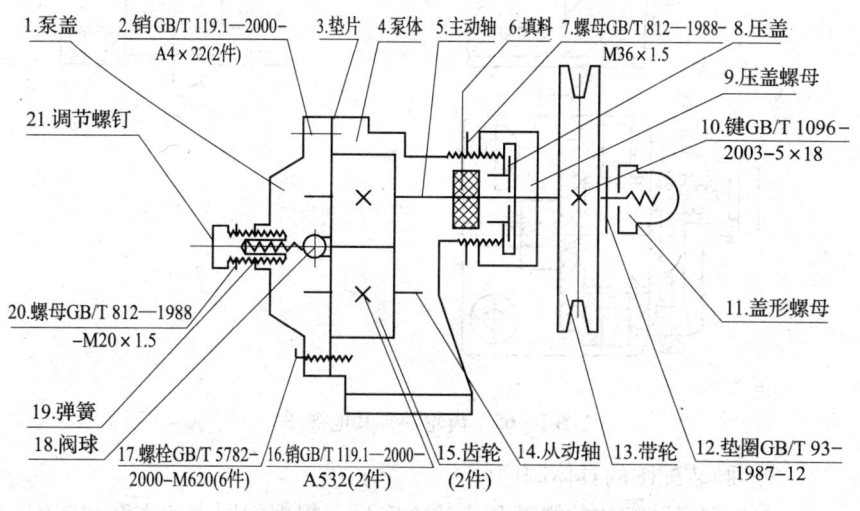

图1—64 齿轮油泵主视图

②选择其他视图，确定视图的数量。主视图不可能把装配体的所有结构形状全部表达清楚，应选择其他视图补充表达尚未表达清楚的内容，并选择合适的表达方法。用旋转剖剖开齿轮油泵，得到全剖的主视图，清楚地表达了各零件间的位置关系、装配关系和工作原理，但齿轮油泵的外形和安全装置的装配关系并未表达清楚。故选择左视图补充表达外形和一对齿轮的啮合情况，用全剖视图进一步表达安全装置的装配关系，如图1—65所示。

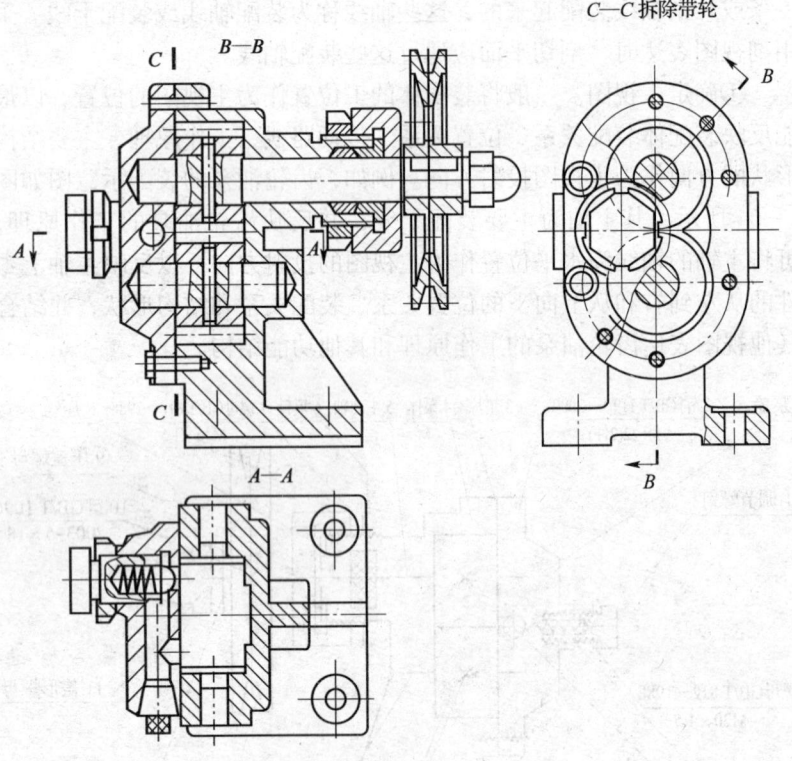

图1—65 齿轮油泵其他视图

3）画装配图的具体顺序

①确定了装配体的视图和表达方案后，根据视图表达方案和装配体的大小，选定图幅和比例，画出标题栏、明细栏框格。

②合理布图，画出各视图的主要轴线（装配干线）、对称中心线和作图基准线。

③画主要装配干线上的零件，采取由内向外（或由外向内）的顺序逐个画每一零件。

④画图时，从主视图开始，将几个视图结合起来一起画，以保证投影准确和防止缺漏线。

⑤底稿画完后，检查描深图线、画剖面线、标注尺寸。

⑥编写零、部件序号,填写标题栏、明细栏、技术要求。
⑦完成全图后,再仔细校核,准确无误后,签名并填写时间。

§1—2 数控车削加工工艺的制定

数控车床是目前使用最广泛的数控机床之一。数控车床主要用于加工轴类、盘类等回转体零件。通过数控加工程序的运行,可自动完成内外圆柱面、圆锥面、成形表面、螺纹和端面等工序的切削加工,并能进行车槽、钻孔、扩孔、铰孔等工作。

工艺分析是数控车削加工的前期工艺准备工作。工艺制定得合理与否,对程序编制、机床的加工效率和零件的加工精度都有重要的影响。因此,应遵循一般机械加工的工艺原则并结合数控车床的特点,认真而详细地制定零件的数控加工工艺。

一、机械加工概述

1. 生产过程和工艺过程

(1) 生产过程。在制造机械产品时,将原材料(或半成品)转变为成品的全过程,称为生产过程。对机械制造而言,生产过程主要由以下各部分所组成:

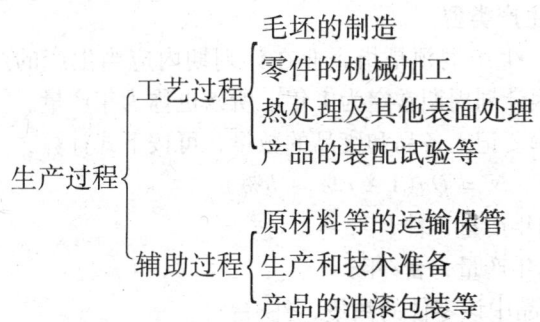

(2) 工艺过程。在机械产品的生产过程中,直接改变毛坯的形状、尺寸、相对位置和表面质量使之成为合格零件的过程称为机械加工工艺过程(以下简称工艺过程)。

工艺过程是由一个或若干个顺序排列的工序所组成,毛坯依次通过这些工序变为成品。

1) 工序。工序是一个（或一组）工人,在一个工作地对同一个（或同时对几个）工件进行加工所连续完成的那部分工艺过程,划分工序的主要依据是工作地是否变动和工作是否连续。

工序是组成工艺过程的基本单元,也是生产计划的基本单元。每个工序又可分为若干个安装、工位、工步和进给。

2) 安装。工件加工前,使其在机床或夹具中占据一正确而固定位置的过程称为安装。在一个工序中,工件可能安装一次,也可能安装几次。

3) 工位。为了减少安装次数,常采用回转工作台、回转夹具或移动夹具等多工位夹具,使工件在一次安装中先后处于几个不同的位置进行加工。

4) 工步。在加工表面、切削刀具和切削用量（不包括背吃刀量）不变的条件下,所连续完成的那一部分工序称为工步。一道工序可能包括几个工步,也可能只有一个工步。

5) 进给。进给是切削工具在加工表面上切削一次所完成的那部分工艺过程。在一个工步中,当加工表面上需要切除的材料较厚,无法一次全部切除掉,需分几次切除,则每切去一层材料称为一次进给。一个工步可以包括一次或几次进给。

2. 生产纲领和生产类型

(1) 生产纲领。生产纲领是指企业在计划期内应当生产的产品产量和进度计划,因计划周期常定为 1 年,所以也称为年产量。

零件的生产纲领要记入备品和废品的数量,可按下式计算:

$$N = Qn(1 + a\% + b\%)$$

式中　N——零件的年产量,件/年;

Q——产品的年产量,台/年;

n——每台产品中该零件的数量,件/台;

$a\%$——备品率;

$b\%$——废品率。

(2) 生产类型。生产类型是指企业（或车间、工段、班组、工作地）生产专业化程度的分类，一般分为单件生产、成批生产和大量生产三种类型。

生产类型不同，产品制造的工艺方法、所采用的加工设备、工艺装备以及生产组织管理形式均不同。

3. 工艺规程

工艺规程是规定产品或零部件制造工艺过程和操作方法等的工艺文件。其中，规定零件机械加工工艺过程和操作方法等的工艺文件称为机械加工工艺规程。

二、数控车削加工工艺

1. 数控车削的主要加工对象

（1）要求高的回转体零件

1）精度要求高的零件。由于数控车床的刚度好，制造和对刀精度高，以及能方便和精确地进行人工补偿甚至自动补偿，所以它能够加工尺寸精度要求高的零件。

2）表面粗糙度小的回转体。数控车床能加工出表面粗糙度小的零件，不但是因为机床的刚度和制造精度高，还由于它具有恒线速度切削功能。

3）超精密、超低表面粗糙度的零件。高精度、多功能的数控车床加工的轮廓精度可达 $0.1~\mu m$，表面粗糙度可达 $0.02~\mu m$，超精加工所用数控系统的最小设定单位应达到 $0.01~\mu m$。

（2）表面形状复杂的回转体零件。由于数控车床具有直线和圆弧插补功能，部分车床数控装置还有某些非圆曲线插补功能，所以可以车削由任意直线和平面曲线组成的形状复杂的回转体零件和难以控制尺寸的零件，如具有封闭内成形面的壳体零件。如图 1—66 所示壳体零件封闭内腔的成形面"口小肚大"，在普通车床上是无法加工的，而在数控车床上则很容易加工出来。

（3）带横向加工的回转体零件。带有键槽或径向孔，或端面分布有孔系以及有曲面的盘套或轴类零件，如带法兰的轴套、带有键槽或方头的轴类零件等，宜选用车削加工中心加工。车削加工中心一次装夹可完成普通机床的多个工序的加工，减少了装夹次数，体现了工序集中的原则,保证了加工质量的稳定性,提高了生产率,降低了生产成本。

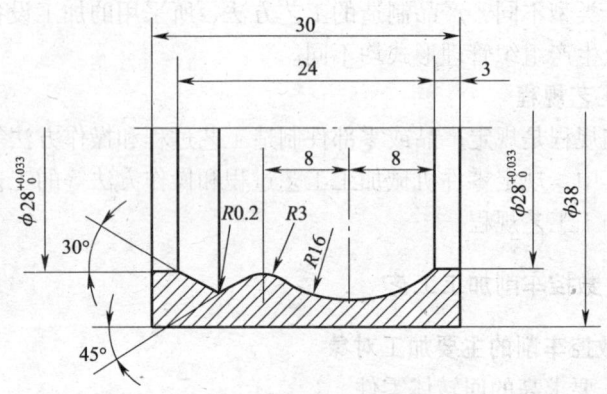

图1—66 成形内腔壳体零件示例

(4)带一些特殊类型螺纹的零件。传统车床所能切削的螺纹相当有限,它只能车等节距的直、锥面公、英制螺纹,而且一台车床只限定加工若干种节距的螺纹。数控车床不但能车任何等节距的直、锥和端面螺纹,而且能车增节距、减节距,以及要求等节距、变节距之间平滑过渡的螺纹和变径螺纹。

2. 车削加工工艺的制定

(1)零件图工艺分析

1)构成零件轮廓的几何条件。在车削加工中手工编程时,要计算每个节点的坐标;在自动编程时,要对构成零件轮廓的所有几何元素进行定义。因此,在分析零件图时应注意以下几点:

①零件图上是否漏掉某尺寸,使其几何条件不充分,影响到零件轮廓的构成。

②零件图上的图线位置是否模糊或尺寸标注不清,使编程无法下手。

③零件图上给定的几何条件是否不合理,造成数学处理困难。

④零件图上尺寸标注方法应适应数控车床加工的特点,应以同一基准标注尺寸或直接给出坐标尺寸。

2)尺寸精度要求。分析零件图样尺寸精度的要求,以判断能否利用车削工艺达到，并确定控制尺寸精度的工艺方法。

在该项分析过程中，还可以同时进行一些尺寸的换算，如增量尺寸与绝对尺寸及尺寸链计算等。在利用数控车床车削零件时，经常对零件要求的尺寸取最大和最小极限尺寸的平均值作为编程的尺寸依据。

3）形状和位置精度的要求。零件图样上给定的形状和位置公差是保证零件精度的重要依据。加工时，要按照其要求确定零件的定位基准和测量基准，还可以根据数控车床的特殊需要进行一些技术性处理，以便有效地控制零件的形状和位置精度。

4）表面粗糙度要求。表面粗糙度是保证零件表面微观精度的重要要求，也是合理选择数控车床、刀具及确定切削用量的依据。

5）材料与热处理要求。零件图样上给定的材料与热处理要求，是选择刀具、数控车床型号、确定切削用量的依据。

（2）工序和装夹方法的确定

1）工序的划分。对于数控车削加工来说，以下两种原则在进行工序划分时使用较多。

①按所用刀具划分工序。采用这种方式可提高车削加工的生产效率。

②按粗、精加工划分工序。采用这种方式可保持数控车削加工的精度。如图1—67所示的零件，应先切除整个零件的大部分余量，再将表面精车一遍，以保证加工精度和表面粗糙度的要求。

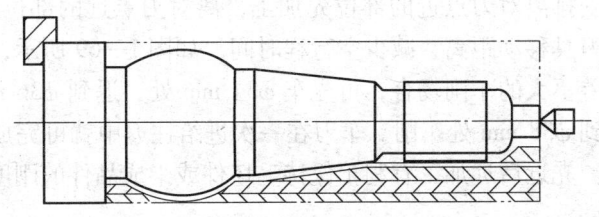

图1—67 车削加工的零件

2）确定零件装夹方法和夹具选择。数控车床上零件安装方法与普通车床一样，要尽量选用已有的通用夹具装夹，且应注意减少装夹次数，尽量做到在一次装夹中能把零件上所有要加工的表面都加工出来。零件定位基准应尽量与设计基准重合,以减少定位误差对尺寸精度的影响。

(3) 加工顺序和进给路线的确定

1) 加工顺序的确定。数控车削的加工顺序一般按照以下原则制定:

①先粗后精加工。按照粗车→半精车→精车的顺序,逐步提高加工精度。粗车在较短的时间内,将精加工前大量的加工余量(如图1—68中的虚线内所示部分)去掉,一方面提高加工效率,另一方面尽量满足精加工的余量均匀性要求。如粗加工后所留余量的均匀性满足不了精加工要求时,则可安排半精加工作为过渡性工序。

在安排可以一刀或多刀进行的精加工工序时,其零件的最终轮廓应由最后一刀连续加工而成。这时,加工刀具的进退刀位置要考虑妥当,尽量不要在连续的轮廓中安排切入和切出或换刀及停顿,以免因切削力突然变化而造成弹性变形,致使光滑连接轮廓上产生表面划伤、形状突变或滞留刀痕等缺陷。

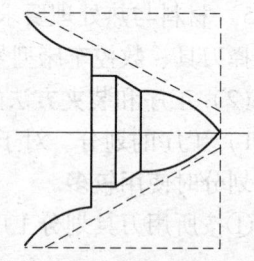

图1—68 先粗后精加工示例

②先近后远加工,减少空行程时间。这里所说的远与近,是按加工部位相对于对刀点的距离而言的。在一般情况下,特别是在粗加工时,通常安排离对刀点近的部位先加工,离对刀点远的部位后加工,以便缩短刀具移动距离,减少空行程时间。如图1—69所示,对于这类直径相差不大的车削场合,可先车 $\phi 34$ mm 处,退到 $\phi 36$ mm 处车削,再退到 $\phi 38$ mm 处车削。车刀在一次进给往返中就可完成三个台阶的车削。先近后远加工有利于保持毛坯件或半成品件的刚度,改善其切削条件。

③内外交叉加工。对既有内表面(内型腔),又有外表面需加工的零件,安排加工顺序时,应先进行内外表面粗加工,后进行内外表面精加工。切不可将零件上一部分表面(外表面或内表面)加工完毕后,再加工其他表面(内表面或外表面)。

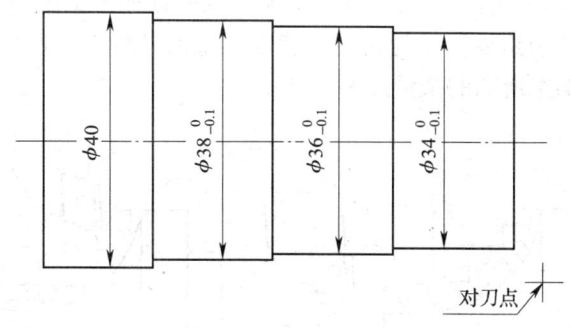

图 1—69 先近后远加工示例

④基面先行原则。用做精基准的表面应优先加工出来，因为定位基准的表面越精确，装夹误差就越小。例如，轴类零件加工时，总是先加工中心孔，再以中心孔为精基准加工外圆表面和端面。

上述原则并不是一成不变的，对于某些特殊情况，则需要采取灵活可变的方案，才能保证其加工精度与质量。这些都依赖于编程者实际加工经验的不断积累与学习。

2）进给路线的确定。进给路线是刀具在整个加工工序中相对于工件的运动轨迹，它不但包括了工步的内容，而且也反映出工步的顺序。进给路线也是编程的依据之一。

进给路线的确定，首先必须保持被加工零件的尺寸精度和表面质量，其次考虑数值计算简单、进给路线尽量短、效率较高等。因精加工的进给路线基本上都是沿其零件轮廓顺序进行的，因此，确定进给路线的工作重点是确定粗加工及空行程的进给路线。

①加工路线与加工余量的关系。在数控车床还未达到普及使用的条件下，一般应把毛坯件上过多的余量，特别是含有锻、铸硬皮层的余量安排在普通车床上加工。如必须用数控车床加工时，则要注意程序的灵活安排。安排一些子程序对余量过多的部位先做一定的切削加工。

a. 对大余量毛坯进行阶梯切削时的加工路线。如图 1—70 所示为车削大余量工件的两种加工路线，图 1—70a 为错误的阶梯切削路线,图1—70b 为按 1→5 的顺序切削,每次切削所留余量相等,是正确的阶梯切削路线。因为在同样背吃刀量的条件下,按如图1—70a所示方式加工所剩的余量过多。

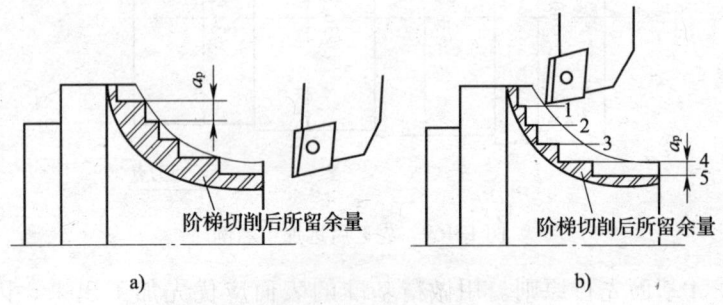

图1—70 车削大余量毛坯的阶梯路线

根据数控加工的特点,还可以放弃常用的阶梯车削法,改用依次从轴向和径向进刀、顺工件毛坯轮廓进给的路线(见图1—71)。

b. 分层切削时刀具的终止位置。当某表面的余量较多需分层多次进给切削时,从第二刀开始就要注意防止进给到终点时背吃刀量的猛增。如图1—72所示,设以90°主偏角车刀分层车削外圆,合理的安排应是每一刀的切削终点依次提前一小段距离 e(例如可取 $e=0.05$ mm)。如果 $e=0$,则每一刀都终止在同一

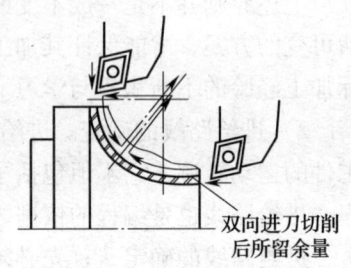

图1—71 双向进刀的进给路线

轴向位置上,主切削刃就可能受到瞬时的重负荷冲击。当刀具的主偏角大于90°但仍然接近90°时,也宜做出层层递退的安排,经验表明,这对延长粗加工刀具的寿命是有利的。

②刀具的切入、切出。在数控机床上进行加工时,要安排好刀具的切入、切出路线,尽量使刀具沿轮廓的切线方向切入、切出。

尤其是车螺纹时,必须设置升速段 δ_1 和降速段 δ_2(见图1—73),这样可避免因车刀升降而影响螺距的稳定。

③确定最短的空行程路线。确定最短的进给路线,除了依靠大量

的实践经验外，还应善于分析，必要时辅以一些简单计算。现将实践中的部分设计方法或思路介绍如下：

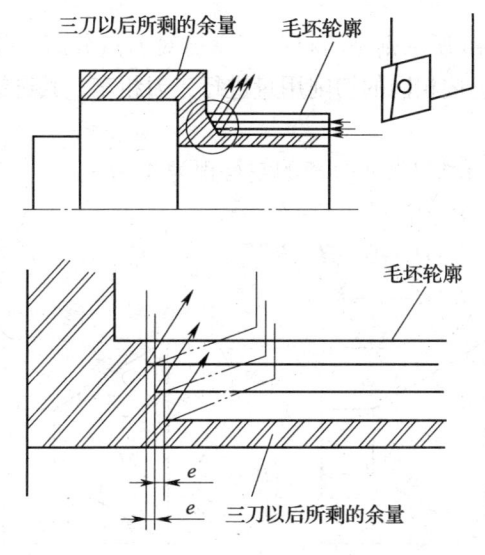

图1—72　分层切削时刀具的终止位置

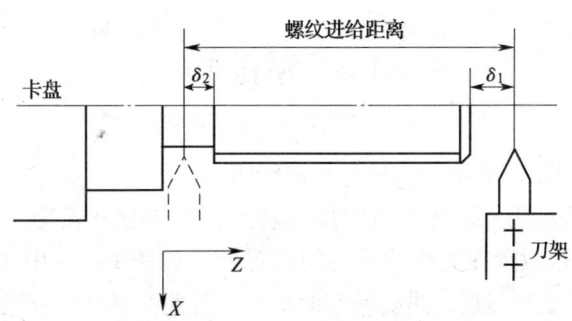

图1—73　车螺纹时的引入距离和超越距离

a. 巧用对刀点。图1—74a 为采用矩形循环方式进行粗车的一般情况示例。其起刀点 A 的设定是考虑到精车等加工过程中需方便地换刀，故设置在离坯料较远的位置处，同时将起刀点与其对刀点重合在一起，按三刀粗车的进给路线安排如下：

第一刀为 A→B→C→D→A；
第二刀为 A→E→F→G→A；
第三刀为 A→H→I→J→A。

如图1—74b所示则是巧将起刀点与对刀点分离，并设于图中所示点的位置，仍按相同的切削用量进行三刀粗车，其进给路线安排如下：

起刀点 B 与对刀点 A 分离的空行程为 A→B；
第一刀为 B→C→D→E→B；
第二刀为 B→F→G→H→B；
第三刀为 B→I→J→K→B。

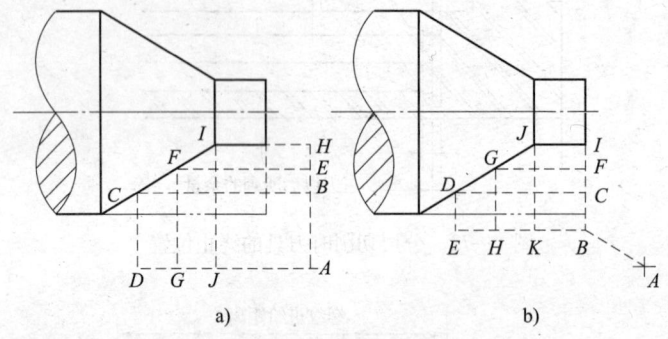

图1—74 巧用起刀点
a) 起刀点与对刀点重合 b) 起刀点与对刀点分离

显然，图1—74b所示的进给路线短。

b. 巧设换刀点。为了考虑换（转）刀的方便和安全，有时将换（转）刀点也设置在离坯件较远的位置处（如图1—74中 A 点），那么，当换第二把刀后，进行精车时的空行程路线必然也较长；如果将第二把刀的换刀点设置在图1—74b 中的 B 点位置上，则可缩短空行程距离。

c. 合理安排"回零"路线。在手工编制较复杂轮廓的加工程序时，为使其计算过程尽量简化，既不易出错，又便于校核，编程者（特别是初学者）有时将每一刀加工完后的刀具终点通过执行"回零"（即返回对刀点）指令，使其全都返回到对刀点位置，然后再进行后续程序。这样会增加进给路线的距离,从而大大降低生产效率。因此,在合理安排"回零"路线时,应使其前一刀终点与后一刀起点间的距离尽量缩短,或者为零,即可满足进给路线为最短的要求。

④确定最短的切削进给路线。切削进给路线短,可有效地提高生产效率,降低刀具损耗。在安排粗加工或半精加工的切削进给路线时,应同时兼顾到被加工零件的刚度及加工的工艺性等要求,不要顾此失彼。

如图1—75所示为粗车工件时几种不同切削进给路线的安排示例。其中,图1—75a表示利用数控系统具有的封闭式复合循环功能而控制车刀沿着工件轮廓进行进给的路线,图1—75b所示为利用其程序循环功能安排的"三角形"进给路线,图1—75c所示为利用其矩形循环功能而安排的"矩形"进给路线。

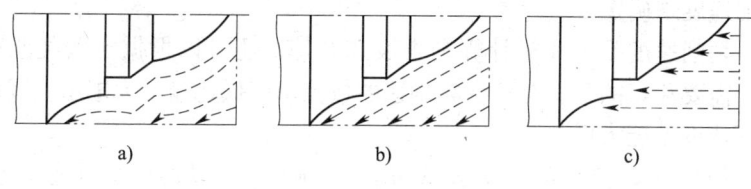

图1—75 进给路线示例
a) 沿工件轮廓进给 b) "三角形"进给 c) "矩形"进给

对以上三种切削进给路线,经分析和判断后可知矩形循环进给路线的进给长度总和为最短。因此,在同等条件下,其切削所需时间(不含空行程)为最短,刀具的损耗小。另外,矩形循环加工的程序段格式较简单,所以这种进给路线的安排,在制定加工方案时应用较多。

(4) 切削刀具选择。选择刀具时主要考虑加工内容、工件材料、加工精度、表面粗糙度、生产率、经济性及所选用机床的性能等因素,优先采用标准刀具。

(5) 切削用量的选择。切削用量选择得是否合理,对于能否充分发挥机床潜力与刀具切削性能,实现优质、高产、低成本和安全操作具有很重要的作用。

1) 背吃刀量 a_p 的确定。在工艺系统刚度和机床功率允许的情况下,尽可能选取较大的背吃刀量,以减少进给次数。当零件精度要求较高时，则应考虑留出精车余量，其所留的精车余量一般比普通车削时所留余量小，常取 0.1~0.5 mm。

2) 进给量 f（有些数控机床用进给速度 v_f）。进给量 f 的选取应该与背吃刀量和主轴转速相适应。在保证工件加工质量的前提下，可以选择较高的进给速度（2 000 mm/min 以下）。在切断、车削深孔或精车时，应选择较低的进给速度。当刀具空行程特别是远距离"回零"时，可以设定尽量高的进给速度。

粗车时，一般取 $f = 0.3~0.8$ mm/r，精车时常取 $f = 0.1~0.3$ mm/r，切断时取 $f = 0.05~0.2$ mm/r。

3) 主轴转速的确定

①光车外圆时主轴的转速。光车外圆时主轴转速应根据零件上被加工部位的直径，并按零件和刀具材料以及加工性质等条件所允许的切削速度来确定。

切削速度除了通过计算和查表选取外，还可以根据实践经验确定。需要注意的是，交流变频调速的数控车床低速输出力矩小，因而切削速度不能太低。

切削速度确定后，用公式 $n = 1\ 000 v_c / (\pi d)$ 计算主轴转速 n（r/min）。硬质合金外圆车刀切削速度的参考值见表 1—8。

表 1—8　硬质合金外圆车刀切削速度的参考值

工件材料	热处理状态	a_p/mm		
		(0.3, 2]	(2, 6]	(6, 10)
		f/（mm/r）		
		(0.08, 0.3]	(0.3, 0.6]	(0.6, 1)
		v_c/（m/min）		
低碳钢、易切钢	热轧	140~180	100~120	70~90
中碳钢	热轧	130~160	90~110	60~80
	调质	100~130	70~90	50~70
合金结构钢	热轧	100~130	70~90	50~70
	调质	80~110	50~70	40~60

续表

工件材料	热处理状态	a_p/mm		
		(0.3, 2]	(2, 6]	(6, 10]
		f/ (mm/r)		
		(0.08, 0.3]	(0.3, 0.6]	(0.6, 1]
		v_c/ (m/min)		
工具钢	退火	90~120	60~80	50~70
灰铸铁	HBW<190	90~120	60~80	50~70
	HBW=190~225	80~110	50~70	40~60
高锰钢	—	—	10~20	—
铜及铜合金	—	200~250	120~180	90~120
铝及铝合金	—	300~600	200~400	150~200
铸铝合金 ($w_{Si}=13\%$)	—	100~180	80~150	60~100

注：切削钢及灰铸铁时刀具耐用度约为 60 min。

②车螺纹时主轴的转速。在车削螺纹时，车床的主轴转速将受到螺纹的螺距 P（或导程）大小、驱动电动机的升降频特性，以及螺纹插补运算速度等多种因素的影响，故对于不同的数控系统，推荐不同的主轴转速选择范围。大多数经济型数控车床推荐车螺纹时的主轴转速 n（r/min）为：

$$n \leqslant (1\,200/P) - k \qquad (1—1)$$

式中　P——被加工螺纹螺距，mm；

　　　k——保险系数，一般取 80。

此外，在安排粗、精车削用量时，应注意机床说明书给定的允许切削用量范围，对于主轴采用交流变频调速的数控车床，由于主轴在低转速时转矩降低，尤其应注意此时的切削用量选择。

三、典型工件的工艺分析

如图 1—76 所示为典型轴类零件，该零件材料为 2A12（LY12），

毛坯尺寸为 $\phi 22\ mm \times 95\ mm$，无热处理和硬度要求，试对该零件进行数控车削工艺分析。

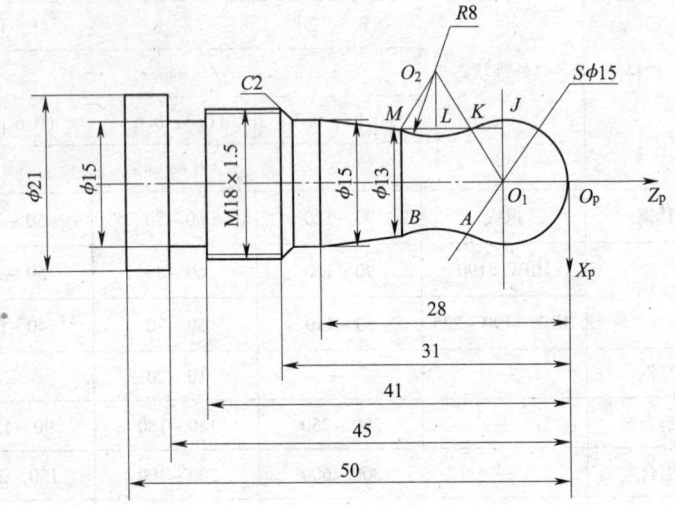

图 1—76 典型轴类零件

1. 零件图工艺分析

该零件表面由圆柱、圆锥、凸圆弧、凹圆弧及螺纹等表面组成。零件材料为 2A12（LY12），毛坯尺寸为 $\phi 22mm \times 95mm$，无热处理和硬度要求。

2. 选择设备

根据被加工零件的外形和材料等条件，选用 CK6140 数控车床。

3. 确定零件的定位基准和装夹方法

（1）定位基准。确定坯料轴线和左端面为定位基准。

（2）装夹方法。采用三爪自定心卡盘夹紧。

4. 确定加工顺序及进给路线

加工顺序按先车端面，然后遵循由粗到精、由近到远（由右到左）的加工原则。即先从右到左粗车各面（留 0.5 mm 精车余量），然后从右到左精车各面，最后车槽、车削螺纹、切断。

5. 刀具选择

刀具材料为 W18Cr4V。将所选定的刀具参数填入数控加工刀具卡片中（见表 1—9）。

表1—9　　　　　数控加工刀具卡片

产品名称或代号	×××		零件名称	典型轴	零件图号	×××
序号	刀具号	刀具规格名称	数量	加工表面		备注：刀杆尺寸/mm
1	T01	右手外圆偏刀	1	粗车外轮廓表面		20×20
2	T02	右手外圆偏刀	1	精车外轮廓表面		20×20
3	T03	60°外螺纹车刀	1	精车轮廓及螺纹		20×20
4	T04	车槽刀	1	切4 mm槽、切断		$B=4$ 20×20
编制	×××	审核	×××	批准	×××	共　页　第　页

6. 确定切削用量

根据被加工表面质量要求、刀具材料和工件材料，参考切削用量手册或有关资料选取切削速度与每转进给量，然后利用公式 $v_c = \pi dn/1\,000$ 和 $v_f = nf$，计算主轴转速与进给速度（计算过程略），最后根据实践经验进行修正，计算结果填入表1—10工序卡中。

综合前面分析的各项内容，并将其填入表1—10轴的数控加工工艺卡片中。

表1—10　　　　　轴的数控加工工艺卡片

单位名称	×××		产品名称或代号		零件名称	零件图号
			×××		轴2	×××
工序号	程序编号		夹具名称		使用设备	车间
001	×××		三爪自定心卡盘		CK6140数控车床	数控中心
工步号	工步内容 （尺寸单位/mm）	刀具号	刀具规格 /mm	主轴转速 /(r/min)	进给速度 /(mm/min)	背吃刀量 /mm	备注
1	从右至左粗车各面	T01	20×20	800	100	2	
2	从右至左精车各面	T02	20×20	1500	80	0.7	
3	车槽	T04	20×20	400	30		
4	车M18×1.5螺纹	T03	20×20	300	1.5 mm/r		
5	切断	T04	20×20	400	30		
编制	×××	审核	×××	批准	×××	年　月　日	共　页　第　页

§1—3 数控车削零件的定位和装夹

一、基准的概念和分类

基准是零件上用以确定其他点、线、面位置所依据的那些点、线、面。根据作用不同，基准的分类如图1—77所示。

1. 设计基准

在零件图上用来确定其他点、线、面位置的基准，称为设计基准。

2. 工艺基准

零件在加工和装配过程所使用的基准。按用途的不同可分为以下四种。

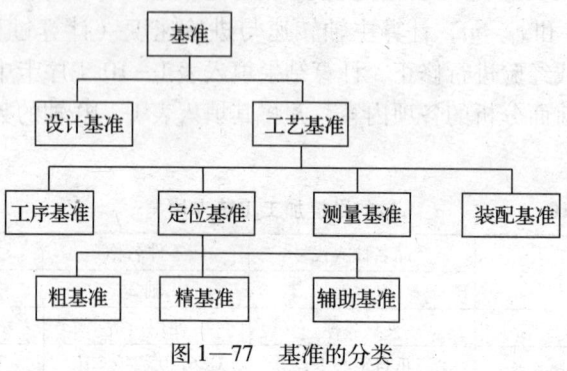

图1—77 基准的分类

（1）定位基准。加工时工件定位所用的基准。用夹具装夹时，定位基准就是工件上直接与夹具的定位元件相接触的点、线、面。

（2）测量基准。用于检验已加工表面形状、尺寸及位置的基准。

（3）工序基准。在工序简图上用来确定本工序加工表面加工后的尺寸、形状、位置的基准。

（4）装配基准。装配时用于确定零件在部件或成品中位置的基准。

3. 定位基准的选择

工件在加工过程中，若以未经加工过的毛坯面作为定位基准的表面，称此种基准面为粗基准；若以已经加工过的表面作为定位基准，称为精基准。

（1）粗基准的选择

1）选择不需加工的表面作粗基准。

2）选择加工余量和公差最小的表面作粗基准。

3）选择光洁、平整、面积足够大、装夹稳定的表面作粗基准。

4）粗基准一般只能使用一次。

（2）精基准的选择

1）基准重合原则。

2）基准统一原则。

3）自为基准原则。

4）互为基准原则。

二、工件定位

1. 工件装夹概述

在机械加工过程中，为了保证加工精度，在加工前，应确定工件在机床上的位置，并固定好，以进行加工或检测。

（1）工件的装夹。将工件在机床上或夹具中定位、夹紧的过程，称为装夹。工件的装夹包含以下两个方面的内容：

1）定位。确定工件在机床上或夹具中正确位置的过程，称为定位。

2）夹紧。工件定位后将其固定，使其在加工中保持定位位置不变的操作，称为夹紧。

（2）机床夹具。能方便地让工件在机床上定位、夹紧和引导刀具的工艺装备，称为机床夹具。

机床夹具一般由夹具体、定位元件、夹紧装置、对刀或导向装置、连接元件等组成。夹具体是机床夹具的基础；定位元件保证工件在夹具中处于正确的位置；夹紧装置的作用是将工件压紧夹牢；对刀或导向装置用于确定刀具相对于定位元件的正确位置；连接元件是确定夹具在机床上正确位置的元件。

2. 工件的定位基本原理

（1）工件六点定位原理。一个尚未定位的工件，其空间位置是不确定的，均有六个自由度，如图1—78a所示，即沿空间坐标轴 X、Y、Z 三个方向的移动和绕这三个坐标轴的转动，分别以 $\vec{X}$、$\vec{Y}$、$\vec{Z}$ 和 $\hat{X}$、$\hat{Y}$、$\hat{Z}$ 表示。

定位就是限制自由度。如图1—78b所示的长方体工件，欲使其完全定位，可以设置六个固定点，工件的三个面分别与这些点保持接触，在其底面设置三个不共线的点（构成一个面），限制工件的三个自由度 $\vec{Z}$、$\hat{X}$、$\hat{Y}$；侧面设置两个点（成一条线），限制 $\vec{Y}$、$\hat{Z}$ 两个自由度；端面设置一个点，限制 $\vec{X}$ 自由度。于是工件的六个自由度便都被限制了。这些用来限制工件自由度的固定点，称为定位支撑点，简称支撑点。用合理分布的六个支撑点限制工件六个自由度的法则，称为六点定位原理。

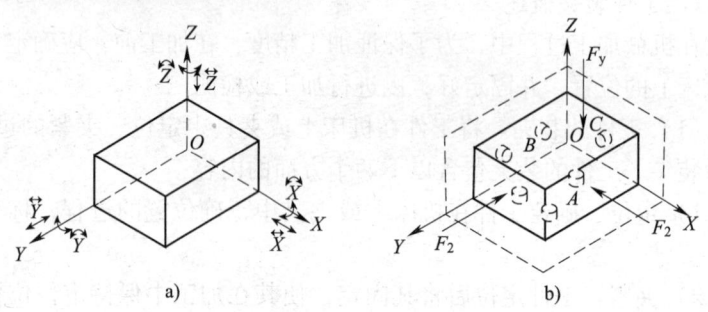

图1—78　矩形立方体工件定位

在应用"六点定位原理"分析工件的定位时，应注意：

定位支撑点与工件定位基准面接触，才能起到限制工件自由度的作用。一个定位支撑点仅限制一个自由度。

（2）工件定位中的几种情况

1）完全定位。工件的六个自由度全部被限制的定位，称为完全定位。当工件在 x、y、z 三个坐标方向上均有尺寸要求或位置精度要求时，一般采用这种定位方式。

如图1—79所示的工件，要求铣削工件上表面和铣削槽宽为40 mm的槽。为了保证上表面与底面的平行度，必须限制$\vec{Z}$、$\vec{X}$、$\vec{Y}$三个自由度；为了保证槽侧面相对前后对称面的对称度要求，必须限制$\vec{Y}$、$\vec{Z}$两个自由度；由于所铣的槽不是通槽，在X方向上，槽有位置要求，所以必须限制$\vec{X}$移动的自由度。为此，应对工件采用完全定位的方式，可参考图1—78所示进行六点定位。

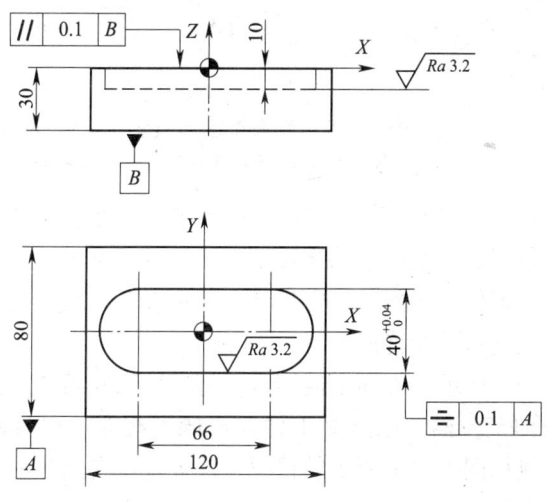

图1—79　完全定位示例分析

2) 不完全定位。根据工件的加工要求，并不需要限制工件的全部自由度，这样的定位称为不完全定位。

工件采用部分定位时，必须限制按加工要求需要限制的自由度；对于不影响加工要求的自由度，则可以不予限制。这样，可以简化夹具的结构。

如图1—80a所示为加工通槽，由于槽是贯通的，在Y轴方向上前后的位置并不影响通槽的加工质量。因此，沿Y轴方向可以不设定位支撑点，仅需要限制工件除$\vec{Y}$的其余五个自由度。

如图1—80b所示为平板工件磨平面，工件只有厚度和平行度要求,故只需限制 $\vec{Z}$、$\vec{X}$、$\vec{Y}$ 三个自由度,在磨床上采用电磁工作台即可实现三点定位。

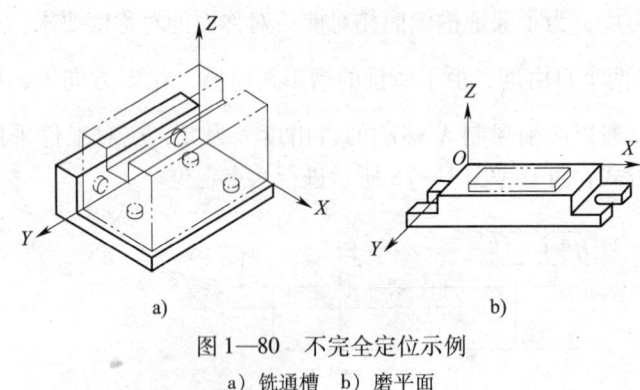

图1—80 不完全定位示例
a) 铣通槽 b) 磨平面

3) 欠定位。定位元件所(能)限制的自由度数,少于按加工工艺要求所需限制的自由度数的定位情况。这种情况下,工件不能正确定位,称为欠定位。显然,欠定位不能保证加工要求,往往会产生废品,因此,是绝对不允许的。

如图1—81所示工件加工通槽时,若单纯以底面A定位,而不用侧面B作导向定位面,则这时工件在机床上相对于刀具的位置,就可能会偏置成如图1—81所示的情况,按欠定位铣出的槽,显然是不符合图样要求的。

4) 过定位。夹具上的两个或两个以上的定位元件,重复限制工件的同一个或几个自由度的现象,称为过定位。如图1—82所示为两种过定位的例子。

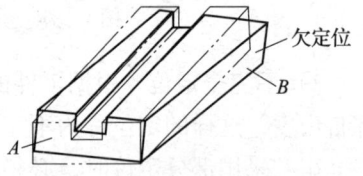

图1—81 欠定位铣槽不符合图样要求

如图1—82a所示为孔与端面联合定位情况,由于大端面限制 $\vec{Y}$、$\vec{X}$、$\vec{Z}$ 三个自由度,长销限制 $\vec{X}$、$\vec{Z}$ 和 $\vec{X}$、$\vec{Z}$ 四个自由度,可见 $\vec{X}$、$\vec{Z}$ 被两个定位元件重复限制,出现过定位。

如图1—82 b所示为平面与两个短圆柱销联合定位情况,平面限

制 $\overleftrightarrow{Z}$、$\overleftrightarrow{X}$、$\overleftrightarrow{Y}$ 三个自由度，两个短圆柱销分别限制 $\overleftrightarrow{X}$、$\overleftrightarrow{Y}$ 和 $\overleftrightarrow{Y}$、$\overleftrightarrow{Z}$ 共四个自由度，则 $\overleftrightarrow{Y}$ 自由度被重复限制，出现过定位。

造成重复定位的原因是：夹具上的定位元件，同时重复限制了工件的一个或几个自由度，造成的后果是使定位重复而不确定或不稳定，破坏预定的正确位置，使工件或定位元件产生变形，从而降低加工精度，甚至使工件无法装夹以致不能加工。

可通过改变定位元件的结构，使定位元件重复限制自由度的部分不起定位作用的方法消除过定位。例如，将图1—82b 右边的圆柱销改为削边销。对图1—82a 的改进措施如图1—83 所示。其中如图1—83a 所示是在工件与大端面之间加球面垫圈，如图1—83b 所示将大端面改为小端面，从而避免过定位。

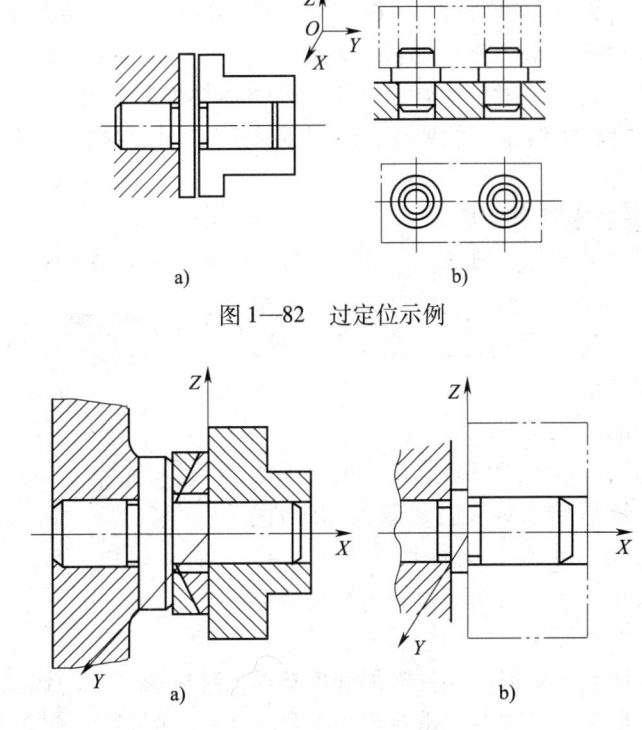

图1—82 过定位示例

图1—83 消除过定位的措施

实际生产应用中,应尽量避免重复定位,但过定位并不是必须完全避免的,在工件的定位基准、夹具上的定位元件精度很高的情况下,可以允许重复定位,这时它对提高工件的刚度和稳定性有一定的好处。

(3)定位误差。工件在夹具中的位置是以其定位基面与定位元件的相互接触(配合)来确定的,由于定位基面、定位元件的工作表面本身存在一定的制造误差,导致一批工件在夹具中的实际位置不可能完全一样,使加工后各工件的加工尺寸存在误差。这种因工件在夹具上定位不准而造成的加工误差,称为定位误差。

它包括基准位移误差和基准不重合误差。

三、数控车削零件的装夹方式和数控车床夹具

车床的夹具主要是指安装在车床主轴上的夹具,这类夹具和机床主轴相连接并带动工件一起随主轴旋转。车床类夹具主要分成两大类:各种卡盘,适用于盘类零件和短轴类零件加工的夹具;中心孔、顶尖定心定位安装工件的夹具,适用于长度尺寸较大或加工工序较多的轴类零件。

1. 各种卡盘类夹具

(1)三爪自定心卡盘。三爪自定心卡盘如图1—84所示,是最常用的车床通用卡具,三爪自定心卡盘最大的优点是可以自动定心,装夹速度快,但定心精度存在误差,不适于同轴度要求高的工件的二次装夹。

三爪自定心卡盘可装成正爪或反爪两种形式。反爪用来装夹直径较大的工件。用三爪自定心卡盘装夹精加工过的表面时,被夹住的工件表面应包一层铜皮,以免夹伤工件表面。

为了防止车削时因工件变形和振动而影响加工质量,工件在三爪自定心卡盘中装夹时,其悬伸长度不宜过长。如工件直

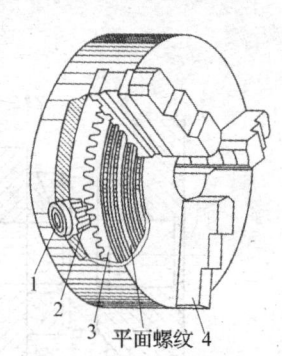

图1—84 三爪自定心卡盘
1—卡盘钥匙孔 2—小锥齿轮
3—大锥齿轮 4—卡爪

径≤30 mm，其悬伸长度不应大于直径的 3 倍；若工件直径 >30 mm，其悬伸长度不应大于直径的 4 倍。同时也可避免工件被车刀顶弯、顶落而造成打刀事故。

（2）可调卡爪式卡盘。可调卡爪式四爪单动卡盘如图 1—85 所示。每个基体卡座上的卡爪，均能单独手动粗、精位置调整。可手动操作分别移动各卡爪，使零件夹紧、定位。加工前，要把工件加工面中心对中到卡盘（主轴）中心。

四爪单动卡盘要比三爪自定心卡盘需要用更多的时间来夹紧和对正零件。因此，对提高生产率来说至关重要的高精度数控车床上很少使用这种卡盘，多用于经济型数控车床。

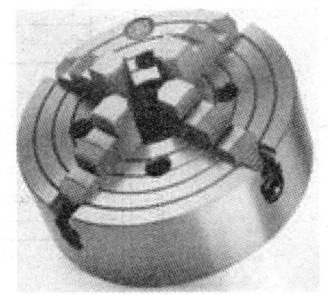

图 1—85　可调卡爪式四爪单动卡盘

2. 轴类零件中心孔定心装夹

对于长度尺寸较大或加工工序较多的轴类零件，为保证每次装夹时的装夹精度，可用两顶尖装夹。

（1）自动夹紧拨动卡盘（见图 1—86）。在数控车床上加工轴类零件时，毛坯装在主轴顶尖和尾座顶尖之间，工件用主轴上的拨动卡盘带动旋转。这类夹具在粗车时可传递足够大的转矩，以适应主轴高转速地切削。

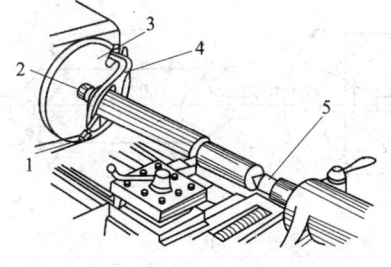 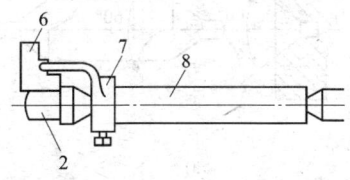

图 1—86　自动夹紧拨动卡盘
1—夹紧螺钉　2—前顶尖　3—拨盘　4—卡箍　5—后顶尖
6—卡爪　7—鸡心夹头　8—工件

(2)用卡盘和顶尖装夹。用两顶尖装夹工件虽然精度高,但刚度较差。因此,车削质量较大的工件时要一端用卡盘夹住,另一端用后顶尖支撑。为了防止工件由于切削力的作用而产生轴向位移,必须在卡盘内装一限位支撑,或利用工件的台阶面限位,如图1—87所示。这种方法比较安全,能承受较大的轴向切削力,安装刚度好,轴向定位准确,所以应用比较广泛。

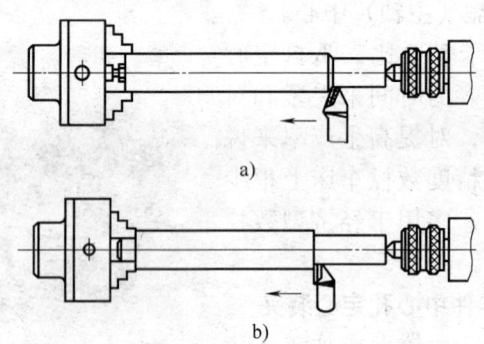

图1—87 用卡盘和顶尖装夹
a)卡盘内装限位支撑 b)利用工件的台阶作限位支撑

(3)中心孔和中心钻。轴类零件两端用来支撑、装夹用的中心孔,在GB/T 145—2001中规定有A型(不带护锥)、B型(带护锥)、C型(带螺孔)和R型(带圆弧形)四种,常用的为A、B型,如图1—88所示。

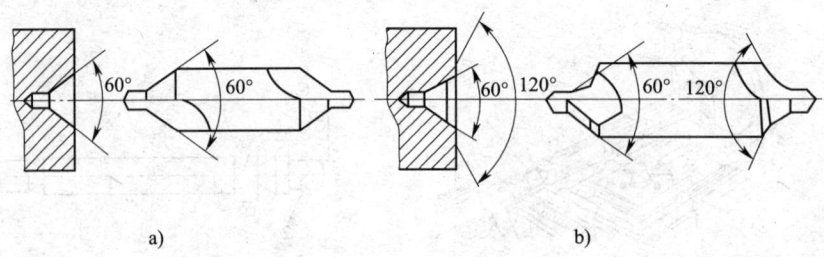

图1—88 中心孔与中心钻
a)A型中心孔和中心钻 b)B型中心孔和中心钻

对于精度一般的轴类零件,中心孔不需要重复使用的,可选用 A 型中心孔。对于精度要求高,工序较多需多次使用中心孔的轴类零件,应选用 B 型中心孔。B 型中心孔比 A 型多一个 120°的保护锥,用来保护 60°锥面不致碰伤。

常用的中心钻也有 A、B 型两种,直径在 6.3 mm 以下的中心孔常用高速钢制成的中心钻钻出。

3. 轴套类零件心轴装夹

当零件外圆轴线和内孔轴线的同轴度要求高时,应当以内孔为定位基准采用心轴定位。

(1) 圆柱心轴。圆柱心轴是以外圆柱面定心、端面压紧来装夹工件的,如图 1—89 所示。心轴与工件孔一般用 H7/h6、H7/g6 的间隙配合,所以工件能很方便地套在心轴上。但由于配合间隙较大,一般只能保证同轴度 0.02 mm 左右。

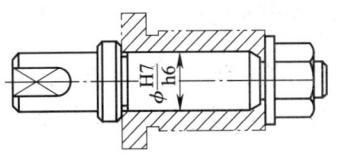

图 1—89 用圆柱心轴定位

(2) 锥度心轴。为了消除间隙,提高心轴定位精度,心轴可以做成锥体,但锥体的锥度很小,否则工件在心轴上会产生歪斜,如图 1—90a 所示。常用的锥度为 $C = 1/5\ 000 \sim 1/1\ 000$。定位时,工件楔紧在心轴上,楔紧后孔会产生弹性变形,从而使工件不致倾斜,如图 1—90b 所示。

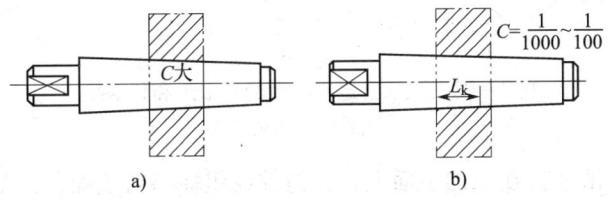

图 1—90 用锥度心轴定位
a) 锥度太大 b) 锥度合适

4. 数控车削零件的找正和安装

（1）数控车削零件的找正方法

1）目测找正。该方法简单方便，精度低。

2）划针找正。该方法较常用，精度较高（见图1—91）。

3）百分表找正。该方法属高精度操作，可以精确到1/100 mm（见图1—92）。

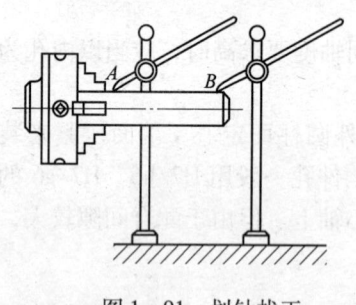 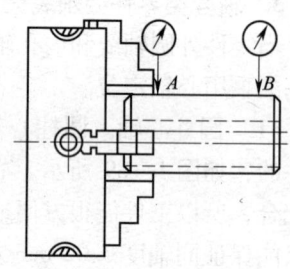

图1—91　划针找正　　　　　图1—92　百分表找正

（2）数控车削零件的夹紧。数控车床的夹紧操作要注意夹紧力和夹紧部位。数控车床有两种常用的标准卡盘卡爪，即硬卡爪和软卡爪，如图1—93所示。

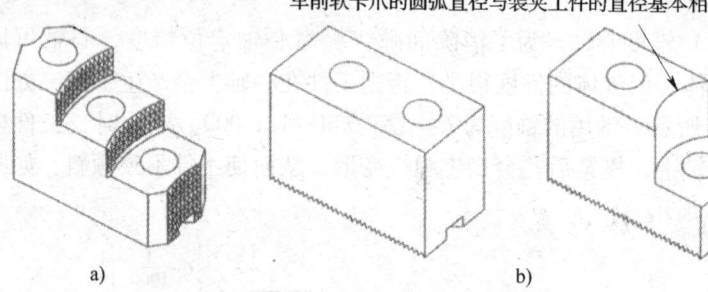

图1—93　三爪自定心卡盘的硬卡爪和软卡爪

a）硬卡爪　b）软卡爪

当卡爪夹持在未加工面上，如铸件或粗糙棒料表面，需要大的夹紧力时，使用硬卡爪。通常为保证刚度和耐磨性，硬卡爪要进行热处理，硬度较高。

当需要减小两个或多个零件直径跳动偏差,以及在已加工表面不希望有夹痕时,则应使用软卡爪。软卡爪通常用低碳钢制造,软卡爪在使用前,为配合被加工工件,要进行镗孔加工。

§1—4 数控车床的刀具

一、数控机床刀具的特点

为了达到高效、经济的目的,对数控车床使用的刀具有如下要求:

(1) 具有较高的强度、较好的刚度和抗振性。
(2) 高精度、高可靠性和较强的适应性。
(3) 能够满足高切削速度和大进给量的要求。
(4) 刀具耐磨性好,使用寿命长,刀具材料和切削参数与被加工件材料之间要适宜。
(5) 刀片与刀杆要通用化、规格化、系列化、标准化,拆装时要求重复定位精度高,安装调整方便。

二、车削加工中的切削运动

车削加工中刀具与工件之间的相对运动称为切削运动。切削运动由主运动和进给运动组成,如图1—94所示。

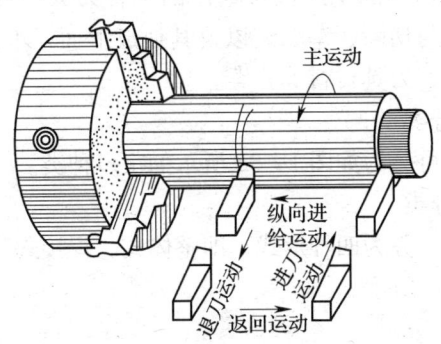

图1—94 切削运动

1. 主运动

切削时最主要的运动称为主运动。这个运动的速度最高、消耗功率最大。主运动速度即切削速度 v_c（单位为 m/min）。

2. 进给运动

使新的金属层不断投入切削，以便切除工件表面上全部余量的运动称为进给运动。用进给速度 v_f（单位为 mm/min, mm/s）或进给量 f（单位为 mm/r）表示。

三、车削工件上的加工表面

车削加工时在工件上形成的表面如图 1—95 所示。

切削加工过程是一个动态的过程，在这一过程中，随着刀具与工件相对运动的进行，工件表层被刀具连续不断地切下来，变成切屑。同时，在工件上有三个不断变化着的表面：待加工表面（工件上有待加工的表面）、已加工表面（工件经切削后产生的表面）、过渡表面（工件正在切削的那一部分表面）。

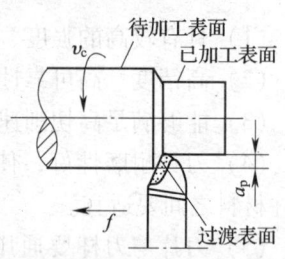

图 1—95　车削形成的表面

四、车刀的种类

车刀是金属切削加工中应用最广的一种刀具，可加工外圆、内孔、倒角、车槽与切断、车螺纹以及其他成形面。车刀的类型很多，可按用途、结构、刀具材料等分类。

1. 按用途分类

车刀按用途可分为如图 1—96 所示的很多种类。

2. 按结构分类

车刀从结构上分为四种形式，即整体式、焊接式、机夹式、可转位式，如图 1—97 所示。

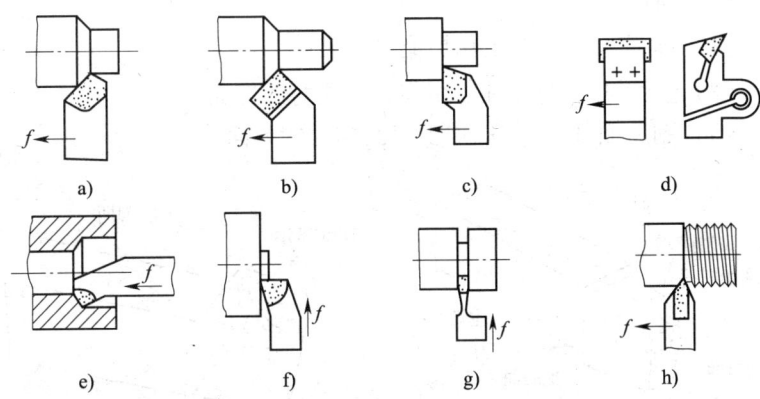

图 1—96 车刀按用途分类
a) 直头外圆车刀 b) 弯头外圆车刀 c) 90°外圆车刀
d) 宽刃精车外圆车刀 e) 内孔车刀 f) 端面车刀 g) 切断车刀 h) 螺纹车刀

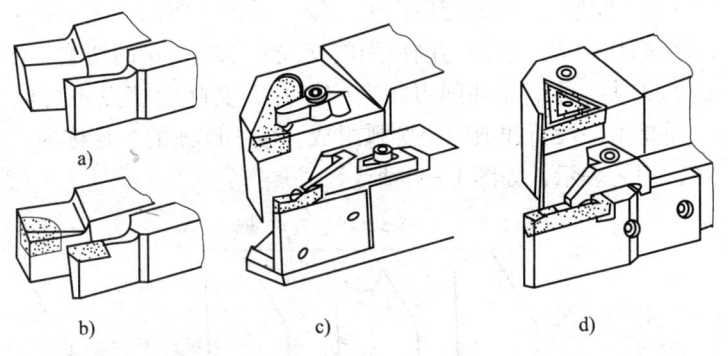

图 1—97 车刀按结构分类
a) 整体式 b) 焊接式 c) 机夹式 d) 可转位式

五、车刀的组成

车刀由切削部分和刀柄两部分组成。切削部分承担切削加工任务，刀柄用于装夹在机床刀架上。切削部分是由一些面、切削刃组成。常用的外圆车刀是由一个刀尖、两条切削刃、三个刀面组成的，如图 1—98 所示。

1. 刀面

（1）前面 A_γ。刀具上切屑流过的表面。

（2）后面 A_α。与工件上切削表面相对的刀面。

（3）副后面 A'_α。与已加工表面相对的刀面。

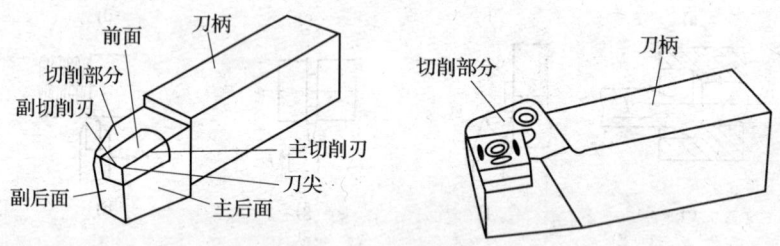

图 1—98 车刀的组成

2. 切削刃

（1）主切削刃。前面与后面的交线，承担主要的切削工作。

（2）副切削刃。前面与副后面的交线，承担少量的切削工作。

（3）刀尖。主、副切削刃相交的一点，实际上该点不可能磨得很尖，而是由一段折线或微小圆弧组成，微小圆弧的半径称为刀尖圆弧半径，用 r_ε 表示，如图 1—99 所示。

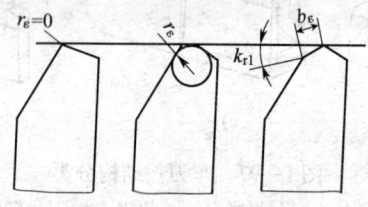

图 1—99 刀尖形状

3. 刀具几何角度参考系

确定刀具角度的正交平面参考系如图 1—100 所示，车削刀具几何角度如图 1—101 所示。

（1）车刀的五个基本角度

1）前角 γ_o。前刀面与基面之间的夹角，表示前刀面的倾斜程度。

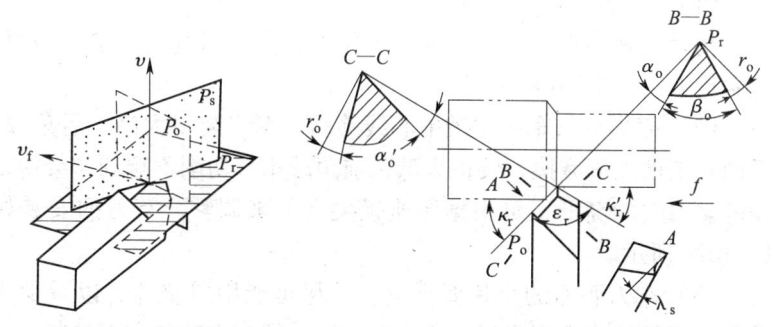

图1—100 正交平面参考系　　图1—101 车削刀具几何角度

2）后角 α_o。主后刀面与切削平面之间的夹角，表示主后刀面倾斜的程度。

3）主偏角 κ_r。主切削刃在基面上的投影与假定进给方向之间的夹角。

4）副偏角 κ'_r。副切削刃在基面上的投影与假定进给运动反方向之间的夹角。

5）刃倾角 λ_s。主切削刃与基面之间的夹角。

(2) 刀具主要角度的选择原则

1）前角 γ_o。增大前角，切屑易流出，可使切削力减小，切削轻快。但前角过大，切削刃强度降低。

2）后角 α_o。增大后角可减少刀具后刀面与工件之间的摩擦。但后角过大，切削刃强度降低。

3）主偏角 κ_r。在背吃刀量和进给量不变的情况下，增大主偏角，可使切削力沿工件轴向力加大，径向力减小，有利于加工细长轴并减小振动。

4）刃倾角 λ_s。增大刃倾角有利于承受冲击。刃倾角为正值时，切屑向待加工方向流动；刃倾角为负值时，切屑向已加工面方向流动。

通常，精车时刃倾角取 $0°\sim 4°$；粗加工时刃倾角取 $-10°\sim -5°$。

六、车刀的安装

安装车刀应注意下列几点：

(1) 刀头不宜伸出太长,否则切削时容易产生振动,影响工件加工精度和表面粗糙度。一般刀头伸出长度不超过刀杆厚度的两倍,能看见刀尖车削即可。

(2) 刀尖应与车床主轴中心线等高。车刀装得太高,后角减小,后面与工件加剧摩擦;装得太低,前角减小,切削不顺利,会使刀尖崩碎。刀尖的高低,可根据尾座顶尖高低来调整。车刀的安装如图1—102a 所示。

(3) 车刀底面的垫片要平整,并尽可能用厚垫片,以减少垫片数量。调整好刀尖高度后,至少要用两个螺钉交替将车刀拧紧。

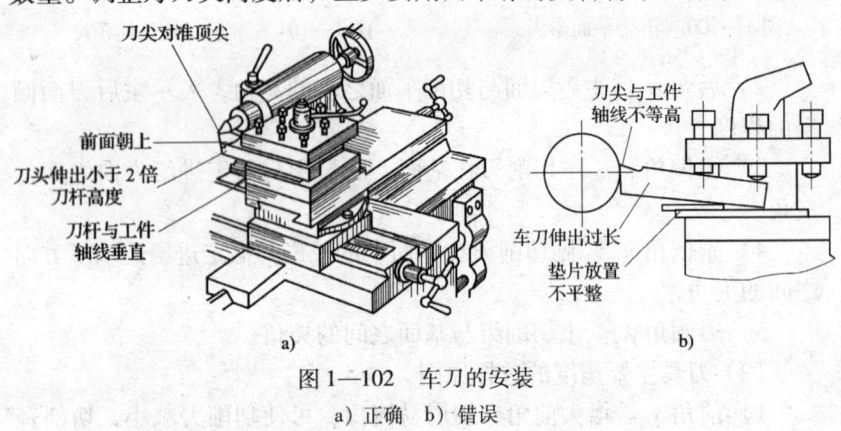

图1—102 车刀的安装
a) 正确 b) 错误

七、切屑的形成与种类

1. 切屑的形成

切屑的形成过程的实质是一种挤压过程。在挤压过程中,被切削的金属主要经历剪切滑移变形而形成切屑,如图1—103所示。

2. 切屑的种类

切屑根据其外形可分为4种,如图1—104所示。

(1) 带状切屑。这是加工塑性金属材料时最常见的一种切屑,其特征是内表面很光滑,外表面呈毛茸状的

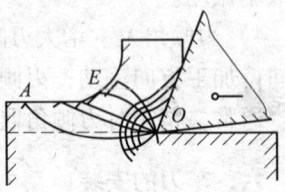

图1—103 切屑的形成

连续带状。此时切削力较小,切削平稳,已加工表面粗糙度小。这种切屑通常在切削速度高、刀具前角大、切削厚度小时产生,如图1—104a所示。

(2)节状切屑。这是加工塑性金属材料时较常见的一种切屑,此时刀具有轻微的振动,工件表面粗糙度较产生带状切屑时大,与产生带状切屑时比切削速度、刀具前角均有所减小,切削厚度有所增加,如图1—104b所示。

(3)粒状切屑。这是加工塑性材料比较少见的一种切屑。切屑呈粒状。此种情况下,切削过程不平稳,刀具振动较大,加工表面粗糙度较大。与产生带状和节状切屑时相比,这时的切削速度、刀具前角进一步减小,切削厚度进一步增加,如图1—104c所示。

(4)崩碎切屑。这是加工脆性金属材料时常见的切屑。切屑未经塑性变形就被挤裂而崩碎形成粉末状屑、片状屑、针状屑等,此时切削力虽小,但刀具有较大的冲击振动,加工表面粗糙度值较大,如图1—104d所示。

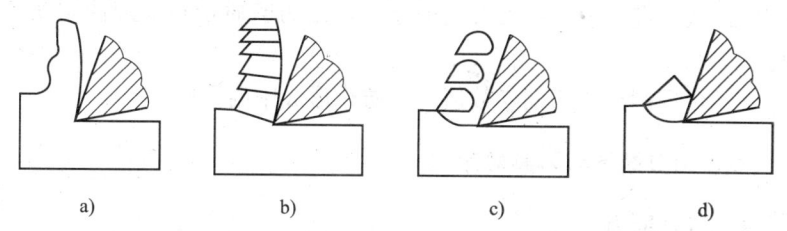

图1—104 切屑类型
a)带状切屑 b)节状切屑 c)粒状切屑 d)崩碎切屑

由于切削层变形程度不同,形成了不同形状的切屑。生产中可改变加工条件,使之得到有利的切屑形状。

3. 积屑瘤

积屑瘤是由切屑堆积在刀具前面近切削刃处形成的一个硬楔块,是由摩擦和变形导致的物理现象,如图1—105所示。

(1)积屑瘤的形成。当压力、温度达到一定程度时,切削底层材料中切应力超过材料的剪切屈服强度,使"滞流层"中流速为零的切削层被剪断裂黏结在前刀面上。黏结金属层经剧烈塑性变形后硬度提高，它可代替切削刃继续剪切较软的金属层，依次层层堆积，高度逐渐增大而形成了积屑瘤。

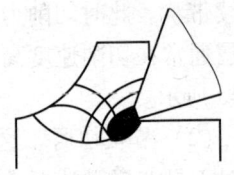

图1—105 积屑瘤示意图

（2）积屑瘤对切削加工的影响

1）由于积屑瘤的硬度高于工件2～3倍，故能代替切削刃切削，并保护了切削刃。

2）增大实际工作前角，减小切削变形。

3）降低加工精度，增大表面粗糙度。

故在精加工时应避免积屑瘤的产生。

（3）温度对积屑瘤的影响。实践表明：在中温情况下，如切削中碳钢，温度在300～380℃时积屑瘤高度最大，当温度超过520～600℃时积屑瘤消失。

（4）抑制或消除积屑瘤的措施

1）采用低速或高速切削。以切削45钢为例，$v_c < 3$ m/min 或 $v_c \geq 60$ m/min 范围内摩擦系数较小，不易形成积屑瘤。

2）减小进给量、增大刀具前角、提高刃磨质量和合理使用切削液。

3）合理调整各切削参数值，以防止形成中温区域。

八、刀具磨损与刀具寿命

1. 刀具磨损

（1）刀具磨损形式

1）正常磨损。指随着切削时间增加磨损逐渐扩大。具体表现为：前面磨损（由于切削时切屑流出时产生高温高压作用形成的月牙洼磨损）、主后面磨损和副后面磨损，如图1—106所示。

2）非正常磨损。又称破损，具体表现为：沟槽磨损、切削刃细小缺口、塑性变形、塑性刃崩裂、切削刃剥落以及热裂。

（2）磨损过程和磨损标准（磨损判据）。通常是通过测量后面的磨损宽度VB作为研究磨损量的依据，如图1—107所示。

1）磨损过程曲线如图1—108所示。

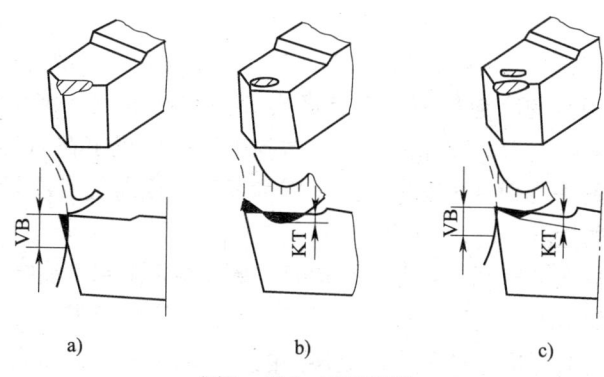

图1—106 刀具磨损
a）后面磨损 b）前面磨损 c）前面与后面同时磨损

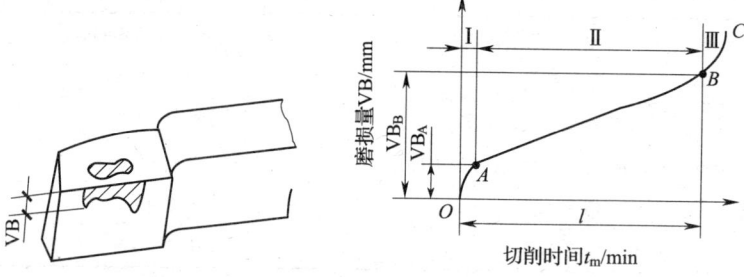

图1—107 磨损标准　　　　图1—108 磨损过程曲线

初期磨损阶段Ⅰ：将刀面上不平度很快磨去。

正常磨损阶段Ⅱ：随时间增长，磨损量逐渐增大。

急剧磨损阶段Ⅲ：温度升高使刀具切削性能下降，磨损量VB急增，如再使用将引起切削刃损坏。

2）磨损标准。国家标准规定：

正常磨损 VB = 0.3 mm。

非正常磨损 VB = 0.6 mm。

硬质合金刀具前刀面月牙洼深度 KT = $(0.06 + 0.3f)$ mm。

（3）刀具磨损原因

1）磨料磨损。属机械磨损性质。

2）相变磨损。由切削温度升高所致。

3) 黏结磨损。又称冷焊磨损。

4) 扩散磨损。高温下，因工件与刀具组织相互扩散置换造成。

(4) 刀具的磨钝标准。刀具磨损到一定限度就不能继续使用，这个磨损限度称为磨钝标准。刀具磨损限度一般规定在刀具后面上，以磨损量的平均值 VB 表示。这是因为刀具后面对加工质量影响大，而且便于测量。

磨钝标准又称磨损判据，是指刀具从开始切削到不能继续使用为止，在刀面上形成的磨损量。这个磨损量也叫磨损极限，刀具磨损值达到了规定的标准应该重磨或更换切削刃。表 1—11 为硬质合金车刀在不同切削条件下的磨钝标准。

表 1—11　　　　硬质合金车刀的磨钝标准

加工条件	磨钝标准 VB/mm
粗车钢料	0.6~0.8
钢及铸铁大件低速粗车	1.0~1.5
粗车合金钢、粗车刚度较低的工件	0.4~0.5
精车铸铁	0.8~1.2
精车钢料	0.1~0.3

2. 车刀的刃磨

车刀（指整体车刀与焊接车刀）用钝后重新刃磨是在砂轮机上进行的。磨高速钢车刀用氧化铝砂轮（白色），磨硬质合金刀头用碳化硅砂轮（绿色）。

(1) 砂轮的选择。砂轮的特性由磨料、粒度、硬度、结合剂和组织 5 个因素决定。

应根据刀具材料正确选用砂轮。刃磨高速钢车刀时，应选用粒度为 46 号到 60 号的软或中软的氧化铝砂轮。刃磨硬质合金车刀时，应选用粒度为 60 号到 80 号的软或中软的碳化硅砂轮。

(2) 车刀刃磨的步骤

1) 磨主后面，同时磨出主偏角及主后角，如图 1—109a 所示。

2) 磨副后面，同时磨出副偏角及副后角，如图 1—109b 所示。

3）磨前面，同时磨出前角，如图1—109c所示。
4）修磨各面及刀尖，如图1—109d所示。

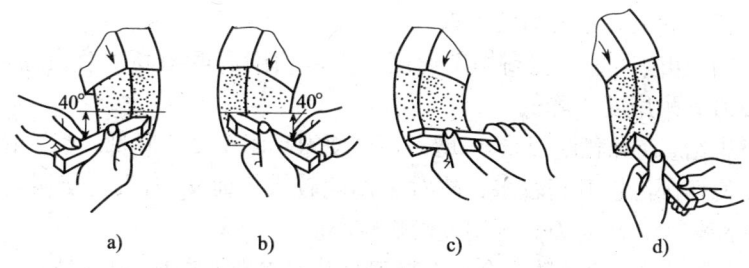

图1—109　外圆车刀刃磨的步骤

（3）刃磨车刀的姿势及方法
1）人站立在砂轮机的侧面，以防砂轮碎裂时，碎片飞出伤人。
2）两手握刀的距离放开，两肘夹紧腰部，以减小磨刀时的抖动。
3）磨刀时，车刀要放在砂轮的水平中心，刀尖略向上翘约3°~8°，车刀接触砂轮后应做左右方向水平移动。当车刀离开砂轮时，车刀需向上抬起，以防止磨好的切削刃被砂轮碰伤。
4）磨主后面时，刀杆尾部向左偏过一个主偏角的角度；磨副后面时，刀杆尾部向右偏过一个副偏角的角度。
5）修磨刀尖圆弧时，通常以左手握车刀前端为支点，用右手转动车刀的尾部。

3．刀具耐用度和刀具寿命

在实际生产中，不可能经常停机去测量刀具后刀面上的VB值，以确定是否达到磨损限度，而是采用与磨钝标准相对应的切削时间，即刀具耐用度来表示。

（1）刀具耐用度 T。一把新刃磨的刀具从开始切削到达到磨损限度所经过的总的切削时间，即为刀具耐用度，单位为min。刀具耐用度有时也可用加工同样零件的数量或切削路程长度来表示。粗加工时，多以切削的时间表示刀具耐用度。精加工时，常以进给次数或加工零件个数表示刀具耐用度。

用刀具耐用度衡量磨损量的大小，比直接测量磨损量方便得多，因而生产中广泛地采用。

(2) 刀具寿命。刀具寿命是指一把新刀从使用到报废为止的切削时间,它是刀具耐用度与磨刀次数的乘积。

(3) 影响刀具寿命的因素

1) 切削用量。提高切削速度 v_c,使切削温度增高,磨损加剧,而使刀具耐用度 T 降低。

进给量 f 和背吃刀量 a_p 增大,均使刀具耐用度 T 降低,但 f 增大后,使切削温度升高较多,故对 T 影响较大;而 a_p 增大,使切削温度升高较少,故对刀具耐用度影响较小。

2) 刀具几何参数。合理选择刀具几何参数能提高刀具耐用度。

增大前角 r_o,切削温度降低,刀具耐用度提高,但前角太大,强度低、散热差,刀具耐用度反而会降低,因此,刀具前角有一个最佳值,该值可通过切削试验求得。

适当减小主偏角 κ_r、副偏角 κ'_r 和增大刀尖圆弧半径 r_ε,可提高刀具强度和降低切削温度,均能提高刀具耐用度。

3) 工件材料。加工材料的强度、硬度和韧性越高、伸长率越小,切削时均能使切削温度升高,刀具耐用度较低。

4) 刀具材料等其他因素。刀具材料是影响刀具耐用度的重要因素,合理选用刀具材料、采用涂层刀具材料和使用新型刀具材料,是提高刀具耐用度的有效途径。

九、刀具常用材料

刀具切削部分的材料应具备如下性能:高的硬度,足够的强度和韧性,高的耐磨性,高的耐热性,良好的加工工艺性,如图1—110所示。

常用刀具材料有:高速钢、硬质合金、陶瓷、立方氮化硼(CBN)、聚晶金刚石(PCD)。数控机床上常用刀具有高速钢刀具和硬质合金刀具。

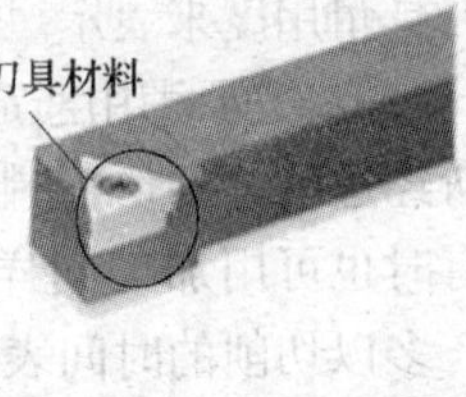

图1—110 刀具材料

1. 高速钢

高速钢具有良好的工艺性,能制成复杂的刀具。高速钢刀具使用前需要使用者自行刃磨,因此,适合于特殊需要的非标准刀具。

2. 硬质合金

硬质合金比高速钢硬得多。允许的切削速度比高速钢高 4~10 倍，切削速度可达 100 m/min 以上。

国际标准化组织规定：切削加工用硬质合金按其排屑类型和被加工材料分为三大类：K 类、P 类和 M 类。根据被加工材料及适用的加工条件，每大类中又分为若干组，用两位阿拉伯数字表示，每类中组号数字越大，其耐磨性越低、韧性越高，因此，组号数字越大，可选用越大的进给量和背吃刀量，而切削速度则应越小。从另一个方面讲，组号数字越小，硬度越高，韧性越差，适用于精加工；反之，组号数字越大，适用于粗加工。K、P、M 类合金切削用量的选择规律见表 1—12。

表 1—12　　　　刀具材料与切削用量的选择

K 类	K01	K10	K20	K30	K40			
P 类	P01	P05	P10	P15	P20	P25	P30	P40	P50
M 类	M10	M20	M30	M40					
进给量	→								
背吃刀量	→								
切削速度	←								

十、常用数控车床刀具种类及其选用

1. 常用数控车刀种类

常用数控车刀种类有如图 1—111 所示的四种。

2. 数控车刀的结构

（1）整体式刀具。整体式刀具是指刀具切削部分和夹持部分为一体式结构的刀具。它制造工艺简单，磨损后可以重新修磨。

（2）机夹式刀具。机夹式刀具是指刀片在刀体上的定位形式。

机夹式刀具分为机夹可转位刀具和机夹不可转位刀具。数控机床一般使用标准的机夹可转位刀具。

1）可转位车刀特点。可转位车刀是用机械夹固的方式将可转位刀片固定在刀槽中而组成的车刀，当刀片上一条切削刃磨钝后，松开

夹紧机构,将刀片转过一个角度,调换一个新的切削刃,夹紧后即可继续进行切削。和焊接式车刀相比,它有如下特点:

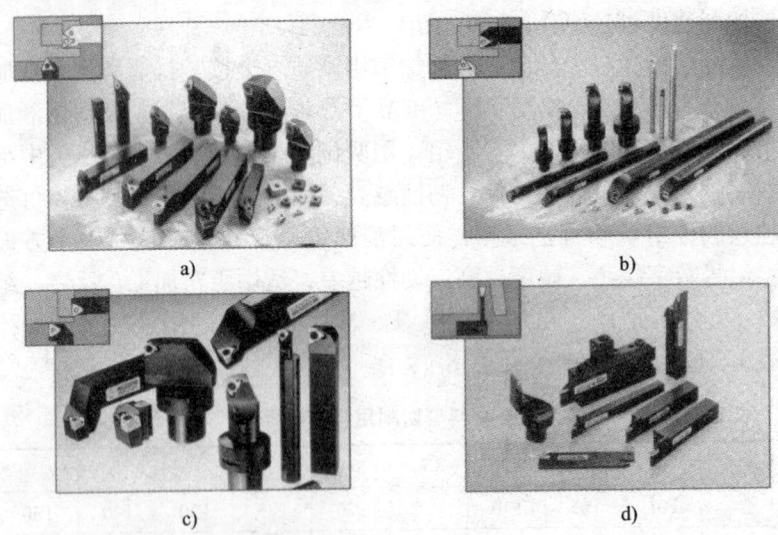

图1—111 车刀种类
a) 外圆刀 b) 内孔刀 c) 螺纹刀 d) 车槽刀

①刀片未经焊接,无热应力,可充分发挥刀具材料性能,刀具耐用度高。
②刀片更换迅速、方便,节省辅助时间,提高生产率。
③刀杆可多次使用,降低刀具费用。
④能使用涂层刀片、陶瓷刀片、立方氮化硼和金刚石复合刀片。
⑤结构复杂,加工要求高,一次性投资费用较大。
⑥不能由使用者随意刃磨,使用不灵活。
机夹可转位刀具一般由刀片、刀垫、刀体和刀片定位夹紧元件组成。

2) 可转位刀片的代码。从刀具的结构方面来看,数控机床主要采用镶嵌式机夹可转位刀片的刀具。因此,对硬质合金可转位刀片的运用是数控机床操作者必须了解的内容之一。

按ISO 1832—2004,可转位刀片的代码表示方法是由10位字符串组成的,其排列及标注示例如图1—112所示。它由10个代号表示。

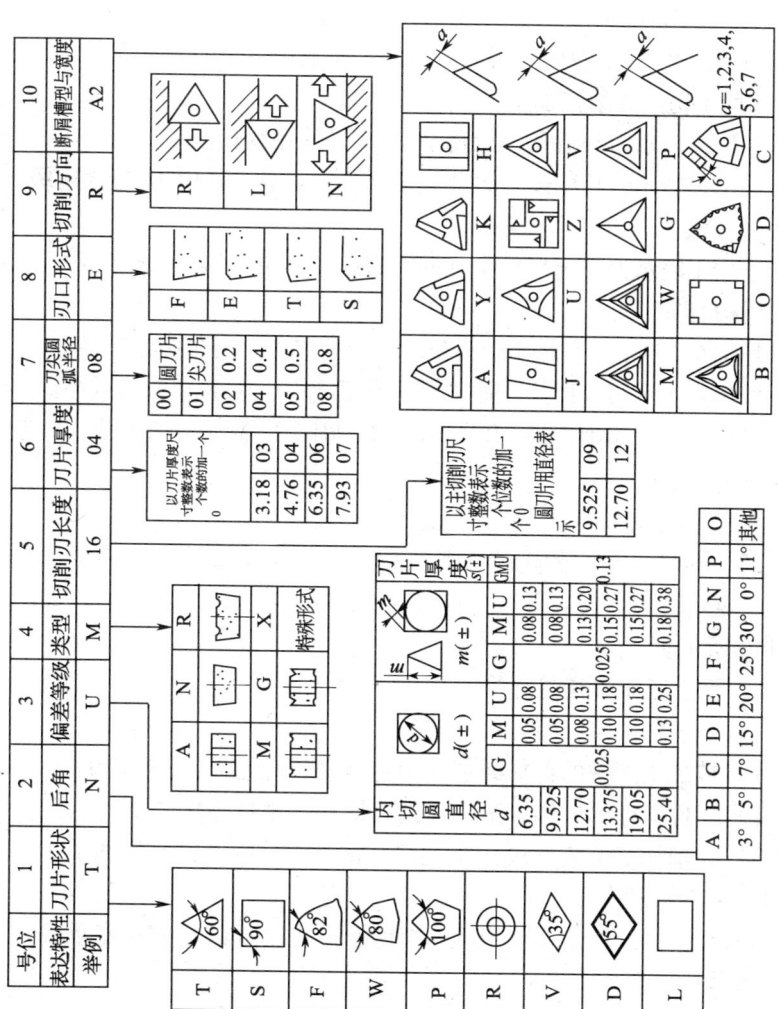

图1—112 可转位车刀刀片标注示例

任何一个型号必须用前七位代号。不管是否有第 8 位或第 9 位代号，第 10 位代号必须用短画线"-"与前面代号隔开。

如：TNUM160408 - A2 刀片代号中，号位 1 表示刀片形状。其中正三角形刀片（T）和正方形刀片（S）为最常用，而棱形刀片（V、D）适用于仿形和数控加工。

号位 2 表示刀片后角。后角 0°（N）使用最广。

号位 3 表示刀片精度。刀片精度共分 11 级，其中 U 为普通级，M 为中等级，二者使用较多。

号位 4 表示刀片类型。常见的有带孔和不带孔的，主要与采用的夹紧机构有关。

号位 5 、6 、7 表示切削刃长度、刀片厚度、刀尖圆弧半径。

号位 8 表示刃口形式。如 F 表示锐刃等，无特殊要求可省略。

号位 9 表示切削方向。R 表示右切刀片，L 表示左切刀片，N 表示左右均可。

号位 10 表示断屑槽型与宽度。

（3）可转位车刀的定位夹紧机构。可转位车刀的定位夹紧机构应满足定位正确、夹紧可靠、装卸转位方便、结构简单等要求，如图 1—113 所示。

3. 数控车床刀具的选择

（1）选择刀具时应考虑的因素

1）被加工工件的材料类别（黑色金属、有色金属或合金）。

2）工件毛坯的成形方法（铸造、锻造、型材等）。

3）切削加工工艺方法（车、铣、钻、扩、铰、镗及粗加工、半精加工、精加工等）。

4）工件的结构、几何形状、精度、加工余量以及刀具能承受的切削用量等因素。

5）其他因素包括生产条件和生产类型。

（2）刀具的选择

1）刀具的选择原则

①尽可能选择大的刀杆横截面尺寸、较短的长度尺寸，以提高刀具的强度和刚度，减小刀具振动。

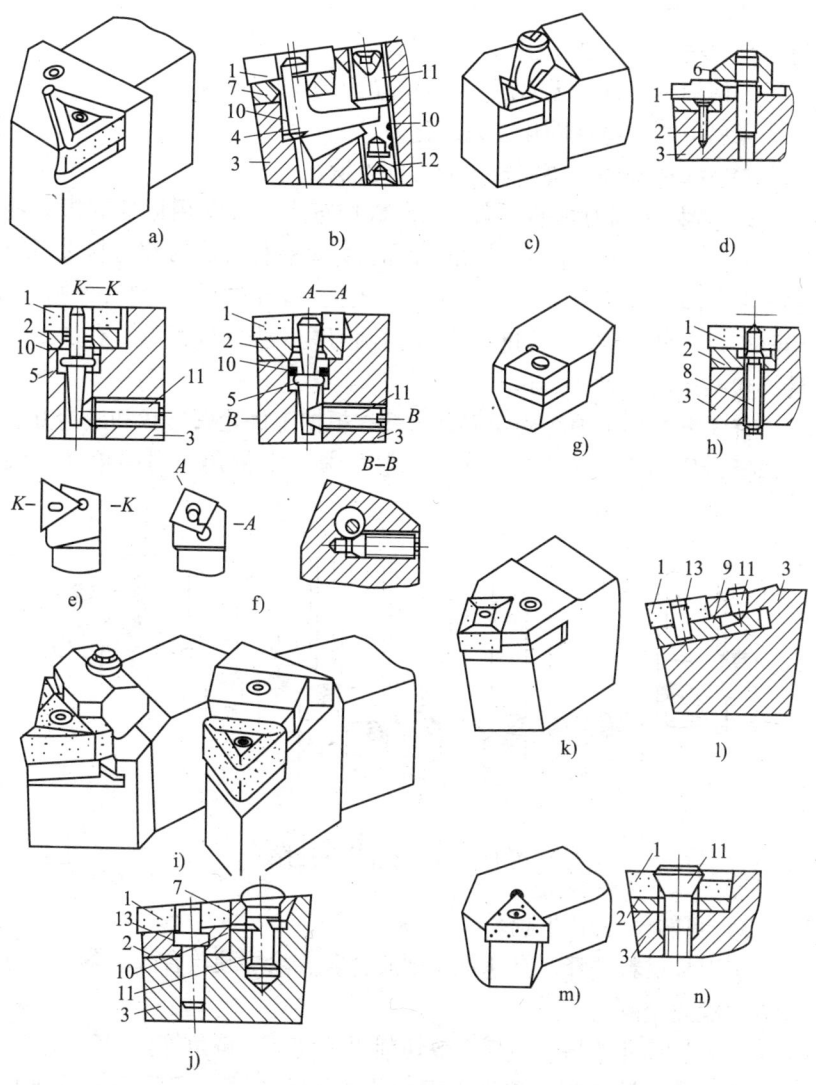

图1—113 可转位车刀的定位夹紧机构
a)、b) 杠杆式　c)、d) 上压式　e)、f) 杠销式
g)、h) 偏心式　i)、j) 斜楔式　k)、l) 拉垫式　m)、n) 压孔式

1—刀片　2—刀垫　3—刀杆　4—杠杆　5—杠销　6—压板　7—楔块　8—偏心销
9—拉垫　10—弹簧（套圈）　11—压紧（加力）螺钉　12—调节螺钉　13—圆柱销

②选择较大主偏角（大于75°，接近90°）；粗加工时选用负刃倾角刀具，精加工时选用正刃倾角刀具。

③精加工时选用无涂层刀片及小的刀尖圆弧半径。

④尽可能选择标准化、系统化刀具。

⑤选择正确的、快速装夹的刀杆刀柄。

2）选择车削刀具的考虑要点。数控车床一般使用标准的机夹可转位刀具。机夹可转位刀具的刀片和刀体都有标准，刀片材料采用硬质合金、涂层硬质合金等。数控车床机夹可转位刀具类型有外圆刀、端面车刀、外螺纹刀、切断刀具、内圆刀具、内螺纹刀具、孔加工刀具（包括中心孔钻头、镗刀、丝锥等）。

首先根据加工内容确定刀具类型，根据工件轮廓形状和进给方向来选择刀片形状（见图1—114）。主要考虑主偏角、副偏角（刀尖角）和刀尖半径值。

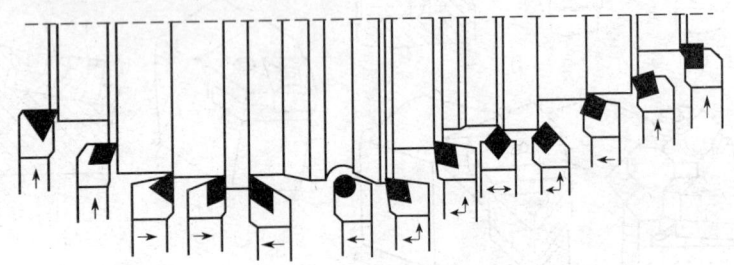

图1—114 刀片形状选择

3）可转位刀片的选择

①刀片材料选择。高速钢、硬质合金、涂层硬质合金、陶瓷、立方氮化硼或金刚石。

②刀片尺寸选择。包括有效切削刃长度、主偏角等。

③刀片形状选择。依据表面形状、切削方式、刀具寿命等进行选择。

④刀片的刀尖半径选择。粗加工、工件直径大、要求切削刃强度高、机床刚度大时选大刀尖半径值；精加工、背吃刀量小、细长轴加工、机床刚度小时选小刀尖半径值。

第二章 数控车床程序编制

§2—1 数控车床手工编程

一、数控编程概述

数控程序包含加工信息,按一定的格式编写,用于控制数控机床自动加工的一系列指令代码。

数控系统的种类繁多,它们使用的指令代码和格式也不尽相同。当针对某一台数控机床编制加工程序时,应该严格按该机床编程手册中的规定进行程序编制。

1. 数控编程的内容和步骤

使用数控车床加工零件时,首先要做的工作就是编制加工程序。从分析零件图样到获得数控车床所需控制介质(加工程序单或数控带等)的全过程,称为程序编制,其主要内容和一般过程如图2—1所示。

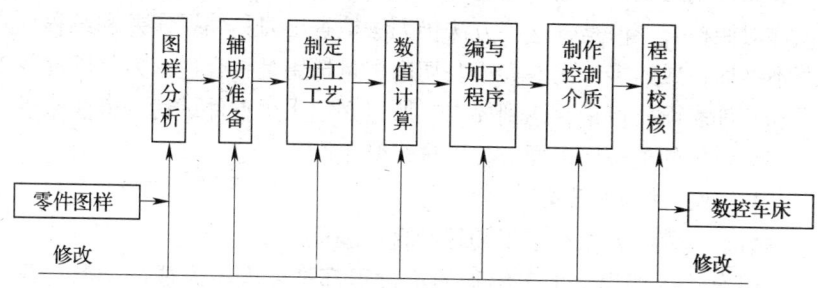

图2—1 程序编制的流程

> 数控车工

(1) 图样分析。根据加工零件的图样和技术文件，对零件的轮廓形状、有关标注、尺寸、精度、表面粗糙度、毛坯种类、件数、材料及热处理等项目要求进行分析，并形成初步的加工方案。

(2) 辅助准备。根据图样分析确定机床和夹具、机床坐标系、编程坐标系、刀具准备、对刀方法、对刀点位置及测定机械间隙等。

(3) 制定加工工艺。拟定加工工艺方案、确定加工方法、加工路线与余量的分配、定位夹紧方式并合理选用机床、刀具及切削用量等。

(4) 数值计算。在编制程序前，还需对加工轨迹的一些未知坐标值进行计算，作为程序输入数据，主要包括数值换算、尺寸链解算、坐标计算和辅助计算等。对于复杂的加工曲线和曲面还须使用计算机辅助计算。

(5) 编写加工程序。根据确定的加工路线、刀具号、刀具形状、切削用量、辅助动作以及数值计算的结果，按照数控车床规定使用的功能指令代码及程序段格式，逐段编写加工程序。此外，还应附上必要的加工示意图、刀具示意图、机床调整卡、工序卡等加工条件说明。

(6) 制作控制介质。加工程序完成以后，还必须将加工程序的内容记录在控制介质上，如穿孔带、磁带及软盘等，以便输入到数控装置中。还可采用手动方式将程序输入给数控装置。

(7) 程序校核。加工程序必须经过校验和试切削才能正式使用，通常可以通过数控车床的空运行来检查程序格式有无出错，或用模拟仿真软件来检查刀具加工轨迹的正误，根据加工模拟轮廓的形状，与图样对照检查。但是，这些方法仍无法检查出刀具偏置误差和编程计算不准而造成的零件误差大小及切削用量选用是否合适、刀具断屑效果和工件表面质量是否达到要求，所以必须采用首件试切的方法来进行实际效果的检查，以便对程序进行修正。

2. 数控编程的分类

数控编程的方法有手工编程和自动编程。

(1) 手工编程。手工编程的全过程都是由人工完成的。其计算简单、程序不太长。

手工编程的特点：适用于形状简单的零件编程。耗费时间较长，容易出现错误，无法胜任复杂形状零件的编程。

（2）计算机自动编程。计算机自动编程指在编程过程中，除了分析零件图和制定工艺方案由人工进行外，其余工作均由计算机辅助完成。

自动编程的特点：编程工作效率高，可解决复杂形状零件的编程难题。

交互式图形自动编程已成为国内外流行的数控编程方法。交互式图形自动编程系统实现了"造型—刀具轨迹生成—加工程序自动生成"一体化，它的主要处理过程如图2—2所示。

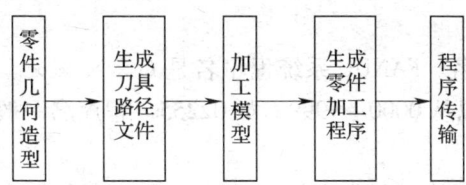

图2—2 自动编程的内容及步骤

3. 数控编程中的有关规则及代码

数控系统有两种通用标准：国际标准化组织（ISO）标准和美国电子工程协会（EIA）标准。各数控系统所用标准尚未完全统一，代码、指令及其含义不完全相同，程序应按所用机床编程手册中的规定编写。

4. 典型的数控系统

（1）FANUC（法那克）数控系统。该系统由日本富士通公司研制开发，在我国得到广泛应用。目前中国市场上应用于车床的主要有FANUC-0和FANUC-0i型，如：FANUC-0i-TA/TB、FANUC-0-TD（车床）等。

（2）SIEMENS（西门子）数控系统。该系统由德国西门子公司开发研制，在我国得到普遍应用。常用的有SIEMENS802S/C、SIEMENS810和SIEMENS840D/C等型号。

（3）国产数控系统。自20世纪80年代初期开始，我国数控系统的生产与研制得到飞速发展。目前常用于车床的数控系统有广州数控系统，如 GSK928T、GSK980T 等；华中数控系统，如 HNC-21T 等。

（4）其他系统。除了以上数控系统外，国内使用较多的还有日本三菱、大森数控系统，法国施耐德数控系统以及西班牙的法格和美国的 A-B 数控系统等。

二、数控车床编程基础知识

1. 数控机床加工程序的结构与格式

一个完整的程序，一般由程序名、程序内容和程序结束三部分组成。

（1）程序名。FANUC 系统程序名是 O××××。××××是四位正整数，可以从 0000~9999，如 O2255。程序名一般要求单列一段且不需要段号。

（2）程序主体。程序主体是由若干个程序段组成的，表示数控机床要完成的全部动作。每个程序段由一个或多个指令构成，每个程序段一般占一行，用";"作为每个程序段的结束代码。

（3）程序结束指令。程序结束指令可用 M02 或 M30。一般要求单列一段。

2. 程序段格式

现在最常用的是可变程序段格式。每个程序段由若干个地址字构成，而地址字又由表示地址字的英文字母、特殊文字和数字构成，见表 2—1。

表 2—1　　　　　　可变程序段格式

1	2	3	4	5	6	7	8	9	10
N	G	X U	Y V	Z W	I J K R	F	S	T	M
程序段号	准备功能	坐标尺寸字				进给功能	主轴功能	刀具功能	辅助功能

例如：
N50 G01 X30.0 Z40.0 F100；
说明：
(1) N××为程序段号，由地址符 N 和后面的若干位数字表示。在大部分系统中，程序段号仅作为"跳转"或"程序检索"的目标位置指示。因此，它的大小及顺序可以颠倒，也可以省略。程序段在存储器内以输入的先后顺序排列，而程序的执行是严格按信息在存储器内的先后顺序逐段执行，也就是说，执行的先后顺序与程序段号无关。但是，当程序段号省略时，该程序段将不能作为"跳转"或"程序检索"的目标程序段。

(2) 程序段的中间部分是程序段的内容，主要包括准备功能字、尺寸功能字、进给功能字、主轴功能字、刀具功能字、辅助功能字等。但并不是所有程序段都必须包含这些功能字，有时一个程序段内可仅含有其中一个或几个功能字，如下列程序段都是正确的程序段。

N10 G01 X100.0F100；
N80 M05；

(3) 程序段号也可以由数控系统自动生成，程序段号的递增量可以通过"机床参数"进行设置，一般可设定增量值为10，以便在修改程序时方便进行"插入"操作。

3. 数控车床的坐标系

为了计算坐标值、描述机床的运动和数控程序的互换性，国际标准化组织对数控机床的坐标系作了规定。

无论数控车床中前置刀架或后置刀架还是立式或卧式机床，它们的程序是通用的。

(1) 建立坐标系的基本原则

1) 永远假定工件静止，刀具相对于工件移动。

2) 坐标系采用右手笛卡尔直角坐标系。如图2—3所示大拇指的方向为 X 轴的正方向，食指指向为 Y 轴的正方向，中指指向为 Z 轴的正方向。在确定了 X、Y、Z 坐标的基础上，根据右手螺旋法则，可以很方便地确定出 A、B、C 三个旋转坐标的方向。

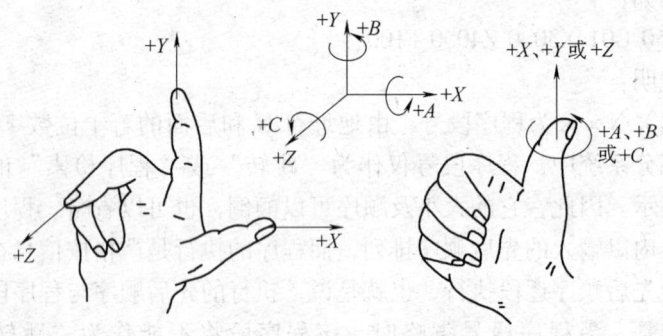

图2—3 右手笛卡尔直角坐标系

3）规定 Z 坐标的运动由传递切削动力的主轴决定，与主轴轴线平行的坐标轴即为 Z 轴。X 轴为水平方向，平行于工件装夹面并与 Z 轴垂直。

4）规定以刀具远离工件的方向为坐标轴的正方向。依据以上的原则，当车床为前置刀架时，X 轴正向向前，指向操作者，如图2—4 所示；当机床为后置刀架时，X 轴正向向后，背离操作者，如图2—5 所示。

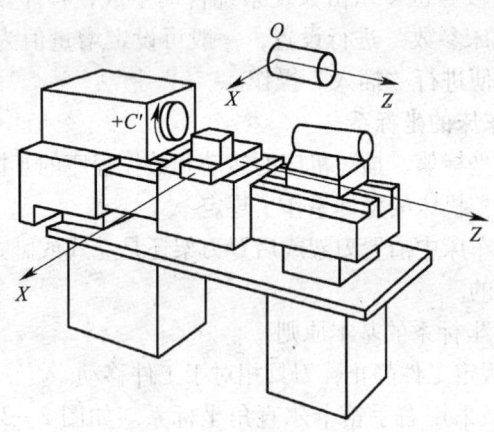

图2—4 水平床身前置刀架式数控车床的坐标系

（2）数控车床坐标系中的各原点。数控车床坐标系是以机床原点为坐标系原点建立起来的 ZOX 轴直角坐标系。

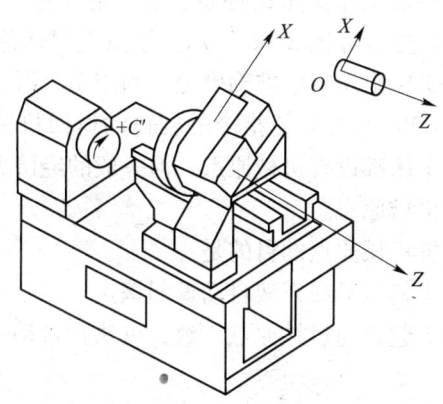

图 2—5 倾斜床身后置刀架式数控车床的坐标系

数控车床的坐标系统包括坐标系、坐标原点和运动方向，对于数控加工和编程是一个十分重要的概念。数控车床上的主要原点及其坐标系，如图 2—6 所示。

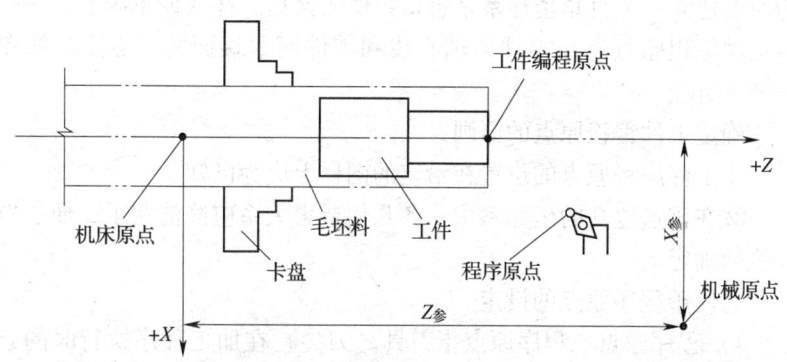

图 2—6 坐标系中的各原点

1）机床原点。机床原点也称为机床零位。它的位置通常由机床制造厂确定，数控车床的机床坐标系原点的位置大多规定在其主轴轴心线与装夹卡盘的法兰盘端面的交点上，该原点是确定机床固定原点的基准。

2）机械原点（机械零点）。机械原点又称为机床固定原点或机床参考点。机械原点为车床上的固定位置，通常设置在 X 轴和 Z 轴的正向的最大行程处，如图 2—6 所示。该点至机床原点在其进给轴方向上的距离在机床出厂时已准确确定，利用系统所指定的自动返回机械原点指令（G28），可以使指令的轴自动返回机械零点，全自动或高档型的数控车床都设有机械原点，但一般的经济型或改造的数控车床上没有安装机械原点。

数控车床设置机械原点的目的是：

①需要时便于将刀具或刀架自动返回该点。

②若程序加工起点与机械原点一致，可执行自动返回程序加工起点。

③若程序加工起点与机械原点不一致，可通过快速定位指令返回程序起点方式回到程序加工起点。

④可作为进给位置反馈的测量基准点。

3）工件编程原点。在工件坐标系上，确定工件轮廓坐标值的计算和编程的原点，称为工件编程原点。它属于一个浮动坐标系，以它为原点建立一个直角坐标系来进行数值的换算，在数控车床上，一般将工件编程原点设在零件的轴心线和零件两边端面的交点上，如图 2—6 所示。

确定工件编程原点的原则：

①工件编程原点的位置在给定的图样上应为已知。

②在该点建立的坐标系中，各几何要素关系应简洁明了，便于坐标值的确定。

③便于程序原点的设定。

4）程序原点。程序原点指刀具（刀尖）在加工程序执行时的起点，又称为程序起点。程序原点的位置是与工件的编程原点相对应的。一般情况下，一个零件加工完毕，刀具返回程序原点位置，等候命令进行下一个零件的加工。

三、数控编程指令

FANUC 0i 系统为目前我国数控机床上采用较多的数控系统，其常用的功能指令分为准备功能指令、辅助功能指令及其他功能指令三类。

1. 准备功能指令

常用的准备功能指令见表2—2。

表2—2　　FANUC系统常用准备功能指令一览表

G指令	组别	功能	程序格式及说明
▲G00	01	快速点定位	G00 X (U)　　Z (W);
G01		直线插补	G01 X (U)　　Z (W)　F;
G02		顺时针方向圆弧插补	G02 X (U)　Z (W)　R F;
G03		逆时针方向圆弧插补	G03 X (U)　　Z (W)　I K F;
G04	00	暂停	G04 X; 或 G04 U; 或 G04 P;
G20	06	英制输入	G20;
G21		米制输入	G21;
G27	00	返回参考点检查	G27 X Z;
G28		返回参考点	G28 X Z;
G30		返回第2、3、4参考点	G30 P3 X　Z; 或 G30 P4 X　Z;
G32	01	螺纹切削	G32 X　Z　F; (F为导程)
G34		变螺距螺纹切削	G34 X Z F K;
▲G40	07	刀尖半径补偿取消	G40 G00 X (U)　　Z (W);
G41		刀尖半径左补偿	G41 G01 X (U)　　Z (W)　　F;
G42		刀尖半径右补偿	G42 G01 X (U)　　Z (W)、F;
G50	00	坐标系设定或主轴最大速度设定	G50 X　Z; 或 G50 S;
G52		局部坐标系设定	G52 X Z;
G53		选择机床坐标系	G53 X Z;

续表

G 指令	组别	功能	程序格式及说明
▲G54	14	选择工件坐标系 1	G54;
G55		选择工件坐标系 2	G55;
G56		选择工件坐标系 3	G56;
G57		选择工件坐标系 4	G57;
G58		选择工件坐标系 5	G58;
G59		选择工件坐标系 6	G59;
G65	00	宏程序调用	G65 P L <自变量指定>;
G66	12	宏程序模态调用	G66 P L <自变量指定>;
▲G67		宏程序模态调用取消	G67;
G70	00	精车循环	G70 P Q;
G71		粗车循环	G71 U R; G71 P Q U W F;
G72		端面粗车复合循环	G72 W R; G72 P Q U W F;
G73		多重车削循环	G73 U W R; G73 P Q U W F;
G74		端面深孔钻削循环	G74 R; G74 X (U) Z (W) P Q R F;
G75		外径/内径钻孔循环	G75 R; G75 X (U) Z (W) P Q R F;
G76		螺纹切削复合循环	G76 P Q R; G76 X (U) Z (W) P Q R F;
G90	01	外径/内径切削循环	G90 X (U) Z (W) F; G90 X (U) Z (W) R F;
G92		螺纹切削复合循环	G92 X (U) Z (W) F; G92 X (U) Z (W) R F;
G94		端面切削循环	G94 X (U) Z (W) F; G94 X (U) Z (W) R F;

续表

G 指令	组别	功能	程序格式及说明
G96	02	恒线速度控制	G96 S;
▲G97		取消恒线速度控制	G97 S;
G98	05	每分钟进给	G98 F;
▲G99		每转进给	G99 F;

说明：

(1) 标有▲的为开机默认指令。

(2) 00 组 G 代码都是非模态指令。

(3) 不同组的 G 代码能够在同一程序段中指定。如果同一程序段中指定了同组 G 代码，则最后指定的 G 代码有效。

(4) G 代码按组号显示，对于表中没有列出的功能指令，请参阅有关厂家的编程说明书。

(5) G 代码分为模态代码（又称续效代码）和非模态代码（又称非续效代码）。

模态代码在程序中执行后一直有效，直到被同组的代码取代，如 G01。

非模态代码只在所处的程序段中执行且有效，如 G04。

2. 辅助功能指令

FANUC 系统常用的辅助功能指令见表 2—3。

表 2—3　FANUC 系统常用辅助功能指令一览表

序号	指令	功能	序号	指令	功能
1	M00	程序暂停	7	M30	程序结束并返回程序头
2	M01	程序选择停止	8	M08	切削液开
3	M02	程序结束	9	M09	切削液关
4	M03	主轴顺时针方向旋转	10	M98	调用子程序
5	M04	主轴逆时针方向旋转	11	M99	返回主程序
6	M05	主轴停止			

3. 其他功能指令

FANUC 系统常用的其他功能指令见表 2—4。

表2—4　　FANUC系统常用其他功能指令一览表

指令	含义	说明
S_	主轴转速	G97：设置主轴恒定转速，S单位为r/min 如：G97 S1200；表示主轴转速为1 200 r/min
		G96：设定恒线速度，S单位为m/min 如：G96 S150；表示切削速度为150 m/min
		G50：最高速度限制，用恒定线速度进行切削加工，当切削半径较小时，主轴转速很高，为了防止出现事故，必须限定主轴最高转速 如：G50 S2300；表示主轴最高转速设定为2 300 r/min
F_	进给功能	使用G99时，F单位为mm/min，如F120
		使用G98时，F单位为mm/r，如F0.12
T_	刀具功能	T后跟四位数字，前两位为刀具号，后两位为刀补号（既是刀具长度补偿号，又是刀尖圆弧半径补偿号） 如：T0303——选择3号刀具，3号偏置量 T0300——选择3号刀具，刀具偏置取消
G20 G21	尺寸单位	G20为英制输入方式，单位为英寸
		G21为公制输入方式，单位为毫米。广泛采用公制
G36 G37	直径/半径编程方式	G36为直径编程方式
		G37为半径编程方式
G90 G91	绝对/增量编程	G90为绝对值编程
		G91为增量值编程

四、手工编程

1. 数控车床编程的特点

（1）在一个程序段中，根据图样上标注的尺寸，可以采用绝对方式或增量方式编程,也可以采用两者混合编程。

(2) 由于被车削零件的径向尺寸在图样标注和测量时,均采用直径尺寸表示,所以,在直径方向编程时,均以直径量表示。但不是所有 X 轴方向的尺寸都用直径值,如通常 I 后面使用半径值。

(3) 为提高工件的径向尺寸精度,X 向的脉冲当量取 Z 向的 1/2。

(4) 由于车削加工的毛坯有的加工余量较大,为了简化编程,数控系统采用了不同形式的固定循环,便于进行多次重复循环切削。

(5) 在进行数控编程时,常将车刀刀尖看做一个点,而实际刀尖通常是一个半径不大的圆弧。为了提高工件的加工精度,常采用 G41 和 G42 指令来对车刀的刀尖圆弧半径进行补偿。

2. 数控车床编程与坐标系有关的 G 指令

(1) 工件坐标系设定指令(G50),称为初始位置法。通过当前刀位点所在位置来设定加工坐标系的原点。这一指令不产生机床运动。

如 FANUC 系统　　　G50X_ Z_ ;　　　　　(数控车床)

用 G50 设定的工件坐标系,不具有记忆功能,当机床关机后,设定的坐标系立即消失,其建立过程在对刀部分有详细的讲述。

(2) 工件坐标系选择指令(G54~G59),选择已经设置好的工件坐标系。

对刀后,通过机床面板输入机床坐标系与工件坐标系之间的距离,也叫零点偏置。

(3) 坐标平面选择指令(G17、G18 和 G19),用来选择圆弧插补的平面和刀具补偿平面(加工平面)。

G17——*XOY* 平面

G18——*XOZ* 平面

G19——*YOZ* 平面

一般情况下,数控车床默认在 *XOZ* 平面内加工。

3. 数控车床基本编程指令（见表2—5）

表2—5　　　　　数控车床基本编程指令

序号	代码号	名称
1	G00	快速定位
2	G01	直线插补
3	G02	圆弧（顺时针）插补
4	G03	圆弧（逆时针）插补
5	G32	螺纹切削

注：指令格式及编程方法详见第四章。

4. 数控车床简化编程指令

除了基本编程指令外，数控系统还提供了固定循环指令来简化编程。以下主要以 FANUC 系统的固定循环指令的编程方法为例进行介绍。

固定循环是指预先给定一系列的操作，用来控制机床位移或主轴旋转，从而完成各项加工。对于一次进给不能加工完成的零件表面，采用固定循环编程，可以缩短程序段的长度，减少程序所占的内存。

固定循环一般分为单一形状固定循环和复合形状固定循环。在数控车床上对内（外）圆柱、端面等表面进行粗加工时，刀具往往要多次反复地执行相同的动作，直至将工件切削到所需要的尺寸。这样就在一个程序中可能会出现很多基本相同的程序段，造成程序冗长。为了简化编程工作，数控系统用一个程序段来设置刀具做反复切削，这就是循环功能。循环功能包括单一固定循环功能和多重复合循环功能。单一固定循环功能在前面已做介绍，可以发现利用单一固定循环功能编程已经有效地简化了程序，但还不够简化。若使用多重复合循环功能，只需指定精加工路线和粗加工的背吃刀量，系统就会自动计算出粗加工路线和加工次数，因而可以进一步地简化加工程序和编程工作。它主要在粗车的情况下使用，如用棒料毛坯车削阶梯相差较大的轴，或切削铸、锻件的毛坯余量时。

(1) 单一固定循环指令,见表 2—6。

表 2—6　　　　　　　单一固定循环指令

序号	代码号	名称
1	G90	外径、内径切削循环指令
2	G94	端面切削循环指令
3	G92	简单螺纹切削循环指令

(2) 复合固定循环指令,见表 2—7。

表 2—7　　　　　　　复合固定循环指令

序号	代码号	名称	备注	
1	G70	精加工循环		
2	G71	外径粗加工循环	应用 G70 进行精加工	能够进行刀尖半径补偿
3	G72	端面粗加工循环		
4	G73	固定形状粗加工循环		
5	G74	间断纵面切削循环	不能进行刀尖半径补偿	
6	G75	间断端面切削循环		
7	G76	自动螺纹加工循环		

在复合固定循环中,对零件的轮廓定义之后,即可完成从粗加工到精加工的全过程。

当工件的形状较复杂,如果使用复合固定循环指令,只需依指令格式设定粗车时每次的背吃刀量、精车余量、进给量等参数,在接下来的程序中给出精车时的加工路径,则系统可自动计算出粗车的刀具路径,自动进行粗加工。

使用粗加工固定循环 G71、G72、G73 指令后,使用 G70 指令进行精车,使工件达到所要求的尺寸精度和表面粗糙度。具体编程方法详见第四章。

五、数控车床编程的数学处理

根据被加工零件图样，按照已经确定的加工路线和允许的编程误差，计算出数控系统所需要输入的数据，称为数学处理。对零件图形进行数学处理是编程前的一个关键性的环节。

1. 几个基本概念

（1）基点。构成零件轮廓几何素线的交点或切点称为基点。零件的轮廓是由许多不同的几何元素组成的，如直线、圆弧、二次曲线及列表点曲线等。各几何元素间的连接点称为基点，显然，相邻基点间只能是一个几何元素，如图2—7所示。

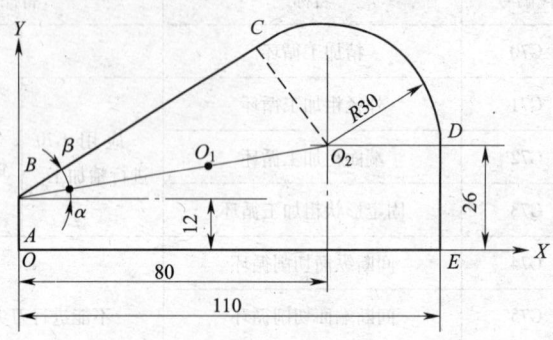

图2—7 零件图样

（2）节点。零件非圆曲线轮廓拟合线段中的交点或切点称为节点。

（3）刀位点。刀位点是标志刀具所处不同位置的坐标点，不同类型刀具的刀位点不同。对于具有刀具半径补偿功能的数控机床，只要在编写程序时，在程序的适当位置写入建立刀具补偿的有关指令，就可以保证在加工过程中，使刀位点按一定的规则自动偏离编程轨迹，达到正确加工的目的。这时可直接按零件轮廓形状，计算各基点和节点坐标，并作为编程时的坐标数据。

2. 基点坐标的计算方法

零件轮廓或刀位点轨迹的基点坐标计算，一般采用代数法或几何法。代数法是通过列方程组的方法求解基点坐标,这种方法虽然已根据轮廓形状,将直线和圆弧的关系归纳成若干种方式,并变成标准的计算形式,方便了计算机求解,但手工编程时采用代数法进行数值计算还是比较烦琐。根据图形间的几何关系利用三角函数法求解基点坐标,计算比较简单、方便,与列方程组解法比较,工作量明显减少。要求重点掌握三角函数法求解基点坐标。

对于由直线和圆弧组成的零件轮廓,采用手工编程时,常利用直角三角形的几何关系进行基点坐标的数值计算,如图2—8所示为直角三角形的几何关系,三角函数计算公式列于表2—8。

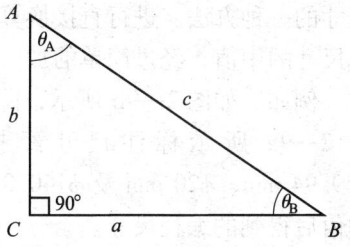

图2—8 直角三角形的几何关系

表2—8 直角三角形中的几何关系

已知角	求相应的边	已知边	求相应的角
θ_A	$a/c = \sin(\theta_A)$	a、c	$\theta_A = \sin^{-1}(a/c)$
θ_A	$b/c = \cos(\theta_A)$	b、c	$\theta_A = \cos^{-1}(b/c)$
θ_A	$a/b = \tan(\theta_A)$	a、b	$\theta_A = \tan^{-1}(a/b)$
θ_B	$b/c = \sin(\theta_B)$	b、c	$\theta_B = \sin^{-1}(b/c)$
θ_B	$a/c = \cos(\theta_B)$	a、c	$\theta_B = \cos^{-1}(a/c)$
θ_B	$b/a = \tan(\theta_B)$	b、a	$\theta_B = \tan^{-1}(b/a)$
勾股定理	$c^2 = a^2 + b^2$	三角形内角和	$\theta_A + \theta_B + 90° = 180°$

3. 数值换算

(1) 选择原点、换算尺寸。原点是指编制加工程序时所使用的编程原点。加工程序中的字大部分是尺寸字,这些尺寸字中的数据是程序的主要内容。同一个零件,同样的加工,如果原点选得不同,尺寸字中的数据就不一样,所以,编程之前首先要选定原点。

车削件的编程原点 X 向应取在零件的回转中心,即车床主轴的轴心线上,所以原点的位置只在 Z 向做选择。原点 Z 向位置一般在工件的左端面或右端面两者中做选择。

（2）标注尺寸换算。在很多情况下，因其图样上的尺寸基准与编程所需要的尺寸基准不一致，故应首先将图样上的基准尺寸换算为编程坐标系中的尺寸，再进行下一步数学处理工作。

1）直接换算。这是直接通过图样上的标注尺寸，即可获得编程尺寸的一种方法。进行直接换算时，可对图样上给定的基本尺寸或极限尺寸的中值，经过简单的加、减运算后即可完成。

例如，如图2—9b所示，除尺寸42.1 mm外，其余均属直接按图2—9a所示标注尺寸经换算后得到的编程尺寸。其中，$\phi 59.94$ mm、$\phi 20$ mm及$\phi 140.8$ mm三个尺寸为分别取两极限尺寸平均值后得到的编程尺寸。

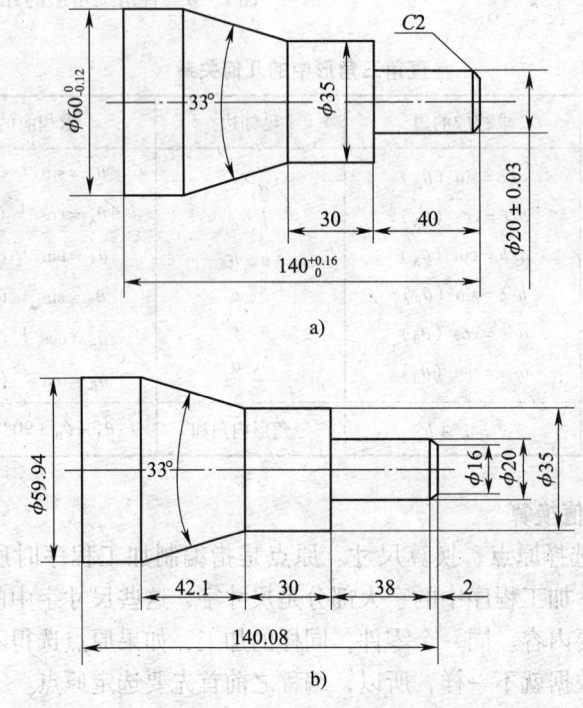

图2—9 标注尺寸换算

在取极限尺寸中值时，如果遇到有第三位小数值（或更多位小数），基准孔按照"四舍五入"的方法处理，基准轴则将第三位进上一位，例如：

① 当孔尺寸为 $\phi 20 \ (^{+0.052}_{\ 0})$ mm 时，其中值尺寸值取 $\phi 20.3$ mm；

② 当轴尺寸为 $\phi 16 \ (^{\ 0}_{-0.07})$ mm 时，其中值尺寸取（15.965 + 0.005）mm 为 $\phi 15.97$ mm。

③ 当孔尺寸为 $\phi 16 \ (^{+0.07}_{\ 0})$ mm 时，其中值尺寸取 $\phi 16.04$ mm。

2）间接换算。指需要通过平面几何、三角函数等计算方法进行必要解算后，才能得到其编程尺寸的一种方法。

用间接换算方法所换算出来的尺寸，是直接编程时所需的基点坐标尺寸，也可以是为计算某些基点坐标值所需要的中间尺寸。图2—9b中所示的尺寸42.1 mm 就是间接换算后得到的编程尺寸。

3）尺寸链计算。如果仅仅为得到其编程尺寸，只需按上述方法求解即可。但在数控加工中，除了需要准确地得到其编程尺寸外，还需要掌握控制某些重要尺寸的允许变动量，这就需要通过尺寸链计算才能得到。

4. 尺寸链计算方法

在数控加工中，除了要准确地获得编程尺寸外，还要掌握控制某些重要尺寸的允许变动量，这就要通过尺寸链解算才能得到，故尺寸链解算是数学处理中的一个重要内容。

（1）尺寸链的基本概念。在机器装配或零件加工过程中，由相互连接的尺寸形成的封闭尺寸组，称为尺寸链。

（2）尺寸链的组成（见图2—10）

1）尺寸环。组成尺寸链的每一个尺寸即为尺寸环，如 A_0、A_1、A_2。

各尺寸环按其形成的顺序和特点，可分为封闭环和组成环。

2）封闭环。凡在零件加工过程或机器装配过程中最终形成的环（或间接得到的环），即为封闭环，如 A_0。

3）组成环。尺寸链中除封闭环以外的各环即为组成环，如 A_1、A_2。组成环按其对封闭环影响又可分为增环和减环。

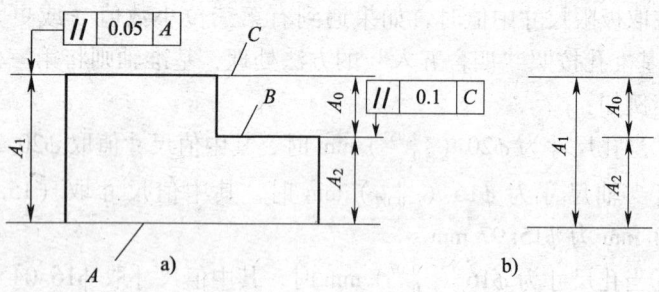

图 2—10 工艺尺寸链简图

4）增环。凡该环变动（增大或减小）引起封闭环同向变动（增大或减小）的环，称为增环，如 A_1。

5）减环。由于该环变动（增大或减小）引起封闭环反向变动（减小或增大）的环，称为减环，如 A_2。

（3）尺寸链的解法

1）封闭环的基本尺寸。封闭环的基本尺寸等于所有增环的基本尺寸之和减去所有减环的基本尺寸之和，其计算公式为：

$$A_0 = \sum_{j=1}^{m} A_j - \sum_{k=m+1}^{n-1} A_k$$

式中 A_0——封闭环的基本尺寸；

A_j——增环的基本尺寸；

A_k——减环的基本尺寸；

m——增环数；

n——尺寸链总环数。

2）偏差及公差计算公式

①封闭环的上偏差等于各增环上偏差之和减去各减环下偏差之和：

$$ES_0 = \sum_{j=1}^{m} ES_j - \sum_{k=m+1}^{n-1} EI_k$$

②封闭环的下偏差等于各增环下偏差之和减去各减环上偏差之和：

$$EI_0 = \sum_{j=1}^{m} EI_j - \sum_{k=m+1}^{n-1} ES_k$$

式中 ES_0、EI_0——封闭环的上、下偏差；

ES_j、EI_j——增环的上、下偏差；

ES_k、EI_k——减环的上、下偏差。

③封闭环的公差等于各组成环公差之和：

$$T_{0L} = \sum_{j=1}^{n-1} T_i$$

式中 T_{0L}——封闭环公差（极值公差）；

T_i——组成环的公差。

六、数控机床插补原理

1. 插补的基本概念

插补就是按规定的函数曲线或直线，对其起点和终点之间，按照一定的方法进行数据点的密化计算和填充，并给出相应的位移量，使其实际轨迹和理论轨迹之间的误差小于一个脉冲当量的过程。

2. 逐点比较法插补原理与方法

（1）基本原理。计算机在控制加工轨迹的过程中，每走一步都要和规定的轨迹相比较，由比较结果决定下一步的移动方向。

逐点比较法既可以做直线插补又可以做圆弧插补。这种算法的特点是：运算直观，插补误差小于一个脉冲当量，输出脉冲均匀，而且输出脉冲的速度变化小，调节方便，因此在两坐标数控机床中应用较为普遍，这种方法每控制机床坐标进给一步，都要完成四个工作节拍：

偏差判别 →坐标进给→偏差计算→终点判别

（2）直线插补。以第一象限直线段为例，用户编程时，给出要加工直线的起点和终点。如果以直线的起点为坐标原点，终点坐标为 (X_e, Y_e)，插补点坐标为 (X, Y)，如图2—11所示，则以下关系成立：

$$\frac{X}{Y} = \frac{X_e}{Y_e}$$

若点 (X, Y) 在直线上,则 $X_eY - Y_eX = 0$;若点 (X, Y) 位于直线上方,则 $X_eY - Y_eX > 0$;若点 (X, Y) 位于直线下方,则 $X_eY - Y_eX < 0$。因此,取偏差函数 $F = X_eY - Y_eX$。

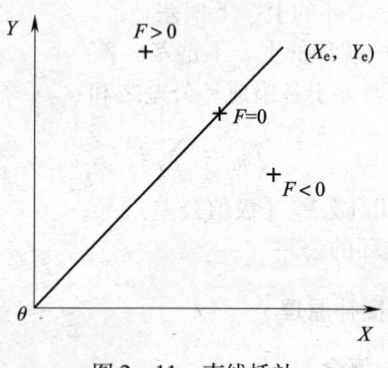

图 2—11 直线插补

事实上,计算机并不善于做乘法运算,在其内部乘法运算是通过加法运算完成的。因此,判别函数 F 的计算实际上是由以下递推叠加的方法实现的。

设点 (X_i, Y_i) 为当前所在位置,其 F 值为

$$F_i = X_eY_i - Y_eX_i$$

若沿 +X 方向走一步,则

$X_i + 1 = X_i + 1$

$Y_i + 1 = Y_i$

$F_i + 1 = X_eY_i + 1 - Y_eX_i + 1 = X_eY_i - Y_e(X_i + 1) = F_i - Y_e$

若沿 +Y 方向走一步,则

$X_i + 1 = X_i$

$Y_i + 1 = Y_i + 1$

$F_i + 1 = X_eY_i + 1 - Y_eX_i + 1 = X_e(Y_i + 1) - Y_eY_i = F_i + X_e$

由逐点比较法的运动特点可知,插补运动总步数 $n = X_e + Y_e$,可以利用 n 来判别是否到达终点。每走一步使 $n = n - 1$,直至 $n = 0$ 为止。综上所述,第一象限直线插补软件流程如图 2—12 所示。

例如,插补直线段的起点为 (0, 0),终点为 (4, 2),整个计算流程与节拍见表 2—9,插补轨迹如图 2—13 所示。

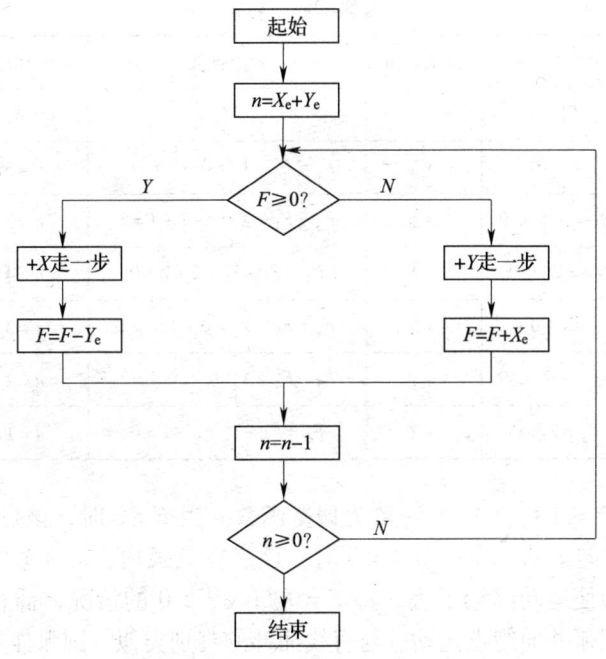

图 2—12 直线插补流程

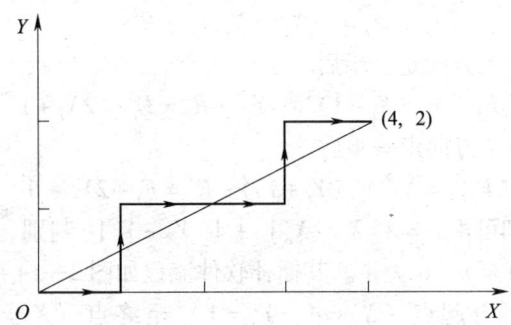

图 2—13 直线插补轨迹

(3) 圆弧插补。以第一象限逆圆为例,圆弧起点坐标为 (X_o, Y_o),终点坐标为 (X_e, Y_e),对于圆弧上任一点 (X_i, Y_i),有:
$$X_i^2 + Y_i^2 = -R^2$$

> 数控车工

表 2—9　　　　　　　　直线插补计算表

节拍	判别函数	进给方向	偏差计算	终点判别
起始	$F_0 = 0$			$n = X_e + Y_e = 6$
1	$F_0 = 0$	$+X$	$F_1 = F_0 - Y_e = 0 - 2 = -2$	$n = 6 - 1 = 5$
2	$F_1 = -2 < 0$	$+Y$	$F_2 = F_1 + X_e = -2 + 4 = 2$	$n = 5 - 1 = 4$
3	$F_2 = 2 > 0$	$+X$	$F_3 = F_2 - Y_e = 2 - 2 = 0$	$n = 4 - 1 = 3$
4	$F_3 = 0$	$+X$	$F_4 = F_3 - Y_e = 0 - 2 = -2$	$n = 3 - 1 = 2$
5	$F_4 = -2 < 0$	$+Y$	$F_5 = F_4 + X_e = -2 + 4 = 2$	$n = 2 - 1 = 1$
6	$F_5 = 2 > 0$	$+X$	$F_6 = F_5 - Y_e = 2 - 2 = 0$	$n = 1 - 1 = 0$

令 $F = (X_i^2 + Y_i^2) - R^2$ 为偏差函数。当 $F > 0$ 时，该点在圆外，向 $-X$ 方向运动一步；当 $F < 0$ 时，该点在圆弧内，向 $+Y$ 方向运动一步；为使运动继续下去，将 $F = 0$ 归入 $F > 0$ 的情况，插补运动始终沿着圆弧向终点运动。与直线插补的判别类似，圆弧插补的判别计算可采用如下的叠加运算。

设当前点为 (X_i, Y_i)，对应的偏差函数为

$$F_i = (X_i^2 + Y_i^2) - R^2$$

当点沿 $-X$ 方向走一步后

$$F_{i+1} = (X_i - 1)^2 + Y_i^2 - R^2 = F_i - 2X_i + 1$$

当点沿 $+Y$ 方向走一步后

$$F_{i+1} = X_i^2 + (Y_i + 1)^2 - R^2 = F_i + 2Y_i + 1$$

终点判别可由 $n = |X_e - X_o| + |Y_e - Y_o|$ 判别，每走一步使 $n = n - 1$，直至 $n = 0$ 为止。其插补软件流程如图 2—14 所示。

例如，插补起点 $(X_o = 4, Y_o = 1)$ 至终点 $(X_e = 1, Y_e = 4)$ 的一段圆弧，整个计算流程见表 2—10，插补轨迹如图 2—15 所示。

(4) 象限处理。如图 2—16 所示分别给出了不同象限内 8 种圆弧和 4 种直线的插补运动方式，据此可以得到表 2—11 的进给脉冲分配表。

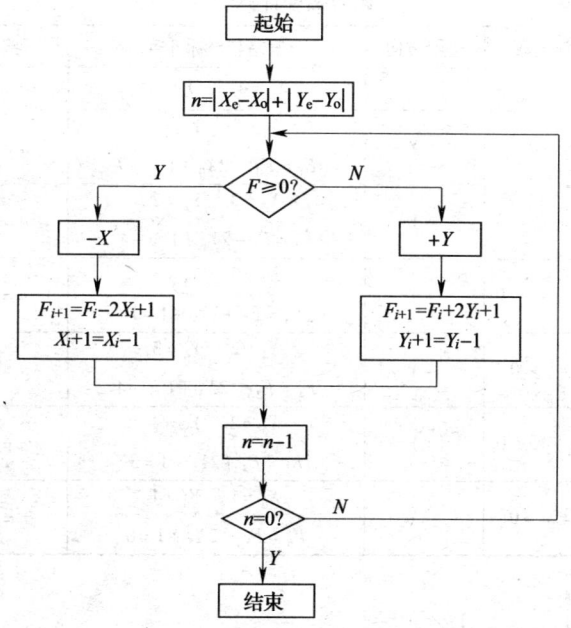

图 2—14 逐点比较法逆圆插补流程

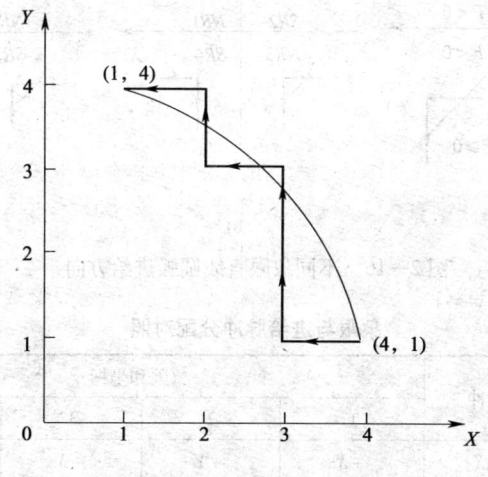

图 2—15 圆弧插补轨迹

➢ 数控车工

表 2—10 圆弧插补计算表

节拍	判别函数	进给方向	偏差与坐标计算	终点判别
起始	$F_0 = 0$		$X_o = 4 \quad Y_o = 1$	$n = X_e + Y_e = 6$
1	$F_0 = 0$	$-X$	$X_1 = 3 \quad Y_1 = 1$ $F_1 = F_0 - 2X_0 + 1 = -7$	$n = 6 - 1 = 5$
2	$F_1 = -7 < 0$	$+Y$	$X_2 = 3 \quad Y_2 = 2$ $F_2 = F_1 + 2Y_1 + 1 = -4$	$n = 5 - 1 = 4$
3	$F_2 = -4 < 0$	$+Y$	$X_3 = 3 \quad Y_3 = 3$ $F_3 = F_2 + 2Y_2 + 1 = 1$	$n = 4 - 1 = 3$
4	$F_3 = 1 > 0$	$-X$	$X_4 = 2 \quad Y_4 = 3$ $F_4 = F_3 - 2X_3 + 1 = -4$	$n = 3 - 1 = 2$
5	$F_4 = -4 < 0$	$+Y$	$X_5 = 2 \quad Y_5 = 4$ $F_5 = F_4 + 2Y_4 + 1 = 3$	$n = 2 - 1 = 1$
6	$F_5 = 3 > 0$	$-X$	$X_6 = 1 \quad Y_6 = 4$ $F_6 = F_5 - 2X_5 + 1 = 0$	$n = 1 - 1 = 0$

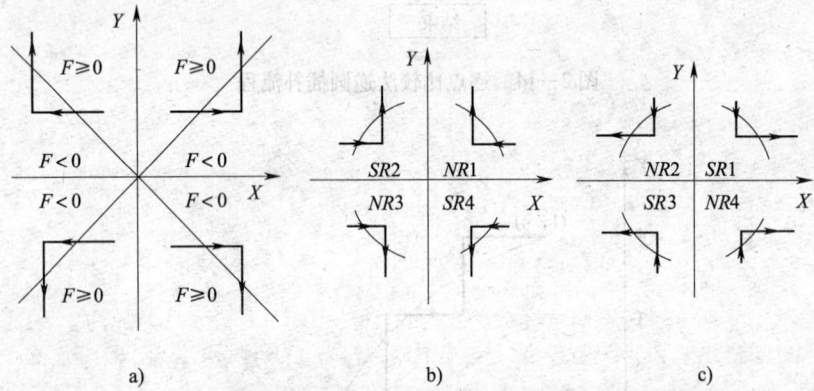

图 2—16 不同象限直线圆弧进给方向

表 2—11 象限与进给脉冲分配对照

线型	脉冲	象限和坐标			
		1	2	3	4
直线	ΔX	$+X$	$+Y$	$-X$	$-Y$
	ΔY	$+Y$	$-X$	$-Y$	$+X$

续表

线型	脉冲	象限和坐标			
		1	2	3	4
顺圆	ΔX	$-Y$	$+X$	$+Y$	$-X$
	ΔY	$+X$	$+Y$	$-X$	$-Y$
逆圆	ΔX	$-X$	$-Y$	$+Y$	$+X$
	ΔY	$+Y$	$-X$	$-Y$	$+X$

§2—2 计算机辅助编程

一、计算机绘图软件的使用

计算机绘图就是利用计算机及其外围设备绘制各种图样的技术。由于计算机绘图具有绘图速度快、精度高、便于产品信息的保存和修改、设计过程直观、便于人机对话、缩短设计周期、减轻劳动强度等优点，已广泛应用于各行各业中。

计算机绘图系统主要由硬件设备和软件系统组成。其硬件设备主要包括主机、输入设备和输出设备。常见的输入设备包括键盘、鼠标和图形输入板。绘图机是最常用的图形输出设备，打印机也是一种图形输出设备。

目前市场上的绘图软件较多，例如，国产系统有北航海尔的CAXA、清华同方的 OpenCAD 和 MDS2 000、华中科技大学的开目CAD 和 CADtool 等；国外系统有 Autodesk 公司的 AutoCAD、Micro Control System 公司的 CADKEY、Unigraphics Solutiongs 公司的 Solid Edge 等。

CAXA 电子图板，又称 EB，即 Electronic Board（电子图板），是北京北航海尔软件有限公司开发的一种适用于通用绘图和设计的计算机辅助设计软件。它具有全中文界面、操作简单、易学易用的特点。采用动态导航定位，既符合画图原理，又使操作直观灵活。形位公差、表面粗糙度、焊接符号等内容采用预显式标注，大大简化了操作过程。该软件提供了 16 大类 600 多种万余个规格系列的参量化国家标准机械零件图库,提取的图符还能实现自动消隐,十分有利于装配图的绘制。

1. 工作界面与文件操作

(1) CAXA 电子图板的启动方法。在 Windows 系统的桌面找到 CAXA 电子图板的图标并双击,即可启动电子图板。

另外,单击状态栏的"开始"→"程序"→"CAXA 电子图板 XP"→"CAXA 电子图板"命令,也可启动电子图板。

(2) CAXA 电子图板的工作界面。如图 2—17 所示,电子图板的工作界面主要包括:绘图区、菜单系统、状态栏、工具栏四部分。

1) 绘图区。绘图区位于屏幕的中心,如图 2—17 中所示的空白区域,是用户进行绘图设计的工作区域,占据了屏幕的大部分面积。绘图区的中央用箭头显示出坐标轴,坐标轴的交点即为坐标原点。水平方向为 X 方向,向右为正,向左为负;垂直方向为 Y 方向,向上为正,向下为负。有一表示光标位置的十字线,称为十字光标。十字光标用于绘图、选择对象等。

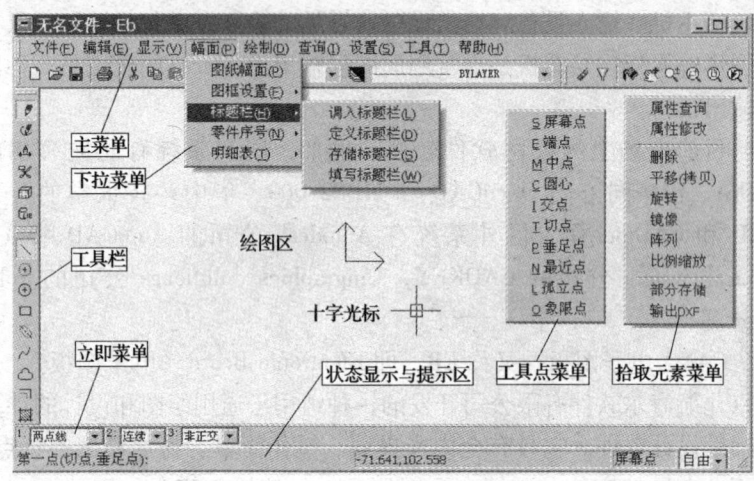

图 2—17 CAXA 电子图板的工作界面

2）菜单

①常驻菜单。为了提高作图速度，CAXA电子图板将绘图、编辑、显示等经常用到的若干条命令，以直观、清晰的图标形式放在一起组成常驻菜单。常驻菜单位于屏幕右侧的上部，包括"删除""拾取设置""显示平移""显示窗口""显示回溯""显示全部""取消操作""重画""重复操作"等内容。

②应用主菜单。应用主菜单位于屏幕右侧。包括"基本曲线""高级曲线""工程标注""曲线编辑""块操作"及"图库"等。其中的每一项均用一个与其功能相联系的图标表示，便于操作者使用和辨认。

③下拉主菜单。下拉主菜单位于屏幕的顶部。它由一行菜单条及下拉菜单组成，菜单条包括"文件""编辑""显示""幅面""绘制""查询""设置""工具"和"帮助"。其中每一项都含有若干个下拉菜单。移动鼠标至屏幕顶部，用鼠标左键单击其中的一个菜单，立即弹出一个下拉菜单。菜单条与下拉菜单构成了下拉主菜单。下拉主菜单承担图形的绘制、管理、编辑、显示、查询等大部分任务。

下拉菜单中，右面有小三角形图标（▶）的菜单项，表示还有子菜单。

下拉菜单中，选择右面有省略号（…）的菜单项，将显示出一个对话框。

选择右面没有内容的菜单项，即可执行相应的命令。

④立即菜单。立即菜单位于绘图区的左下方。一般情况下，对应用子菜单的操作都会弹出立即菜单。立即菜单的内容包括当前作图、编辑等各种操作的方式和执行该操作的具体条件。

⑤工具菜单。工具菜单包括工具点菜单、拾取元素菜单和拾取元素右键弹出菜单。

在立即菜单环境下，使用空格键或鼠标中键，屏幕上会弹出一个被称为"工具点菜单"的选项菜单，用户可以根据作图需要从中选取特征点。

在无命令执行状态下，当用户选择（拾取）了某一图形（称为实体）后按空格键，屏幕上会弹出一个被称为"拾取元素菜单"的选项菜单。用户可以通过操作这个菜单来改变拾取的特征。

在无命令执行状态下，当用户拾取了某一实体后按鼠标右键，屏幕上会弹出一个被称为"拾取元素右键弹出菜单"的选项菜单。用户可以通过点取这个菜单的有关项对实体进行编辑操作。

3）状态栏。状态栏显示在应用程序窗口的底部，用来显示当前状态的功能，它包括屏幕状态显示、操作信息提示及拾取状态显示等内容。

①系统状态显示区。系统状态显示当前点的坐标值。当前点的坐标值随鼠标光标的移动做动态变化。

② 操作与信息提示区。操作与信息提示区位于屏幕的左下角，用于提示当前命令执行情况或提醒用户输入信息。

③工具菜单状态显示。工具菜单状态显示位于系统状态显示区，它自动提示当前点的性质以及拾取方式。例如，点可能为屏幕点、切点、端点等，拾取方式可能为增加状态、移出状态等。

④点捕捉状态提示。点捕捉状态提示位于工具菜单状态显示的右侧，它自动提示当前点的捕捉状态，并可以进行点的捕捉状态的切换。

⑤命令与数据输入区。命令与数据输入区位于屏幕的右下角，在系统状态显示区的上方，用于由键盘输入命令和数据。

4）工具栏。工具栏是由一些图标按钮排列而成的。每个图标按钮形象化地代表一个命令，单击图标按钮即可执行相应的命令。利用这些工具菜单能够方便地实现各种操作。系统默认的工具栏包括"主菜单"工具栏、"标准"工具栏、"常用"工具栏、"绘制工具"工具栏等。可以根据个人的习惯和需要自定义工具栏。

(3) CAXA 电子图板基本操作

1）鼠标和常用键的功能。在绘制和编辑图形时，主要用鼠标进行各种操作。

①鼠标：鼠标的左键用于单击命令图标按钮和拾取元素、选择图形对象。右键用于确认拾取、结束当前命令、弹出拾取元素菜单以及在无命令状态下重复执行上一条命令。

②回车键：结束数据的输入，确认默认值或重复上一条命令。

③空格键：弹出工具点菜单，以选择相应的捕捉方式。

④ESC 键：中断或取消命令，回到系统提示为"命令："的无命令状态。

2) 命令的输入。由键盘直接键入命令或数据。或用鼠标选取所需的图标按钮。在系统提示为："命令："时，使用鼠标右键或回车键可以重复执行上一条命令。

在画图时，一定要注意提示，根据提示来应答。否则，死记书上的步骤而忽略提示，容易答非所问。

3) 点的输入。点的输入是各种绘图操作的基础，CAXA 电子图板除了提供常用的键盘输入和鼠标点取输入方式外，还设置了屏幕点的捕捉、工具点的捕捉等若干种捕捉方式。

①键盘输入。用键盘输入点的具体坐标值。点的坐标有三种形式：

a. 绝对直角坐标，是指相对于当前坐标系原点的直角坐标。可直接通过键盘输入点的 X、Y 坐标，但 X、Y 坐标值之间用逗号隔开，如：60，30。

b. 相对直角坐标，是指相对于前一点的直角坐标。在英文状态下输入相对坐标时必须在第一个数值前面加上一个符号@，以表示相对。如通过键盘输入：@50，0，表示相对于前一个输入点的直角坐标 X 为 50、Y 坐标为 0。

c. 相对极坐标，是指相对于前一点的极坐标。输入格式为："@距离<角度"，如通过键盘输入：@30<45，表示相对于前一个输入点的距离为 30，在与 X 轴逆时针夹角成 45°方向上的一个点。

②鼠标输入。鼠标输入点的坐标时，通过移动鼠标的十字光标线选择需要输入的点的位置，选中后按下鼠标左键，该点的坐标即被输入。

③工具点捕捉。工具点就是在绘图过程中具有几何特征的点，如端点、切点、垂足点等。所谓工具点捕捉就是使用鼠标或键盘捕捉工具点菜单中的某个特征点。如图 2—18 所示为用直线命令绘制公切线，利用工具点捕捉进行作图。其操作步骤如下：

a. 单击"基本曲线"工具栏中的"直线" \ 按钮。

b. 当系统提示"第一点（切点，垂足点）"时，按空格键，在弹出的工具点菜单中选择"T切点"，在切点附近拾取圆；系统提示"第二点（切点，垂足点）："时，按空格键，在工具点菜单中选择"T切点"，在切点附近拾取另一个圆，按回车键，即可绘制出两圆的公切线。

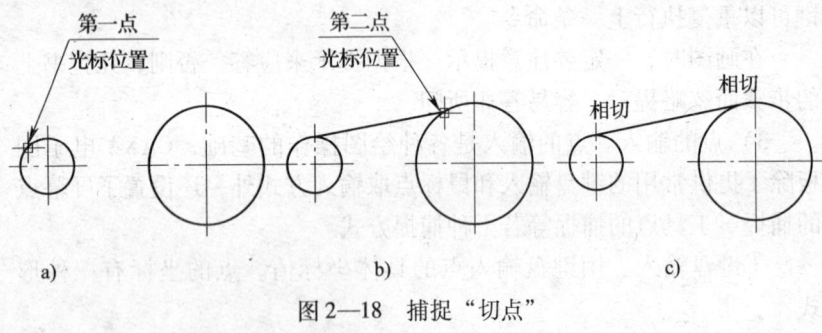

图2—18 捕捉"切点"
a）第一点 b）第二点 c）公切线

④屏幕点捕捉。屏幕点捕捉提供了在绘图时捕捉特殊点的功能。在屏幕右下角用鼠标单击"屏幕点"右端的下拉列表框，将弹出"自由""智能""栅格""导航"四种方式，如图2—19所示。

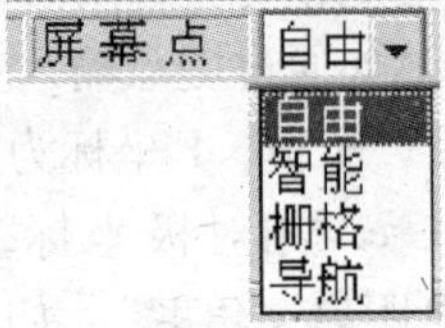

a. 自由点。鼠标在绘图区内移动时不自动吸附到任何特征点上，点的输入完全由当前鼠标在绘图区内的实际定位来确定。

b. 栅格点捕捉。栅格点就是在绘图区内沿当前坐标系的 X 方向和 Y 方向等间距排列的点。当鼠标在屏幕绘图区内移动时，会自动吸附到距离最近的栅格点上，这时点的输入是由栅格点坐标来确定的。

图2—19 屏幕点设置

c. 智能点捕捉。当鼠标在绘图区内移动时，如果它与某些特征点的距离在拾取盒范围之内，它将自动吸附到距离最近的那个特征点（如端点、中点、圆心等）上，这时点的输入是由特征点坐标来确定的。

d. 导航点捕捉。导航点捕捉是通过十字光标线对特征点进行导航，十字光标线呈虚线显示，当虚线通过特征点（如端点、中点、圆心等）时，特征点被加亮，这时点的输入是由特征点坐标来确定的。利用导航功能很容易实现视图间的"长对正和高平齐"的投影关系。

4）元素的拾取。若要拾取单个元素，可移动鼠标的十字光标，将其靶区方框放到待选择的元素上，单击鼠标左键即可，被拾取的元素变成加亮的红色虚线。

若要拾取一组元素，用鼠标在屏幕上指定两对角点形成一个矩形窗口进行拾取操作，若是从左向右形成的窗口，则所选元素完全包含在窗口之内才被选中，若是从右向左形成的窗口，则包含在窗口内部和与窗口边界相交的元素都被选中。

5）图层。图层类似于没有厚度的透明纸，用来放置各种图形信息。例如，在表达图样时，把线型、尺寸、文字说明等放在不同的层上，一层一层地放置，就构成一幅完整的图。系统预先定义了七个图层，每个图层都按其名称设置了相应的线型和颜色。初始的当前层为0层，其线型为粗实线，颜色为白色。若需画其他图线可改变当前层，用鼠标单击"属性"工具栏中的"图层"下拉列表框，在弹出的图层列表中选择某一图层，即可将该层设置为当前层，如图2—20所示。若上述的七个图层不能满足绘图需要，可单击"属性"工具条中的"层控制"按钮，在弹出的"层控制"对话框中进行建立新层、设置线型和颜色、更改图层名等的操作。

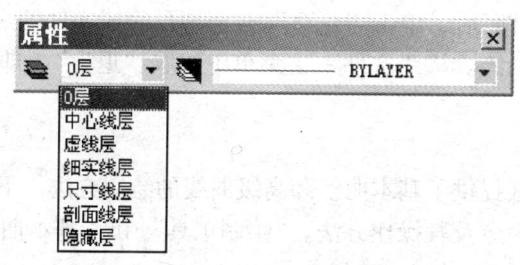

图2—20 图层设置

6）显示控制。显示仅改变图形在屏幕上显示的比例，而不改变图形的实际大小，便于详细观察图形和绘图。

①重画。单击"常用"工具栏中的 按钮，即可刷新屏幕，重画全图。

②动态平移。单击"常用"工具栏中的 按钮,在绘图区拖动鼠标可动态移动图形。

③动态缩放。单击"常用"工具栏中的 按钮,在绘图区拖动鼠标可动态缩放显示图形。

④显示窗口。单击"常用"工具栏中的 按钮,再输入矩形窗口的左上角、右下角的坐标,即可将矩形窗口内的图形放大显示到整个屏幕。

⑤显示全图。单击"常用"工具栏中的 按钮,即可将全图显示在屏幕上。

⑥显示回溯。单击"常用"工具栏中的 按钮,即可返回到上一次显示状态。

7)文件操作

①新建文件。要开始一张新图,可单击"标准"工具栏中的 按钮。

②打开文件。要打开已存在的图形文件,可单击"标准"工具栏中的 按钮。

③存储文件。若要保存图形,可单击"标准"工具栏中的 按钮。如果是新文件,会弹出"另存文件"对话框,指定文件保存位置和输入文件名后,单击"保存"按钮即可完成文件的赋名存盘。

④退出系统。从"文件"主菜单中选取"退出",即可退出电子图板系统。

2. 绘图

电子图板提供了基本曲线和高级曲线的绘制方法,下面介绍几种常用的绘图命令及其操作方法。"绘制工具"和"基本曲线"工具栏如图2—21所示。

图2—21 "绘制工具"和"基本曲线"工具栏

(1) 画直线 (line)
- 主菜单:"绘制"→"基本曲线"→"直线"。
- 图标:"绘制工具"工具栏 按钮→ 按钮。

1) 两点线。两点线方式是根据已知的两点绘制线段,立即菜单如图 2—22 所示。

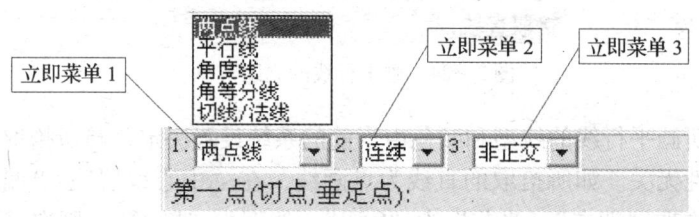

图 2—22 "两点线"方式画直线的立即菜单

例如,绘制如图 2—23 所示的边长为 50 mm 的菱形,绘图步骤如下:启动画直线命令(如点取画直线 按钮),将立即菜单设置为"两点线、连续、非正交",屏幕点捕捉设置成"导航"方式,用鼠标在任意位置单击,确定第一点 A 的位置,系统提示输入第二点时再依次输入 B 点的坐标:@50<60,C 点的坐标:@50,0,D 点的坐标:@50<-120,用鼠标捕捉到作图起始点 A,单击鼠标左键,画出图形后,单击鼠标右键或按回车键结束命令。

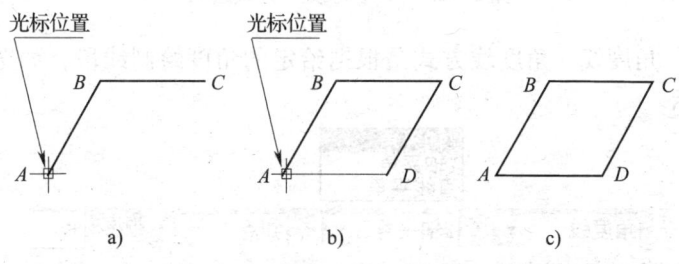

图 2—23 "两点线"方式绘图

2) 平行线。平行线方式用于绘制与已知线段平行且长度相等的直线,如图 2—24 所示。

立即菜单 1:在弹出的列表框中选取"平行线"。

立即菜单2：要求输入平行线的距离值或给出该平行线上的一个点。

立即菜单3：在"偏移方式"下，有"单向/双向"两种选择，可选择在已知直线的一侧或两侧画平行线。

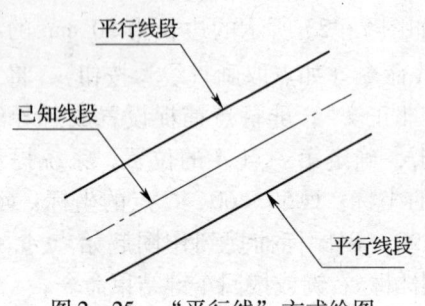

图2—24　画平行线的立即菜单

所画平行线的线型和颜色由当前的系统设置决定，与所拾取的直线属性无关。如所拾取的直线为点画线，在"中心线层"；"偏移方式"选取"双向"，当前层为"0层"、线型为"随层"，则在已知直线的两侧画出两条平行线，为粗实线，如图2—25所示。

图2—25　"平行线"方式绘图

3）角度线。角度线方式是根据给定的角度绘制线段，如图2—26所示。

图2—26　画角度线的立即菜单

立即菜单1：在弹出的列表框中选取"角度线"。

立即菜单2：设置夹角的基准线。可以是 X 轴、Y 轴或其他直线。

立即菜单 3："到点"是从起点开始按指定的角度画线到终点；"到线"是从起点开始按指定的角度画线到与选定线的交点。

立即菜单 4：单击后，在"输入实数"编辑框中输入新的角度值后按回车键，即可改变角度值。

(2) 画圆 (circle)

- 主菜单："绘制"→"基本曲线"→"圆"。
- 图标："绘制工具"工具栏 按钮→ 按钮。

画圆最常用的方法是"圆心—半径"方式，其操作如下：启动画圆命令，用鼠标拾取或用键盘输入圆心位置后，屏幕上会生成一个圆心固定、半径由鼠标拖动改变的动态圆，用鼠标拖动圆的半径到合适的长度后单击，或用键盘直接输入圆的半径即可画出该圆，如图 2—27 所示。

例如，绘制如图 2—28 所示的同心圆和相切圆，操作步骤如下：

1) 以"圆心—半径"方式画 A 圆和 B 圆。先以任意点为圆心，输入 A 圆半径值，按回车键；输入 B 圆半径值，按回车键。

2) 以"两点"方式画 C 圆。其中，第一点捕捉小圆 A 的右象限点，第二点捕捉大圆 B 的右象限点。

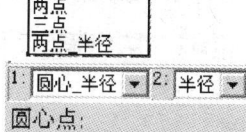

图 2—27　画圆命令的立即菜单

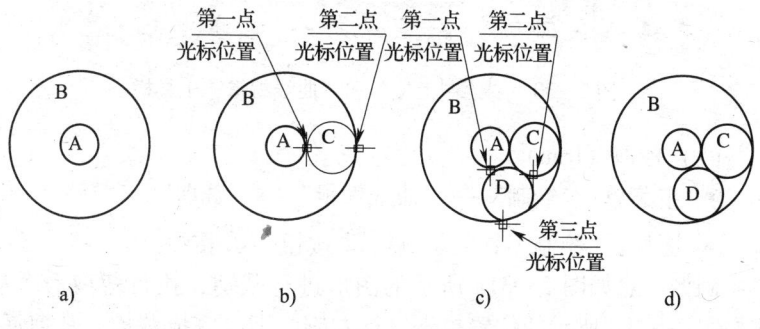

图 2—28　圆的画法

3）以"三点"方式画 D 圆。工具点捕捉方式均设为"T 切点"，在系统要求指定三个点时，分别捕捉 A、B、C 圆的切点，可画出与 3 个圆均相切的 D 圆。

(3) 画中心线（center line）

- 主菜单："绘制"→"基本曲线"→"中心线"。
- 图标："绘制工具"工具栏 按钮→ 按钮。

如果拾取的是直线，系统会提示拾取另一条直线，可以生成孔或轴的中心线。如果拾取的是圆（弧）或椭圆，则生成两条互相垂直且平行 X、Y 坐标轴的中心线。

(4) 画剖面线（hatch）

- 主菜单："绘制"→"基本曲线"→"剖面线"。
- 图标："绘制工具"工具栏 按钮→ 按钮。

系统提供"拾取环内点"和"拾取边界"两种方式绘制剖面线，其立即菜单如图 2—29 所示。

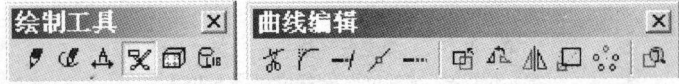

图 2—29　剖面线立即菜单

3. 图形编辑

CAXA 电子图板提供了多种图形编辑功能，如图 2—30 所示。

图 2—30　"绘制工具"和"曲线编辑"工具栏

(1) 裁剪（trim）

- 主菜单："绘制"→"曲线编辑"→"裁剪"。
- 图标："绘制工具"工具栏 按钮→ 按钮。

例如，对如图 2—31a 所示的图形进行裁剪，执行裁剪命令后，在如图 2—31b 所示的位置单击鼠标左键，即可完成裁剪，裁剪后的图形如图 2—31c 所示。

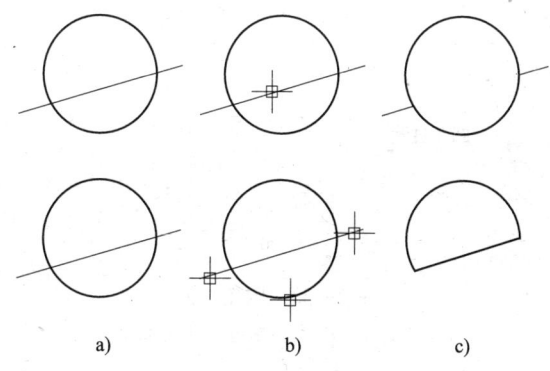

a)　　　　　　　b)　　　　　　c)

图2—31　快速裁剪
a）原图　b）拾取元素　c）裁剪结果

（2）过渡（corner）
- 主菜单："绘制"→"曲线编辑"→"过渡"。
- 图标："绘制工具"工具栏 按钮→ 按钮。

1）圆角过渡。圆角过渡就是在两圆弧或直线之间用圆角进行光滑过渡，如图2—32所示。

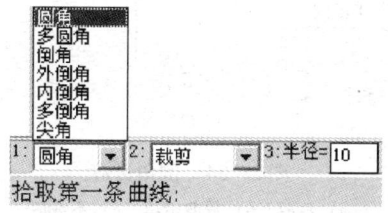

图2—32　圆角过渡的立即菜单

立即菜单1：过渡方式选择。在列表框中选取"圆角"方式。

立即菜单2：设置裁剪的方式，有"裁剪/裁剪始边/不裁剪"三种选择。"裁剪"就是裁掉过渡后所有边的多余部分，"裁剪始边"只裁剪起始边（先拾取的一条）的多余部分，"不裁剪"则过渡后原线段不被裁剪，如图2—33所示。

立即菜单3：设置圆角半径值。

立即菜单设置完成后，用鼠标分别拾取要圆角的两条线即可。

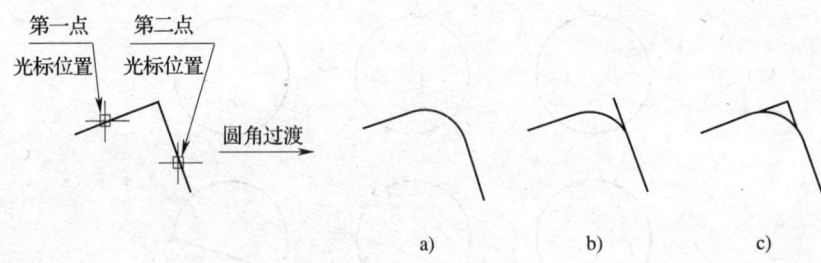

图2—33 圆角过渡
a）裁剪 b）裁剪始边 c）不裁剪

2）倒角过渡。倒角过渡就是在两直线之间倒角，直线可以被裁剪或往角的方向延伸，如图2—34所示。在立即菜单中选择裁剪的方式、输入倒角的轴向长度和倒角的角度值，按系统提示用鼠标拾取要倒角的两条直线。

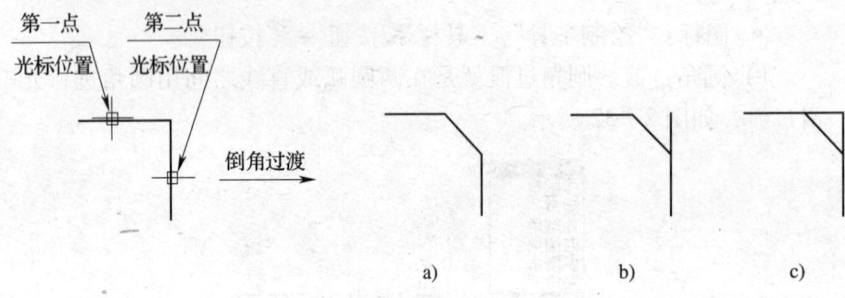

图2—34 倒角过渡
a）裁剪 b）裁剪始边 c）不裁剪

（3）齐边（edge）
- 主菜单："绘制"→"曲线编辑"→"齐边"。
- 图标："绘制工具"工具栏 ✂ 按钮→ ⊸ 按钮。

齐边就是以一条图线为边界对一系列图线进行裁剪或延伸，使各线对齐，根据系统提示，用鼠标选取一条图线作为边界，然后选取一系列图线进行编辑修改，如图2—35所示。

（4）拉伸（stretch）
- 主菜单："绘制"→"曲线编辑"→"拉伸"。

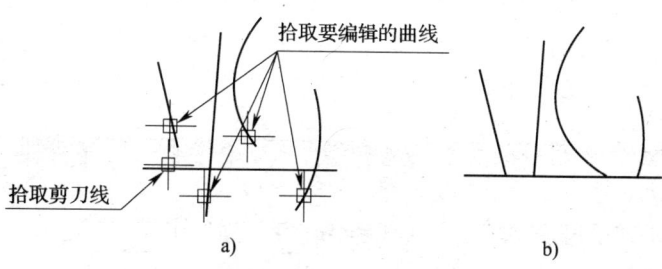

图 2—35 齐边操作
a) 拾取操作 b) 齐边结果

- 图标:"绘制工具"工具栏 ✂ 按钮→ ━ 按钮。

"单个拾取"用于对一条直线或圆弧的拉伸操作,用鼠标左键拾取所要拉伸的直线或圆弧的端点,拖动至指定位置,再次按下鼠标左键,即可拉长或缩短该图线。

"窗口拾取"用于对多条曲线的操作,按系统提示,用一个从右往左确定两角点的矩形窗口拾取对象,再按命令行提示输入"X、Y 方向的偏移量"或"两点"完成拉伸操作,如图 2—36 所示。

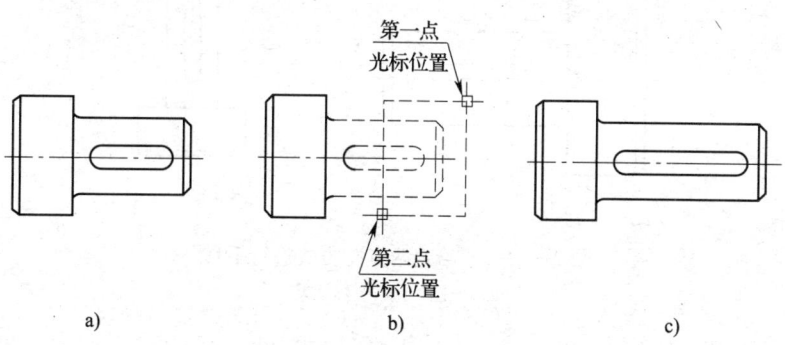

图 2—36 拉伸操作
a) 原图 b) 窗口拾取 c) 拉伸结果

(5) 平移 (move)
- 主菜单:"绘制"→"曲线编辑"→"平移"。
- 图标:"绘制工具"工具栏 ✂ 按钮→按钮。

> 数控车工

平移可将拾取到的元素进行平移或拷贝。平移方式有"给定两点"和"给定偏移"两种方式，如图 2—37 所示。常用的是以"给定两点"方式进行平移。

图 2—37 平移立即菜单

例如，将如图 2—38a 所示的图形缩小 0.8 倍旋转 90°平移至相应位置。其操作步骤如下：单击"平移"按钮，设置立即菜单为"给定两点、拷贝、非正交、0、1"，按系统提示拾取元素并单击鼠标右键确认后，被拾取到的元素变为红色虚线，单击鼠标右键选择"平移"命令，设置立即菜单为"给定两点、拷贝、正交、90、0.8"，再按系统提示操作，即可得到如图 2—38b 所示的图形。

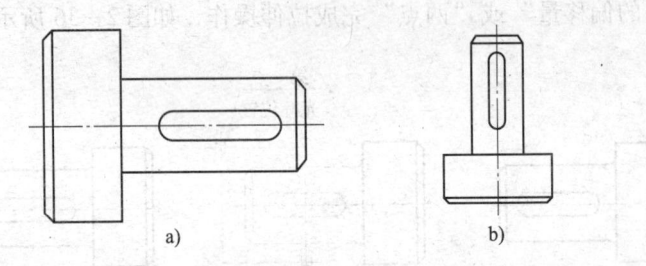

图 2—38 "给定两点"方式进行平移
a) 原图   b) 平移结果

(6) 旋转（rotate）
- 主菜单："绘制" → "曲线编辑" → "旋转"。
- 图标："绘制工具"工具栏 按钮→ 按钮。

(7) 镜像（mirror）
- 主菜单："绘制" → "曲线编辑" → "镜像"。

- 图标:"绘制工具"工具栏 ✂ 按钮→ ⚞ 按钮。

镜像可对拾取到的元素进行镜向拷贝或镜向位置移动,如图2—39所示。

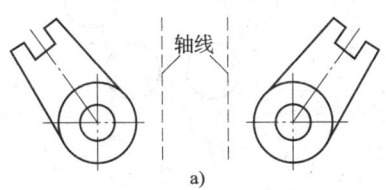 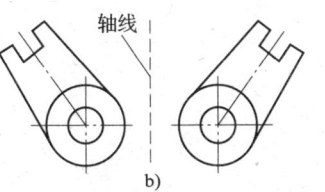

a)   b)

图2—39 镜像操作
a)拷贝镜像 b)单纯镜像

(8)阵列(array)
- 主菜单:"绘制"→"曲线编辑"→"阵列"。
- 图标:"绘制工具"工具栏 ✂ 按钮→ ⁙ 按钮。

阵列的目的是通过一次操作可同时生成若干个相同的图形,以提高作图速度,其立即菜单如图2—40所示。

1:圆形阵列	2:旋转	3:均布	4:份数 4
拾取元素:			

1:矩形阵列	2:行数 1	3:行间距 100	4:列数 2	5:列间距 100	6:旋转角 0
拾取元素:					

图2—40 阵列立即菜单

1)圆形阵列。圆形阵列是对拾取到的元素以给定圆心的方式进行圆形阵列拷贝,如图2—41所示。

2)矩形阵列。矩形阵列是对拾取到的元素按矩形阵列的方式进行阵列拷贝,如图2—42所示。

(9)比例缩放(scale)
- 主菜单:"绘制"→"曲线编辑"→"比例缩放"。
- 图标:"绘制工具"工具栏 ✂ 按钮→ ▢ 按钮。

比例缩放可对拾取到的元素按给定比例进行缩小或放大,也可以

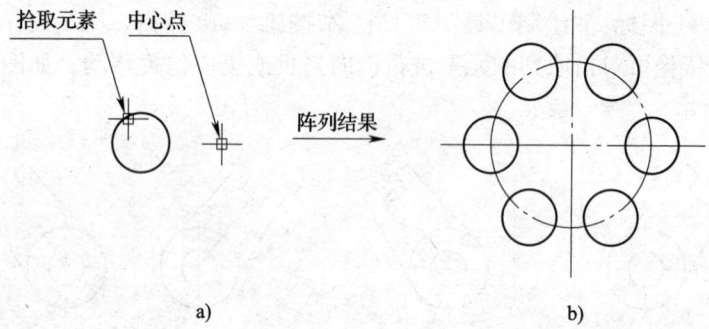

图 2—41 圆形阵列

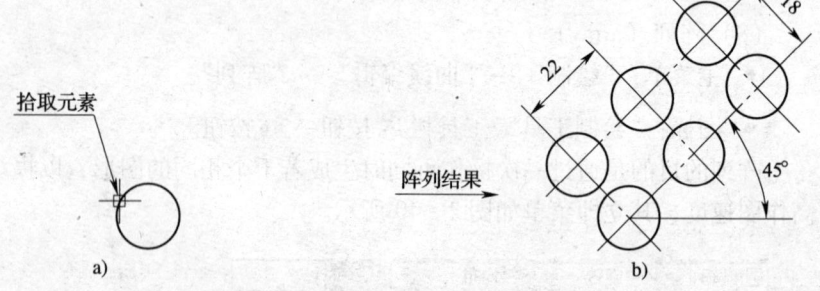

图 2—42 矩形阵列

用光标在屏幕上直接拖动比例缩放,系统会动态显示被缩放的元素,当认为满意时,单击鼠标左键确认即可。

(10)删除。下列三种方法,均可删除所选的图线。

1)单击"常用"工具栏中的 按钮,拾取要删除的图线,单击鼠标右键确认。

2)拾取要删除的图线,按键盘上的"Delete"键。

3)拾取要删除的图线,单击鼠标右键,在弹出菜单中选择"删除"项,再次单击鼠标右键结束。

4. 工程标注

CAXA 电子图板提供了一系列工程标注方法,如尺寸标注、文字标注和工程符号标注等,如图 2—43 所示。

图 2—43 "绘制工具"和"工程标注"工具栏

(1) 尺寸标注
- 主菜单:"绘制"→"工程标注"→"尺寸标注"。
- 图标:"绘制"工具栏 按钮→ 按钮。

系统能根据鼠标拾取的对象,自动判别所需的尺寸标注类型,从而进行不同的尺寸标注。

1) 线性尺寸的标注。在"拾取标注元素:"的提示下拾取一条直线,则弹出如图 2—44 所示的立即菜单,即可进行线性尺寸的标注。

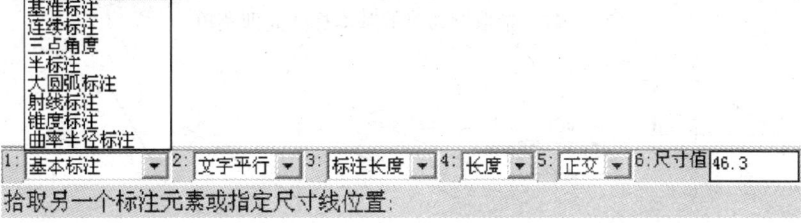

图 2—44 拾取一条直线时的基本标注立即菜单

2) 角度尺寸的标注。拾取一条斜线可以标注直线的长度,也可以标注直线与坐标轴的夹角。欲标注直线的角度,选择"标注角度"即可。其立即菜单如图 2—45 所示。

图 2—45 拾取一条斜线时的角度标注立即菜单

3) 直径尺寸的标注。在"拾取标注元素:"的提示下拾取一个圆后,便弹出如图 2—46 所示的立即菜单,此时便可标注直径尺寸。标注直径、圆周直径尺寸时,系统自动在尺寸数字前加"φ",标注半径尺寸时,系统自动在尺寸数字前加"R"。

立即菜单设置完后,用鼠标拖动确定尺寸线和尺寸文字的标注位置即可。

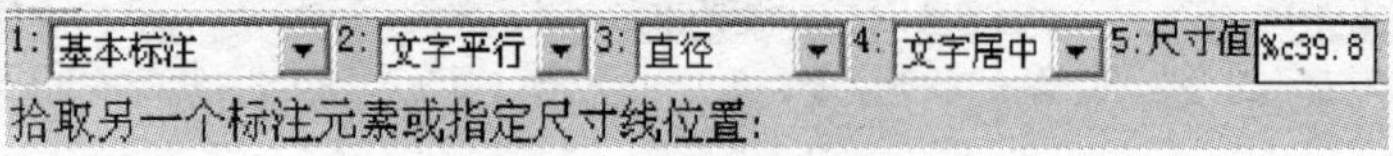

> 数控车工

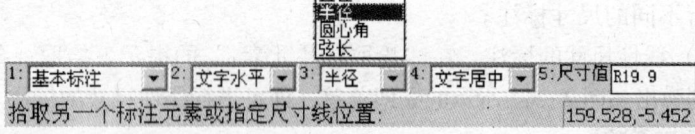

图 2—46　拾取一个圆时的基本标注立即菜单

4）半径尺寸的标注。在"拾取标注元素："的提示下拾取一个圆弧后，弹出如图 2—47 所示的立即菜单，此时便可进行半径尺寸标注。半径尺寸标注的示例如图 2—48 所示。

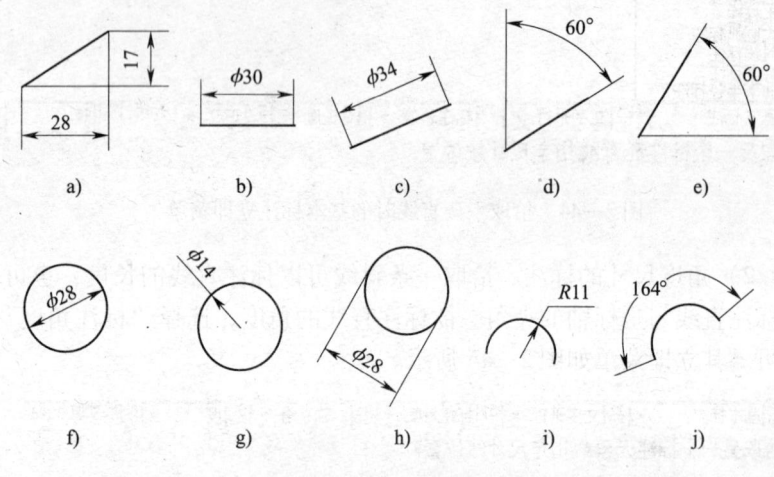

图 2—47　拾取圆弧时的基本标注立即菜单

图 2—48　基本标注

（2）尺寸公差的标注。可以用以下两种方式进行尺寸公差的标注。

1）使用键盘输入尺寸公差。在进行尺寸标注时，当立即菜单中出现"尺寸值"项时，在输入框中输入尺寸值及相应符号，可以标注尺寸公差。

常用符号和特殊格式的输入方法见表 2—12。

表 2—12　　　常用符号和特殊格式的输入方法

名　称	符　号	输入数据	标注结果
直径符号"φ"	前缀为%c	%c60	φ60
角度符号"°"	后缀为%d	45%d	45°
公差符号"±"	%p	40%p0.15	40±0.15
上、下偏差值	偏差前缀为%，输入时应按"%上偏差值%下偏差值"的顺序输入，偏差数值必须带符号。若偏差为0，则省略不写	%c40%+0.012%-0.027 %c40k7（%+0.027%+0.002）	$\phi 40^{+0.012}_{-0.027}$ $\phi 40k7^{+0.002}_{+0.002}$
配合的输入	前缀为%&	%c30%&H7/f6 %c40%&H7/h6	$\phi 30\frac{H7}{f6}$ $\phi 40\frac{H7}{f6}$

2）利用"尺寸标注公差查询"对话框标注尺寸公差。在进行尺寸标注时，拾取标注元素后单击鼠标右键，或在应用子菜单中选择〈标注编辑〉，拾取一个已标注的尺寸后单击右键，屏幕上都会弹出一个"尺寸标注公差查询"对话框，如图 2—49 所示。用户可在对话框中通过输入、修改有关输入项及设定适当的输出、输入方式来标注尺寸公差及其他标注内容。

①公差输入。即公差输入方式的设定，有输入公差代号、偏差值和配合符号三种方式。

②公差输出。即公差输出方式的设定，有四种输出方式。

③基本尺寸。可对标注或编辑的尺寸值进行修改。

④公差代号。在此栏内输入公差代号。

⑤上偏差、下偏差。在这两栏中分别输入上、下偏差值。若公差输入方式设定为"代号"，则输入公差代号后，在这两栏中可自动生成上、下偏差值。

⑥尺寸前缀。在此栏内输入尺寸值前面的说明文字，如"M""φ"等。

> 数控车工

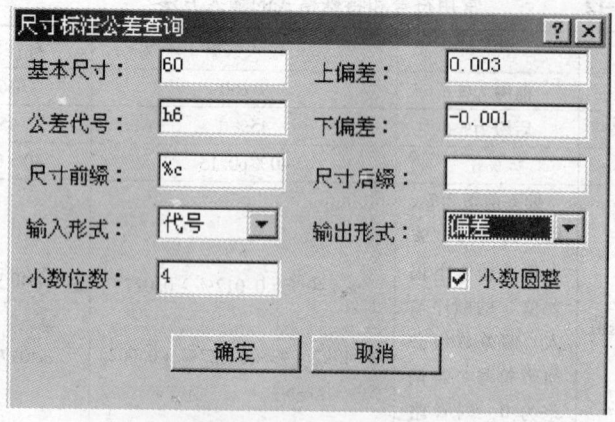

图 2—49 "尺寸标注公差查询"对话框

⑦尺寸后缀。输入尺寸值后面的说明文字,如"配做""孔深×××"等。

以上内容确定或修改完毕后,点击"确定"按钮,即完成尺寸公差的标注或修改,如图 2—50 所示为尺寸公差标注的示例。

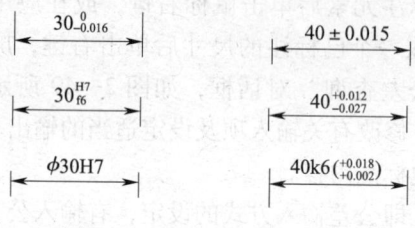

图 2—50 尺寸公差标注示例

二、计算机绘图实例

1. 绘制零件图

(1)绘制零件图的步骤。利用 CAXA 电子图板绘制零件图的步骤和手工绘制零件图的步骤基本相同,一般按下列步骤进行。

1)零件图分析。

2)启动电子图板,设置绘图环境。

3)绘制并编辑图样。

4) 标注尺寸和技术要求, 填写标题栏。
5) 校对后, 存盘退出。
(2) 绘制零件图的实例。下面以如图 2—51 所示的轴为例, 说明绘图步骤。

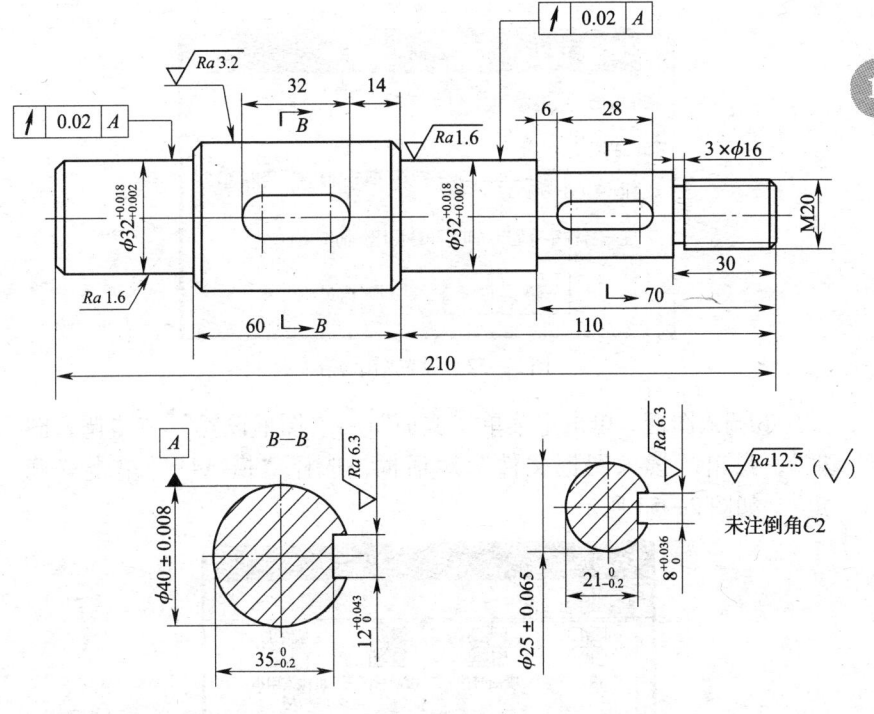

图 2—51 轴

1) 零件图分析。该轴全长 210 mm, 最大直径为 $\phi 40$ mm, 需要绘制主视图和 2 个移出断面图, 考虑尺寸标注、标题栏及技术要求的注写, 采用 1∶1 的比例绘图, 用 A4 图纸, 横放。

2) 启动电子图板, 设置绘图环境。调入所需的标准图幅、图框和标题栏。

① 启动电子图板。在 Windows 系统的桌面找到 CAXA 电子图板的图标 并双击, 即可启动电子图板; 另外, 单击状态栏的"开始"→"程序"→"CAXA 电子图板 XP"→"CAXA 电子图板"命

令,也可启动电子图板。

②设置图纸幅面。单击主菜单"幅面"→"图纸幅面",弹出"图纸幅面"对话框,图纸幅面选择"A4",图纸方向选择"横放",绘图比例选择"1:1",加长系数选择"0",单击"确定",如图2—52所示。

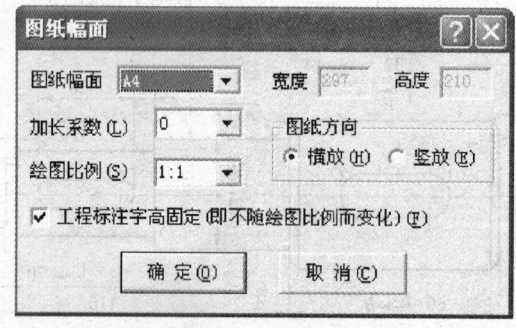

图2—52 设置图纸幅面

③调入图框。单击主菜单"幅面"→"图框设置"→"调入图框",弹出"读入图框文件"对话框,选择"横A4",单击"确定",如图2—53所示。

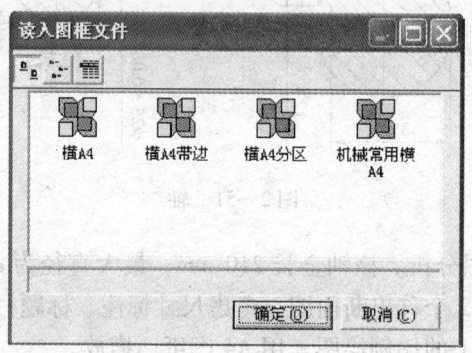

图2—53 调入图框

④调入标题栏。单击主菜单"幅面"→"标题栏"→"调入标题栏",弹出"读入标题栏文件"对话框,选择"院校暂用格式"(也可选择"国标"或"机标"标题栏),单击"确定",如图2—54所示。

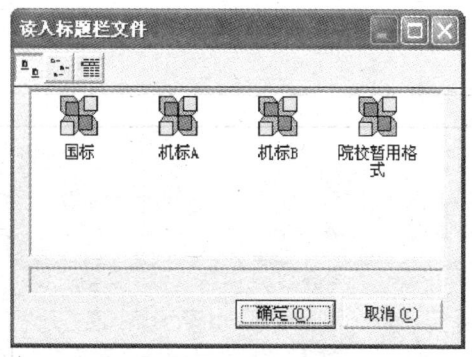

图2—54 调入标题栏

⑤填写标题栏。单击主菜单"幅面"→"标题栏"→"填写标题栏",弹出"填写标题栏"对话框,按要求填写有关内容,如图2—55所示。单击"确定",绘图区正中出现A4横放及"院校暂用格式"的标题栏,如图2—56所示。

图2—55 填写标题栏

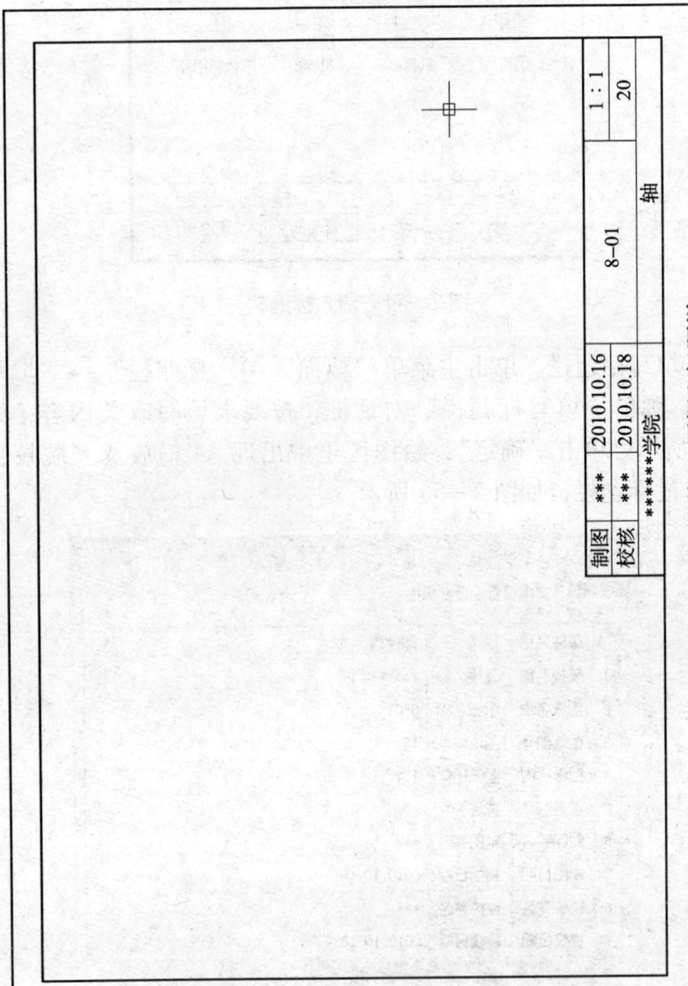

> 数控车工

图2—56 调入图幅、图框和标题栏

⑥存盘。其他设置如图层、线型、标注参数和文字参数等则采用系统的默认设置,然后以"轴.exb"为文件名存盘。单击"标准"工具栏中的 按钮,如果是新文件,会弹出"另存文件"对话框,指定文件保存位置和输入文件名"轴.exb"后,单击"保存"按钮即可完成文件的赋名存盘。

3)作图

①绘制轴的主视图轮廓。设置"0层"为当前层,用鼠标单击"属性"工具栏中的"图层"下拉列表框,在弹出的图层列表中选择"0层" 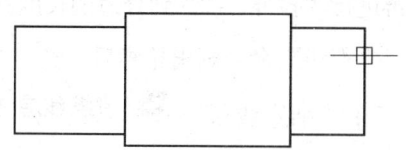,即可将"0层"设置为当前层。线型和颜色选择"随层"。

轴的主视图轮廓使用"高级曲线" 工具栏中的"孔/轴" 命令绘制。不修改立即菜单,只需按系统提示确定一个"插入点",在随后弹出的立即菜单中设置轴的起始直径和终止直径,"有无中心线"选项选择"有",当在屏幕上出现一个随鼠标动态变化的矩形框时,键入一个数值确定该段轴的长度,继续输入下段轴的"起始直径""终止直径"和"长度",如图2—57所示。

图2—57 绘制轴的主视图轮廓

轴的各段"起始直径""终止直径"和"长度"数值如下:
第一段轴的起始直径:32,终止直径:32,轴的长度:40。
第二段轴的起始直径:40,终止直径:40,轴的长度:60。
第三段轴的起始直径:32,终止直径:32,轴的长度:40。
第四段轴的起始直径:25,终止直径:25,轴的长度:40。
第五段轴的起始直径:20,终止直径:20,轴的长度:30。
直到绘制完成整根轴,单击鼠标右键,完成轴轮廓的绘制,中心线同时画出,如图2—58所示。

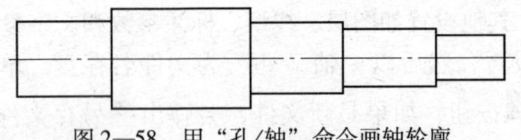

图2—58 用"孔/轴"命令画轴轮廓

②绘制轴上的倒角、键槽和外螺纹小径等。轴上的倒角用"过渡"命令中的"外倒角"绘制。在倒角立即菜单中设置完倒角长度"2"和角度"45"后，按操作提示连续拾取轴端三条直线，画出轴上外倒角，如图2—59所示。

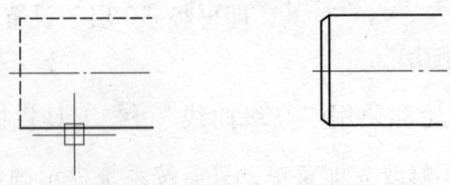

图2—59 绘制轴上的倒角

轴主视图上的键槽，先画圆弧的垂直中心线，在"中心线层" 中心线层 绘制，通过"直线"→"平行线"命令"偏移"轴的端面线，再进行"拉伸"到合适的长度。用"圆"命令、"直线"→"平行线"命令画出轮廓后，经"裁剪"而成。

外螺纹小径线应在"细实线层" 细实线层 绘制，如图2—60所示。

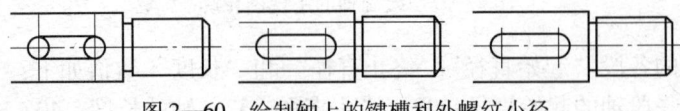

图2—60 绘制轴上的键槽和外螺纹小径

③绘制移出断面图。画断面轮廓时，设置"0层"为当前层，应先画断面圆，再用"中心线"命令画出圆的中心线，然后分别以两条中心线作为基准线，用"直线"→"平行线"命令分别画出键槽的工作侧面、槽底的位置线，修剪后即可得到断面图的轮廓线。

然后设置"剖面线层" 剖面线层 为当前层,设置"剖面图案"为"无图案",在剖面线立即菜单中设置"拾取点"、间距"2"和角度"45"等后,用"剖面线"命令在断面区域填充剖面线,如图2—61所示。

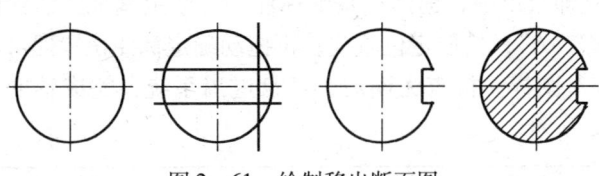

图2—61 绘制移出断面图

4) 标注

①标注尺寸。设置"尺寸线层" 尺寸线层 为当前层,设置"标注参数",单击主菜单"设置"→"标注参数",弹出"标注参数"对话框,字体选择"仿宋GB2312",宽度系数选择"1",字高选择"5",其余选择缺省值,单击"确定"。按图样要求用"工程标注"工具栏中的"尺寸标注"命令 进行标注。

②标注表面粗糙度。单击"工程标注"工具栏中的 命令,在弹出的立即菜单中,根据需要进行设置,然后按系统提示拾取定位点或直线或圆弧,拖动鼠标确定标注位置即可。

③标注形位公差

a. 形位公差标注。单击"工程标注"工具栏中的 命令,在"形位公差"对话框中选择待输入的形位公差的各项内容,如代号 、公差数值"0.02"、基准代号"A"等,单击"确定"按钮,在弹出的立即菜单中选择指引线是否带箭头和标注的方向,再按系统提示拾取标注元素,输入引线转折点。

b. 剖切位置标注。单击"工程标注"工具栏中的 命令,在系统提示为"画剖切轨迹(画线):"时,依次选择剖切面的起点和终点,画出剖切位置线,确认后在剖切面的终点出现一个双向箭头,方向与该点剖切面的方向垂直。在操作提示为"请拾取所需的方向:"时,可在双向箭头的一侧单击鼠标左键以确定箭头方向。在系统提示为"指定剖面名称标注点:"时,拖动一个表示文字大小的小方框到所需位置后单击鼠标左键,将剖面名称符号标出,单击右键结束。

c. 基准代号标注。单击"工程标注"工具栏中的按钮,在弹出的立即菜单中,选择"基准标注""给定基准""默认方式"和基准名称"A",拾取定位直线,再拖动确定标注位置即可。

5)校对图样。检查无误后,存盘退出系统,完成轴的零件图,如图2—62所示。

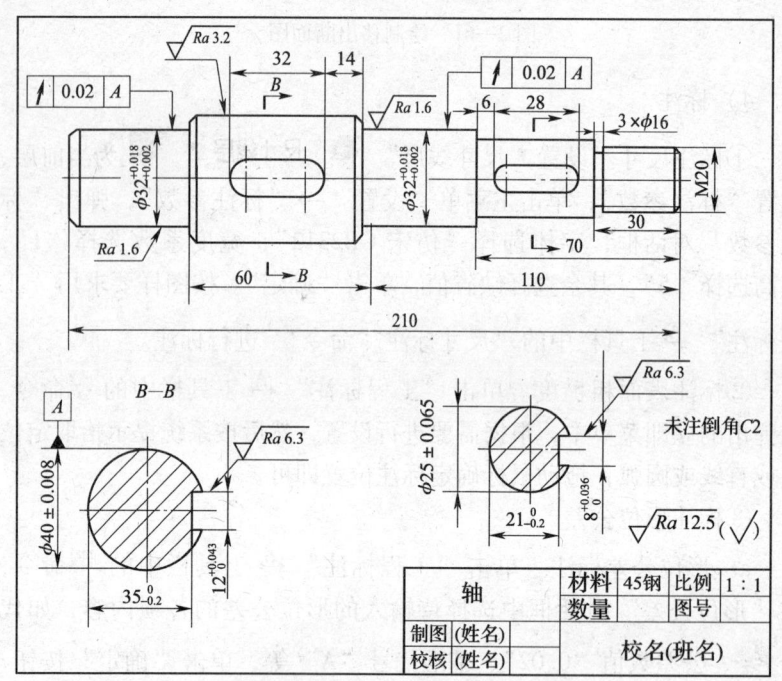

图2—62 完成轴的零件图

第三章

数控车床操作

§3—1 数控车床操作面板

对于数控车床来说,采用不同的数控系统,其操作面板和控制面板也不同,但其基本操作要领类似,以下将以 FANUC – 0i 数控系统为例,介绍 FANUC 系统数控车床操作的相关问题。

一、机床控制面板

FANUC 数控系统由日本富士通公司研制开发。当前,该数控系统在我国得到了广泛的应用。目前,在中国市场上,应用于车床的数控系统主要有 FANUC – 18i – TA/TB、FANUC – 0i – TA/TB、FANUC – 0 – TD 等。FANUC – 0i 数控系统操作界面如图 3—1 所示。

如图 3—2 所示为 FANUC – 0i 数控系统操作面板,它由 CRT 显示器和 MDI 键盘两部分组成。

CRT 显示器是人机对话的窗口。可以显示车床的各种参数和状态,如相关坐标、程序、刀具补偿量的数值、自诊断的结果、报警信号等。在 CRT 显示器的下方有软键操作区,共有 7 个软键,用于各种 CRT 画面的选择。

> 数控车工

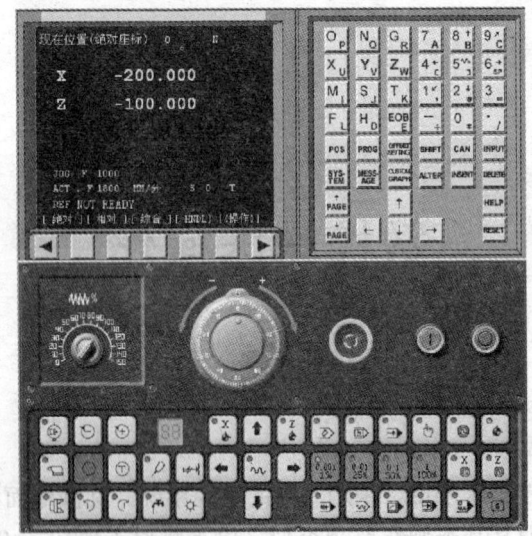

图 3—1　FANUC-0i 数控车床操作界面

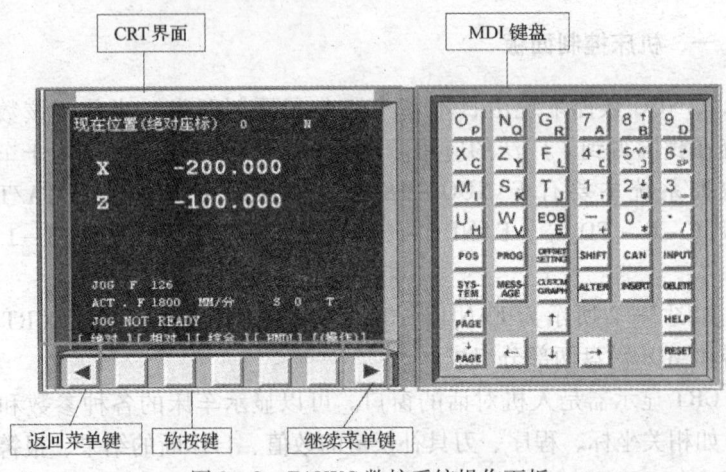

图 3—2　FANUC 数控系统操作面板

MDI 键盘包括字母键、数字键及功能键等，可以进行程序、参数、机床指令的输入及系统功能的选择。

1. MDI 键盘

MDI 键盘如图 3—3 所示。

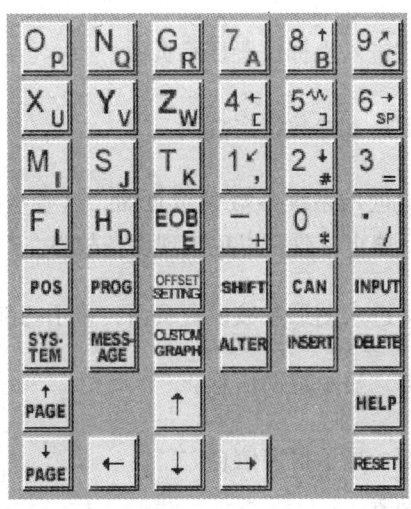

图 3—3 MDI 键盘

(1) 数字/字母键。用于输入数据到输入区域,系统自动判别取字母还是取数字。

(2) 编辑键

ALTER:替换键,用输入的数据替代光标所在位置的数据。

DELETE:删除键,删除光标所在位置的数据,也可用于删除一条或全部数控程序。

INSERT:插入键,把输入域中的数据插入到当前光标之后的位置。

CAN:取消键,用于删除最后一个输入的字符或符号。

EOB:换行键,结束一行程序的输入并且换行。

SHIFT:上档键,有些键上有两个字符,当输入右下角的字符时,需先按上档键,再按字符键。

(3) 页面切换键。按这些键用于切换各种功能显示画面。

PROG:按此键进入数控程序显示与编辑页面。

> 数控车工

POS：按此键进入坐标位置显示页面。

OFFSET SETTING：按此键进入参数设定页面。

SYSTEM：按此键进入系统参数设定页面，这些参数仅供维修人员使用，通常情况下禁止修改，以免出现设备故障。

CUSTOM GRAPH：按此键进入图形参数设置页面，显示切削路径模拟图形。

HELP：帮助键，显示帮助信息。

MESSAGE：报警键，显示报警信息。

（4）光标移动键

↑：向上移动光标。

↓：向下移动光标。

←：向左移动光标。

→：向右移动光标。

（5）翻页键（PAGE）

↑PAGE：向上翻页。

↓PAGE：向下翻页。

（6）输入键

INPUT：把输入域内的数据输入到参数页面或输入一个外部的数控程序。

（7）复位键

RESET：使 CNC 复位；编辑时返回程序头；加工时停止运动；消除报警信息。

2. 数控机床控制面板

数控机床控制面板如图3—4所示。

图3—4 机床控制面板

![] : 打开系统电源按钮。

![] : 关闭系统电源按钮。

![] : 急停按钮。按下此按钮，机床立即停止移动，所有的输出，如主轴的旋转、切削液等都会关闭。

![] : 进给倍率调整按钮，调整数控程序自动运行时的进给速度（0%～150%）。

![] : 手轮，对刀及微量调整时使用。

（1）模式选择按钮

![] : EDIT（编辑）模式，用于输入和编辑数控程序。

![] : MDI（手动数据输入）模式，一般用于单段或简单的程序运行操作。

![] : AUTO（自动运行）模式，用于程序自动运行。

![] : JOG（手动）模式，手动连续移动工作台或者刀具。

: HND（手轮）模式，手轮方式移动工作台或者刀具。

: PEF（回参考点）模式，机床回参考点。

: 在回参考点模式下，按此键，X 轴方向回参考点。

: 在回参考点模式下，按此键，Z 轴方向回参考点。

（2）手动移动控制按钮

: 在手轮模式下，按此键，沿 X 轴方向移动。

: 在手轮模式下，按此键，沿 Z 轴方向移动。

: 快速移动按钮，按下此键，再按移动方向键，机床将快速移动。

: 在 JOG（手动）模式下，X 轴方向快速移动按钮。

: 在 JOG（手动）模式下，Z 轴方向快速移动按钮。

: 手轮进给倍率和快速移动倍率选择按钮。

（3）程序运行控制按钮

: 机床锁定按钮，按下此按钮，机床各轴被锁住。

: 空运行按钮，用于程序校验。

: 程序段跳读按钮，在自动方式下，按下此键，跳过程序段开头带有"/"的程序。

: 单步执行按钮，每按一次，执行一条数控指令。

: 循环保持按钮，按下此按钮，程序暂停，处于循环保持状态。

[图标]：循环启动按钮：在自动运行方式下，按下此按钮，机床自动运行加工程序。

（4）机床控制按钮

[图标]：液压（气动）卡盘按钮，用于控制卡盘的夹紧/松开。

[图标]：润滑按钮，用于控制润滑泵的启动/停止。

[图标]：超程解除按钮，移动超程后，按下此按钮，可解除超程。

[图标]：切削液按钮，用于控制冷却泵的启动/停止。

[图标]：手动换刀按钮，手动模式下按下此按钮，刀架旋转一个刀位。

（5）机床主轴手动控制按钮

[图标]：主轴反转按钮。

[图标]：主轴正转按钮。

[图标]：主轴停止按钮。

[图标]：主轴点动按钮，按下此按钮，主轴旋转，松开即停止。

[图标]：主轴升速按钮，在主轴旋转时，按下此按钮，转速升高。

[图标]：主轴降速按钮，在主轴旋转时，按下此按钮，转速降低。

二、数控车床的基本操作

1. 开机和关机

（1）开机。接通电源，开机。

1）接通电源前，应检查是否有维修标志，检查机床的防护门、电控箱门是否关好。

2)开机时,打开操作面板上的系统电源按钮,接通电源,松开急停按钮,CRT显示器显示机床的初始位置坐标。

3)观察电控柜散热风扇是否启动,机床工作灯、润滑泵、液压泵是否启动且工作正常。

(2)关机。断开电源,关机。

1)关机前,应检查操作面板上的循环启动是否在停止状态。

2)关机时,先按下急停按钮。

3)关闭系统电源按钮。

4)切断机床总电源。

2. 手动操作方法

数控车床手动操作主要包括手动返回机床参考点和手动移动刀具。数控车床开机通电后,首先要将刀具返回参考点。然后可以使用按钮或手轮,使刀具沿各轴移动。手动移动刀具包括JOG(手动)进给、增量进给和手轮进给。

(1)手动返回参考点操作

1)按"回参考点"按钮,选择回参考点方式。

2)按 按钮,刀架沿X轴正向移动,直到X方向的回参考点指示灯亮。

3)按 按钮,刀架沿Z轴正向移动,直到Z方向的回参考点指示灯亮。回参考点操作结束后,CRT界面如图3—5所示。

(2)手动进给操作

1)连续进给操作,这种方法适用于长距离的刀架移动。

①按JOG(手动)按钮,其指示灯亮,进入手动模式。

②按 、 或 、 ,机床向指定的方向移动,进给速率可用进给速度倍率按钮 进行调节。

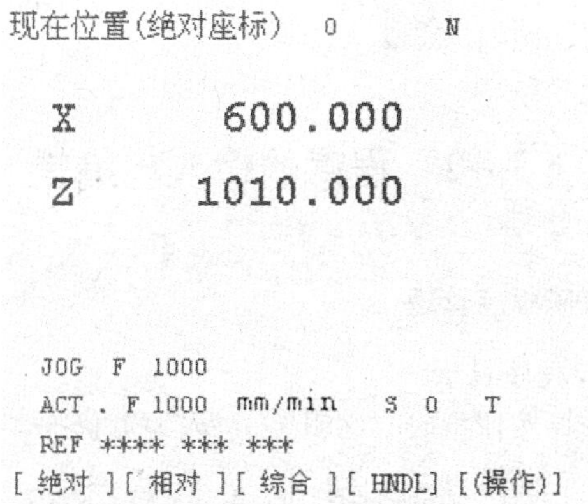

第三章 数控车床操作

```
现在位置(绝对座标)   0     N

 X       600.000
 Z      1010.000



JOG F 1000
ACT. F 1000  mm/min   S 0   T
REF **** *** ***
[ 绝对 ][ 相对 ][ 综合 ][ HNDL ][(操作)]
```

图3—5 回零操作界面

③若要快速进给，按快速移动按钮 ![], 其指示灯亮，再按 ![]、![] 或 ![]、![] 时，机床向指定的方向快速移动，快速移动的倍率可由按钮 ![] 调整。

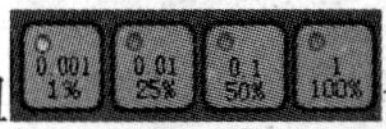

2) 手轮进给操作，主要用于精确控制刀具的移动。

①按 HND（手轮）按钮 ![], 其指示灯亮，进入手轮操作模式。

②按按钮 ![] 或 ![], 选择移动方向。

③按倍率选择按钮 ![] 中的一个，选择手轮移动速度的倍率。

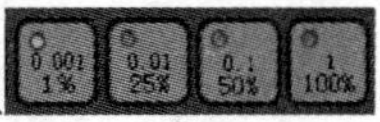

④顺时针或逆时针转动手轮，进行 X 轴或 Z 轴方向的移动。

(3) 主轴的手动操作。在手动进给操作模式下，可对主轴进行以下三种操作。此操作在自动和 MDI 方式下无效。

1) 按主轴正转按钮 ![], 主轴正转，其指示灯亮。

2) 按主轴反转按钮 ![], 主轴反转，其指示灯亮。

> 数控车工

3）按主轴停止按钮 ⬜，主轴停止。

§3—2 程序的输入与编辑

一、数控车床程序管理

1. 显示数控程序目录

旋转模式选择按钮指向"编辑"，进入编辑状态。按 MDI 键盘上的 PROG，CRT 界面转入编辑页面。按菜单软键 [LIB]，数控机床现有的数控程序名列表显示在 CRT 界面上，如图 3—6 所示。

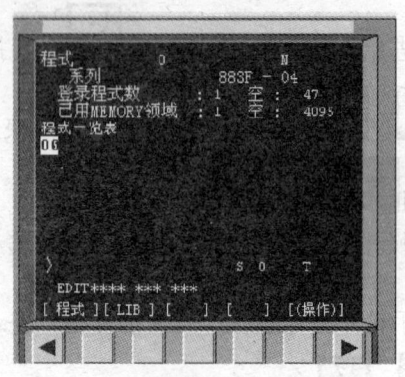

图 3—6 数控程序目录界面

2. 程序的检索

设置模式为编辑模式 ➡ 或自动运行模式 ⬦，其相应的指示灯变亮，按操作面板上 PROG 键，显示程序界面，用 MDI 键盘输入程序名"O××××"，按光标移动键 ⬇，CRT 屏幕上显示存储器中被检索的程序，同时光标在该程序名下闪烁。

3. 删除一个数控程序

CRT 界面进入编辑状态，利用 MDI 键盘输入"O××××"（×

×××为要删除的数控程序在目录中显示的程序号),按 ![DELETE] 键,程序即被删除。

4. 数控程序的输入

将编制好的加工程序输入到数控系统中,以实现数控车床对工件的自动加工。程序的输入方法有两种。一种方法是通过 MDI 键盘手动输入,另一种方法是通过网络通信接口输入。

(1) 使用 MDI 键盘输入程序。操作方法为:按控制面板的 ![键],进入编辑模式,再按操作面板的 ![PROG] 键,显示程序界面,利用 MDI 键盘输入"O××××"(××××为程序号,但不可以与已有程序号重复),按 ![INSERT] 键则程序号被输入,按下 ![EOB] 键,再按 ![INSERT] 键,则程序结束符";"被输入,CRT 界面上显示一个空程序,就可以通过 MDI 键盘开始程序输入。

(2) 采用数控车床自动编程软件生成数控加工代码。由于程序容量非常大,数控系统存储容量不够,可以通过计算机 RS232 接口,将程序连续不断地传入程序执行缓冲器,也称为直接控制机床加工。RS232C 接口的最大传输距离为 15 m。

用 RS232C 通信接口输入程序的操作步骤如下:

1) 连接好计算机,把 CNC 程序装入计算机。

2) 设定好 RS232C 有关的设定。

3) 把程序保护开关置于 ON 上,操作方式设定为 EDIT 方式(即编辑方式)。

4) 按屏幕下方的"程式"按键后,显示程序。

5) 当 CNC 磁盘上无程序号或者想变更程序号时,键入 CNC 所希望的程序号:O××××(当磁盘上有程序号且不改变程序号时,不需此项操作)。

6) 运行通信软件,并使之处于输出状态(详见通信软件说明)。

7) 按"INPUT"键,此时程序即传入存储器,传输过程中,画面状态显示"输入"。

➢ 数控车工

二、程序的编辑与修改

当程序出现错误，需要修改程序的时候，其步骤如下：

（1）按 [PROG] 键，进入数控程序显示与编辑页面，用 MDI 输入被修改程序的程序名，按向下移动光标键 [↓]，CRT 屏幕上显示存储器中被修改的程序。

（2）插入字符。先将光标移动到所需位置，按数字/字母键，将数据输入到输入域中，按 [INSERT] 键，把输入域的内容插入到光标所在的数据后面。

（3）修改字符。先将光标移动到需要修改的位置，按数字/字母键，将修改内容输入到输入域中，按 [ALTER] 键，就将光标位的字符替换为新输入的字符。

（4）删除字符。先将光标移动到所需删除字符的位置，按 [DELETE] 键删除光标所在的字符。

（5）删除全部数控程序。CRT 界面转入编辑页面，利用 MDI 键盘输入"O-9999"，按 [DELETE] 键，全部数控程序被删除。

§3—3 数控车床对刀

一、数控车床坐标系的确定原则

（1）刀具相对于静止的工件运动。
（2）各坐标轴由右手笛卡尔坐标系确定。
（3）坐标轴的确定：Z 轴平行于主轴轴线，X 轴平行于工件装夹平面，数控车床坐标系如图 3—7 所示。
（4）坐标轴的方向：增大刀具与工件距离的方向为各坐标轴的正方向。

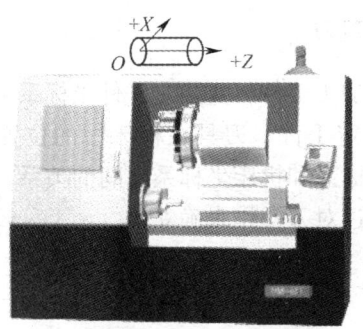

图 3—7 数控车床坐标系

二、数控车床加工中的几个坐标系

1. 机床坐标系

机床坐标系是指机床固有的坐标系,其原点称为机床原点,是一个固定的点,一般设在卡盘前端面或后端面的中心,如图 3—8 所示。

2. 工件坐标系

工件坐标系是编程人员在编程时使用的、以工件图样上一固定点为原点建立的坐标系,也称为编程坐标系,如图 3—8 所示。

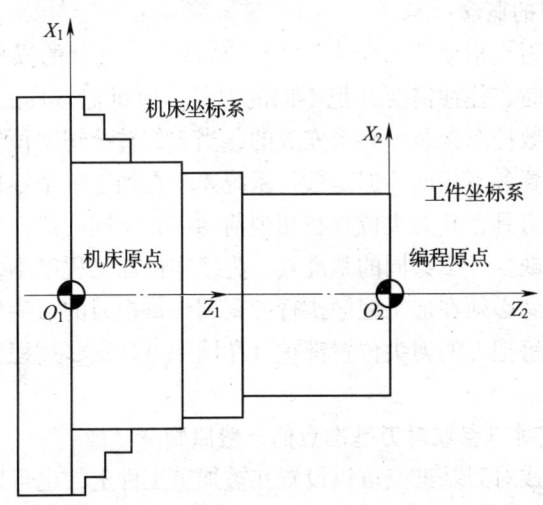

图 3—8 机床坐标系和工件坐标系

> 数控车工

三、数控车床对刀

在数控车床上加工工件,要建立工件坐标系来对工件进行数控编程。另外,还要确定工件、刀具在机床中的位置(见图3—9)。因此,要确定工件坐标系和机床坐标系之间的关系,这样才能正确加工零件,这种关系通过对刀操作来确立。

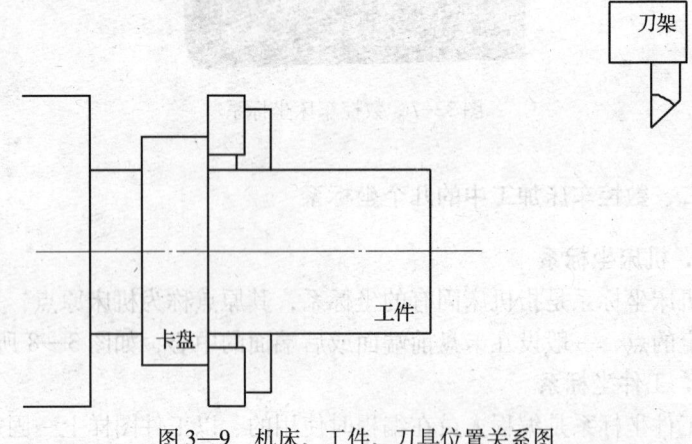

图3—9 机床、工件、刀具位置关系图

1. 对刀的概念

所谓对刀是指使"刀位点"与"对刀点"重合的操作。车削加工一个零件时,往往需要几把不同的刀具,而每把刀具的安装位置、顺序是根据数控车床装刀要求安放的,当它们转至切削位置时,其刀尖所处的位置各不相同。但是数控系统要求在加工一个零件时,无论使用哪一把刀具,其刀尖位置在切削前均应处于同一点,否则,零件加工程序就缺少一个共同的基准点。为使零件加工程序不受刀具安装位置的影响,必须在加工程序执行前,调整每把刀的刀尖位置,使刀架转位后,每把刀的刀尖位置都重合在同一点,这一过程称为数控车床的对刀。

2. 确定对刀点或对刀基准点的一般原则

对刀点或对刀基准点可以设置在被加工工件上,也可以设置在与零件定位基准有关联尺寸的夹具的某一位置上,也可以设置在机床三

爪自定心卡盘的前端面上。选择原则如下:

(1) 对刀点的位置容易确定。

(2) 能够方便地换刀,以便与换刀点重合。

(3) 对刀点应与工件坐标系原点重合。

(4) 批量加工时,为使得一次对刀可以加工一批工件,对刀点应该选取在定位元件上,并将编程原点与定位基准重合,以便直接按照定位基准对刀。

3. 对刀方式

为了计算和编程方便,我们通常将工件(程序)原点设定在工件右端面的回转中心上,尽量使编程基准与设计、装配基准重合。机床坐标系是机床唯一的基准,所以必须要弄清楚程序原点在机床坐标系中的位置。这通常在接下来的对刀过程中完成。

FANUC 系统确定工件坐标系有三种方法。

第一种:通过对刀将刀偏值写入参数从而获得工件坐标系。这种方法操作简单,可靠性好,通过刀偏与机床坐标系紧密地联系在一起,只要不断电、不改变刀偏值,工件坐标系就会存在且不会变,即使断电,重启后回参考点,工件坐标系还在原来的位置。

第二种:用 G50 设定坐标系,对刀后将刀移动到 G50 设定的位置才能加工。对刀时先对基准刀,其他刀的刀偏都是相对于基准刀的。

第三种:MDI 参数,运用 G54~G59 可以设定六个坐标系,这种坐标系是相对于参考点不变的,与刀具无关。这种方法适用于批量生产且工件在卡盘上有固定装夹位置的加工。

四、FANUC 数控车床常用对刀方法的具体操作

1. 采用 T 指令建立工件坐标系直接用刀具试切对刀(形状偏置对刀)

(1) 对刀方法(见图 3—10)

1) 试切外圆,刀具不能在 X 方向移动,主轴停,测得工件外径为 D,输入到刀偏表中 01 行,此时刀具在机床坐标系下的 X 坐标值为 X_1。

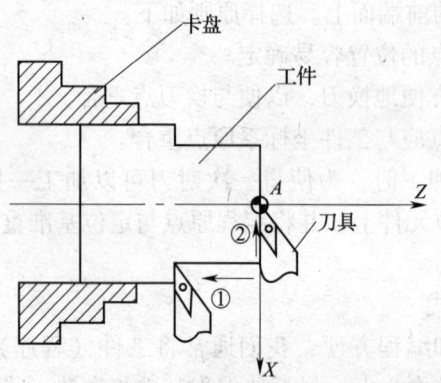

图 3—10 数控车床对刀原理图

2）试切端面，刀具不能在 Z 方向移动，刀尖到工件端面长度为零，输入到刀偏表中 01 行，此时刀具在机床坐标系下的 Z 坐标值为 Z_1。

通过对刀操作，准确测量了试切的长度和外径，实际加工时，系统一旦执行 T0101 指令，便自动计算出工件原点在机床坐标系下的坐标为：$X_0 = X_1 - D$，$Z_0 = Z_1 - 0 = Z_1$，从而找到刀具的工件原点 A，建立工件坐标系。

（2）对刀操作步骤

1）X 向对刀，手动切削外径。

①单击手动模式按钮 ，指示灯亮，进入手动操作模式。

②单击手动换刀按钮 ，将外圆车刀旋转到工作位；单击主轴启动按钮 ，主轴正转。

③用外圆车刀先试切一外圆，保持 X 轴方向不动，将刀具沿 Z 轴方向退出。

2）测量切削位置的外圆直径。按操作面板上的按钮 ，使主轴停止转动，测量切削位置的直径后，记下测量值 α（如 α = 92.437）。

3）设置偏置参数

①按 MDI 键盘上的 [OFFSET SETTING] 键，进入参数设定页面，单击软键［形状］，出现如图 3—11 所示的界面（默认是"磨耗"设置）。

```
工具补正/形状              O        N
 番号     X        Z        R       T
 01    0.000    0.000    0.000   0
 02    0.000    0.000    0.000   0
 03    0.000    0.000    0.000   0
 04    0.000    0.000    0.000   0
 05    0.000    0.000    0.000   0
 06    0.000    0.000    0.000   0
 07    0.000    0.000    0.000   0
 08    0.000    0.000    0.000   0
现在位置(相对坐标)
     U   293.600    W   344.083
 )                       S  0    T
 JOG **** *** ***
[ 磨耗 ][ 形状 ][SETTING[坐标系][ (操作) ]
```

图 3—11　刀偏设定界面 1

②将光标移至相应的 X 上，输入 $X\alpha$（提示：输入时要注意格式，带地址符和小数点，不要按输入键，如 $X92.437$），此时，菜单软键变换，［测量］自动出现，按软键［测量］，系统自动计算出坐标值并出现在 01 号 X 列中，如图 3—12 中所示为 210.796。

```
工具补正               O        N
 番号     X        Z        R       T
 01    210.796  0.000    0.000   0
 02    0.000    0.000    0.000   0
 03    0.000    0.000    0.000   0
 04    0.000    0.000    0.000   0
 05    0.000    0.000    0.000   0
 06    0.000    0.000    0.000   0
 07    0.000    0.000    0.000   0
 08    0.000    0.000    0.000   0
现在位置(相对坐标)
     U   303.233    W   216.552
 )                       S  0    1
 HNDL**** *** ***
[NO检索][ 测量 ][C.输入][+输入][ 输入 ]
```

图 3—12　刀偏设定界面 2

4) Z 向对刀,手动切削端面。

①按操作面板上的 [图] 或 [图] 按钮,使其指示灯变亮,主轴转动,将刀具移到端面起点位置,用外圆车刀再试切工件端面,保持 Z 轴方向不动,将刀具沿 X 向退出。按操作面板上的按钮 [图],使主轴停止转动。

②按 MDI 键盘上的 [OFFSET SETTING] 键,进入参数设定页面,单击软键 [形状],将光标移至相应的 Z 上,输入 Z0.0,按软键 [测量],系统自动计算出 Z 坐标值填入。因为是以工件右端面中心点为工件坐标系原点,所以车端面时,Z 输入数值为 0。

至此,外圆车刀对刀结束,建立了一个以工件右端面中心点为原点的工件坐标系。程序的最前端要用"T0101"才会使设置的参数生效。对刀是否正确和精确,通过试切加工来检测,如有误可重新按以上步骤操作修正,或进行磨耗补正。

其他所使用的刀具的对刀过程与此基本相同,分别使刀尖(或刀位点)与外圆或端面相接触,在"工件补正/形状"界面对应的偏置号中,输入 X(如 X92.437)测量,输入 Z0.0 测量,完成设定。

2. 用 G50 设置工件坐标系原点(设置偏置值完成多把刀具对刀)

此对刀方法将一把刀作为标准刀具,一般选外圆车刀,采用试切法完成对刀,然后通过设置偏置值完成其他刀具的对刀。用 G50 设定工件坐标系,对刀后需将刀具移到 G50 设定的位置才能加工,每次换刀点也应该为 G50 设定的点。

(1) 第一把刀

1) 用外圆车刀先试切一段外圆,保持 X 轴方向不动,将刀具沿 Z 轴方向退出。

2) 点击 MDI 键盘上的 [POS],进入坐标显示页面,点击软键 [相对],进入相对坐标显示界面,如图 3—13 所示。

现在位置(相对坐标)　　　　　○　　　　N

U　　　　303.233

W　　　　216.552

```
JOG  F 1000
ACT . F 1000 mm/min    S 0   T 1
HNDL**** *** ***
[ 绝对 ] [ 相对 ] [ 综合 ] [ HNDL ] [ (操作) ]
```

图3—13　相对坐标界面

3）依次单击 MDI 键盘上的 SHIFT 键、X/U 键、0 键，再单击软键 [预定] 即将 U 坐标置零，则 X 轴当前坐标值设为相对坐标原点，如图3—14 所示。

现在位置(相对坐标)　　　　　○　　　　N

U　　　　0.000

W　　　　216.552

```
JOG  F 1000
ACT . F 1000 mm/min    S 0   T 1
HNDL**** *** ***
[ 预定 ] [ 起源 ] [     ] [元件:0] [运动:0]
```

图3—14　U 坐标置零界面

4）测量工件上车削段的直径后，记下直径值，然后将外圆车刀沿 Z 轴负向移动到适当位置，为切削端面做准备，这时，X 轴方向保持不变。

5）按 PROG 按钮，进入程序显示与编辑页面，再按 按钮，进入 MDI 模式，输入 G01U－××（××为刚测量的车削段直径）F0.3，切削端面到中心，此时刀具在工件的右端面中心点。

6）依次按 SHIFT 键、Z_W 键、0_* 键即输入"W0"，再按软键[预定]，将 W 坐标置零，使其当前坐标值设置为相对坐标原点。

7）按 按钮，进入 MDI 模式，输入 G50 X0 Z0，按循环启动按钮 ，将当前点设置为工件坐标系原点。

8）在程序显示与编辑页面下，用 MDI 模式，输入 G00 X150.0 Z150.0，按循环启动按钮 ，使刀具离开工件。提示：此时刀具在以工件右端面中心点为原点的工件坐标系下的 X150.0 Z150.0 处。

这时，程序的开头应写入：G50 X150.0 Z150.0。

注意：

用 G50 X150.0 Z150.0，程序起点和终点必须一致，即 X150 Z150，这样才能保证重复加工不乱刀。

（2）第二把刀。如果第二把刀为外车槽刀，其对刀方法如下：

1）将第二把刀（外车槽刀）手动移至切削位置。

2）将外车槽刀移动至主切削刃与工件外表面接触，记录显示器上相对坐标 U 的值。

3）按 MDI 键盘上的 OFFSET SETTING 键，进入参数设定页面，将光标移到 2 号刀的 X 位，输入相对坐标 U 值（如 3.311），按软键[输入]，如图 3—15 所示。

4）同理，移动外车槽刀使其左刀尖（此处是以左刀尖为刀位点）与工件右端面对齐，记录显示器上的相对坐标 W 值，进入参数设定页面，将光标移到 2 号刀的 Z 位，输入相对坐标 W 值，按软键[输入]。

```
工具补正                  O       N
番号     X        Z       R       T
01     0.000    0.000   0.000   0
02     3.311    0.000   0.000   0
03     0.000    0.000   0.000   0
04     0.000    0.000   0.000   0
05     0.000    0.000   0.000   0
06     0.000    0.000   0.000   0
07     0.000    0.000   0.000   0
08     0.000    0.000   0.000   0
现在位置(相对坐标)
U      3.311   W       -4.167
>                      S  120      2
HNDL**** *** ***
[NO检索][ 测量 ][C.输入][+输入 ][ 输入 ]
```

图3—15 参数设置界面

5）在 MDI 模式下，输入 G00 X150.0 Z150.0，按循环启动按钮 , 使刀具离开工件。

其他刀的对刀方法与第 2 把刀相同。

3. 用 G54～G59 设置工件零点

G54～G59 指令对刀方式通过对刀直接输入工件原点在机床坐标系中的坐标值，可以建立六个坐标系，如图 3—16 所示。

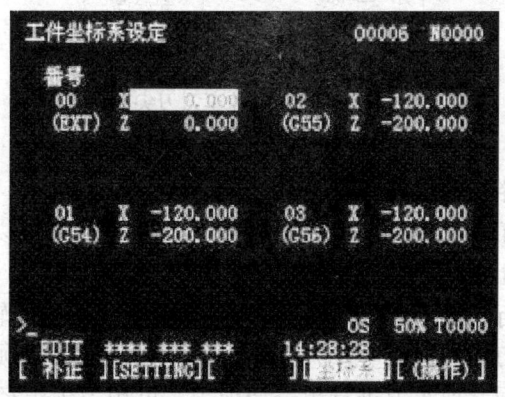

图3—16 用 G54～G59 设置工件坐标系

（1）用外圆车刀先试车一外圆，测量外圆直径后，把刀沿 Z 轴正方向退刀至右端面，切削端面到中心。

（2）把当前的 X 和 Z 轴坐标直接输入到 G54~G59 里，程序直接调用如：G54X50Z50。

（3）注意：可用 G53 指令清除 G54~G59 工件坐标系。

（4）其他刀具分别尽可能接近试切过的外圆面和端面，把第一把刀的 X 方向测量值和 Z0 直接键入到 offset 工具补正/形状界面里相应刀具对应的刀补号 X、Z 中，按测量即可。

（5）刀具刀尖半径值可直接进入编辑运行方式输入到 offset 工具补正/形状界面里相应刀具对应的刀补号。

五、刀具补偿的设置

车刀有两个点可用做数控编程点，即刀尖圆弧圆心 O 点和理想尖锐状态下的假想刀尖 A 点，如图 3—17 所示。

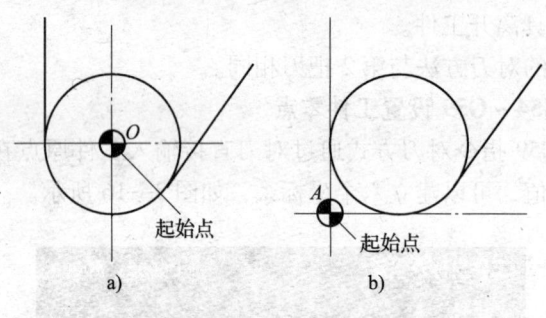

图 3—17　数控车刀刀尖
a）刀尖半径中心　b）假想刀尖

1. 刀尖半径补偿的原理

（1）具有刀尖圆弧半径补偿功能的车床，编程时可以不用计算刀尖圆弧中心轨迹，只按工件轮廓编程即可。

（2）执行补偿指令后，数控系统自动计算刀具中心轨迹并运动。

（3）当刀具磨损或重磨，只需更改半径补偿值，不必修改程序。

（4）用同一把车刀进行粗、精加工，可用刀尖半径补偿功能实现。

(5) 半径补偿值可通过手动输入从控制面板上输入到补偿表中。

2. 刀尖半径补偿的目的

圆头车刀若按假想刀尖 A 作为编程点，则实际切削轨迹与工件要求的轮廓存在误差如图3—18所示，所以要采用半径补偿功能消除误差。

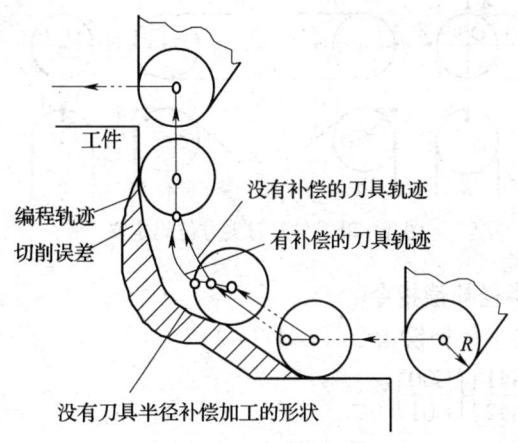

图3—18　刀尖半径补偿的轨迹

3. 刀尖半径补偿的应用

车削端面和内外圆柱面时不需要补偿；车削锥面和圆弧面时，实际切削点与理想刀尖点 A 之间在 X、Z 轴方向都存在位置偏差，如图3—19所示，所以要采用刀尖圆弧半径补偿。

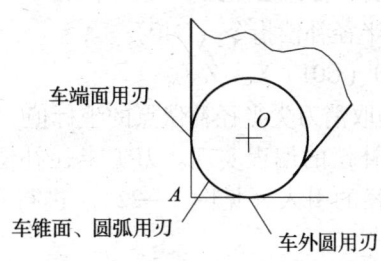

图3—19　圆头车刀车削用刃示意图

4. 车刀刀尖方位的设置

在进行刀尖半径补偿时，假想刀尖相对于圆弧中心的方位与刀具移动的方向有关,车刀形状和假想刀尖方位码定义如图3—20所示。

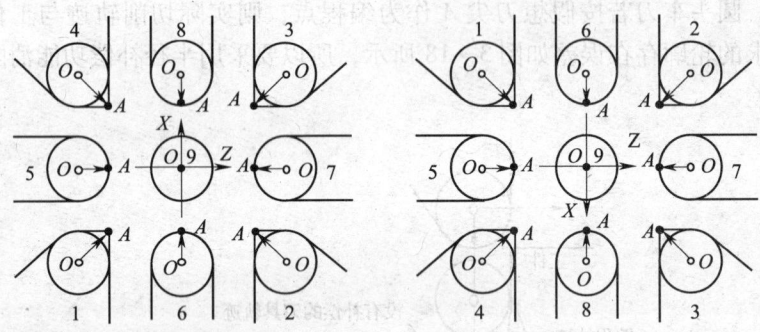

图3—20 车刀刀尖方位码定义

5. 刀尖半径补偿指令

(1) 刀尖半径补偿指令(G41/G42)

格式:$\begin{Bmatrix} G41 \\ G42 \end{Bmatrix} \begin{Bmatrix} G00 \\ G01 \end{Bmatrix} X\_\_ Z\_\_ ;$

参数:X、Z是建立刀补的终点坐标值。

G41半径左补偿:沿着刀具进给方向看,刀具位于工件轮廓左侧。

G42半径右补偿:沿着刀具进给方向看,刀具位于工件轮廓右侧。

刀尖半径左补偿、右补偿如图3—21所示。

(2) 取消刀尖半径补偿指令(G40)

格式:G40 G00 (G01) X_ Z_ ;

参数:X、Z是取消刀尖半径补偿点的坐标值。

(3) 刀尖半径补偿的编程实现。刀尖半径补偿的编程实现分为三个步骤:刀具半径的引入(见图3—22)、进行和取消(见图3—23)。

为保证加工精度和编程方便,在加工过程中必须进行刀具位置补偿。每一把刀具的补偿量需要在车床运行加工前输入到数控系统中,以便在程序的运行中自动进行补偿。

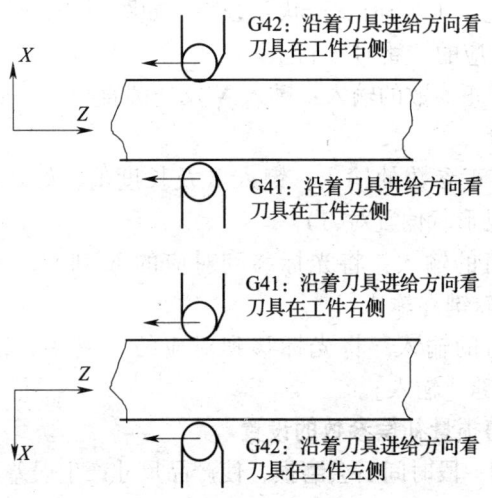

图 3—21　刀尖半径左补偿和右补偿

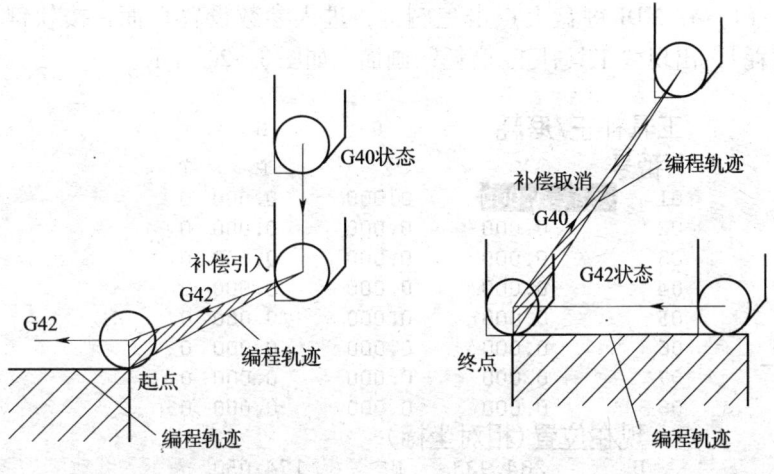

图 3—22　刀尖半径补偿的引入　　图 3—23　刀尖半径补偿的取消

6. 刀具几何形状补偿值的输入

当试切削工件并测量出当前外圆或长度尺寸后,其输入操作的方法如下:

(1) 按 MDI 键盘上的 [OFFSET SETTING] 键,进入参数设定页面,单击软键

[形状]，出现"工具补正/形状"画面，如图3—11所示，将光标移至与刀具号对应的"番号"行上。

(2) X补正参数的输入：键入X及外圆直径值，如"X60.25"，按软键[测量]。

(3) Z补正参数的输入：键入Z及长度值，如"Z0"，按软键[测量]（详见形状偏置对刀）。

(4) R值的输入：将光标移到对应的R列中，按数字键，如"0.8"，再按软键[输入]。

(5) T值的输入：将光标移到对应的T列中，按数字键，如"3"，再按软键[输入]。

7. 刀具磨损量补偿参数的设置

刀具使用一段时间后会磨损，使产品尺寸产生误差，因此，需要对刀具设定磨损量补偿。

(1) 在MDI键盘上点击  OFFSET SETTING 键，进入参数设置页面，按软键[磨耗]，出现"工具补正/磨耗"画面，如图3—24所示。

```
工具补正/磨耗         O     N
番号     X           Z         R      T
01     0.000       0.000     0.000   0
02     0.000       0.000     0.000   0
03     0.000       0.000     0.000   0
04     0.000       0.000     0.000   0
05     0.000       0.000     0.000   0
06     0.000       0.000     0.000   0
07     0.000       0.000     0.000   0
08     0.000       0.000     0.000   0
现在位置(相对坐标)
    U    284.933    W    174.050
>                        S   0   1
JOG  ****  ***  ***
[ 磨耗 ][ 形状 ][SETTING][坐标系][ (操作) ]
```

图3—24 刀具磨耗补偿界面

(2) 用光标移动键将光标移动到刀具号对应的"番号"行上。

(3) 如加工后外径值比要求尺寸大0.3 mm，则将光标移至相应的 X 列中，按数字"-0.3"，再按软键［输入］，CRT 屏幕上显示 -0.3 即可。

（4）修改已输入的磨耗值：如将"-0.3"改为"-0.2"，一是按"-0.2"再按软键［输入］，二是按数字"0.1"，再按软键［+ 输入］即可。

§3—4 程序的调试与运行

一、程序调试

对于已输入到存储器中的程序必须进行检查调试，并对检查中发现的程序指令、坐标等错误进行修改，加工程序完全正确后，才能进行实际加工操作。

加工程序调试检查的方法有两种。

1. 机床锁住

当机床操作面板上的"机床锁住"开关接通，自动运行加工程序时，机床刀架并不移动，只是在 CRT 上显示各轴的移动位置。

（1）进行手动返回车床参考点操作。

（2）按控制面板的按钮 ▣，进入 AUTO（自动运行）模式，其指示灯变亮。

（3）按控制面板的机床锁定按钮 ▣，其指示灯变亮。

（4）按 PROG 键，进入数控程序显示与编辑页面，用 MDI 方法输入被检查程序的程序名，按向下移动光标 ↓ 键，CRT 屏幕上显示存储器中被检查的程序名。

（5）按循环启动按钮 ▣，程序被执行，观察 CRT 屏幕上坐标值的变化是否正确。

2. 图形轨迹模拟运行检查法

图形显示功能可以在画面上显示编程的刀具轨迹，通过观察屏显的轨迹可以检查加工过程。

(1) 进行手动返回车床参考点操作。

(2) 按控制面板的按钮 ![按钮], 进入 AUTO（自动运行）模式, 其指示灯变亮。

(3) 按控制面板的机床锁定按钮 ![按钮], 其指示灯变亮。

(4) 按 ![CUSTOM GRAPH] 键, 显示切削路径模拟图形。

(5) 按循环启动按钮 ![按钮], 其指示灯变亮, 程序开始运行, CRT 屏幕上同时显示坐标位置和刀具轨迹路线图。

二、程序的运行

1. 自动/连续方式

按机床控制面板上的 ![按钮] 键, 进入自动加工模式, 再按循环启动键 ![按钮], 程序开始运行。

程序在运行过程中, 可根据需要暂停和重新运行。程序在运行过程中, 按循环保持键 ![按钮], 程序停止执行, 再按循环启动键 ![按钮], 程序又从暂停位置接着执行。

2. 自动/单段方式

按机床控制面板上的 ![按钮] 键, 进入自动加工模式, 再按单步执行按钮 ![按钮], 然后按循环启动键 ![按钮], 程序开始执行一行, 每执行一行程序均需按一次循环启动键 ![按钮]。

3. 机床的空运行

数控车床的空运行是指在不装夹工件的情况下, 自动运行加工程序。

(1) 手动返回机床参考点。

(2) 根据加工程序装夹相应的刀具及工件。
(3) 通过试切法对刀，将各刀具的补偿值输入数控系统。
(4) 取下工件。
(5) 调用加工程序。
(6) 将"空运行"开关接通。
(7) 按"循环启动"按钮，开始空运行。

三、数控车床运行过程的监控

数控车床加工过程中常会出现一些意外情况，需要及时中断程序的运行。故障排除后，需要迅速启动程序。

常见的用于停止/中断零件加工以及恢复加工的方法有以下几种：

(1) 按下机床控制面板上的复位键 RESET，停止加工程序。如需要重新启动，则应打开需要运行的程序，移动光标到程序中断处或程序开头，按下控制面板上的循环启动键，即可继续执行零件加工程序。

(2) 在程序中写入 M00，当程序运行到该程序段，加工即停止。如需要重新启动，可以通过按下控制面板上的循环启动键，继续执行零件加工程序。此时，程序从 M00 的下一行开始。

(3) 按下机床控制面板上的急停按钮，即可停止加工程序。因为此种方法是通过断电来达到终止机床运行的目的，所以除非万不得已，一般不要使用这种方式。采用这种方法中断程序，想要重新运行时，则必须先重新开启机床，再重新回零（回参考点）、再次对刀以后，才能重新运行零件加工程序。

第四章

零件加工

§4—1 轮廓加工

一、车削外圆表面工艺

外圆表面是轴类零件的主要工作表面,在外圆表面的加工中,车削得到了广泛的应用。车削不仅是外圆表面粗加工、半精加工的主要方法,也可以实现外圆表面的精密加工。图4—1所示为车削外圆。

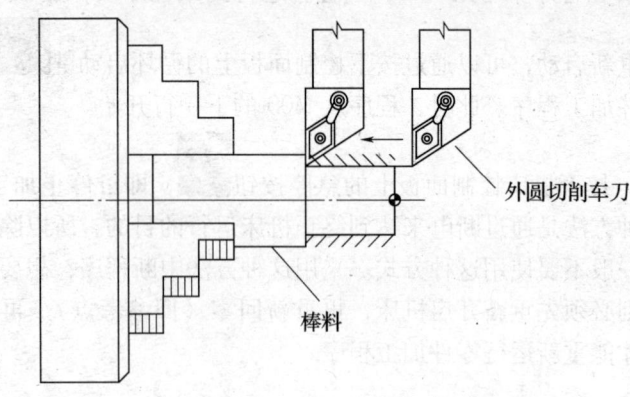

图4—1 车削外圆

粗车可采用较大的背吃刀量和进给量,以较少的时间切去大部分加工余量,获得较高的生产率。

半精车可以提高工件的加工精度，减小表面粗糙度值，因而可以作为中等精度表面的最终工序，也可以作为精车或磨削的预加工。

精车可以使工件表面具有较高的精度和较小的表面粗糙度值。通常采用较小的背吃刀量和进给量、较高的切削速度进行加工，可作为外圆表面的最终工序或光整加工的预加工。

精细车常用做某些外圆表面的终加工工序。例如，在加工大型精密的外圆表面时，可用精细车来代替磨削；精细车削所用的车床，应具备较高的精度与刚度，车刀具有良好的耐磨性（如金刚石车刀），采用高的切削速度（$v \geqslant 150$ m/min），小的背吃刀量（$a_p = 0.02 \sim 0.05$ mm）和小的进给量（$f = 0.02 \sim 0.2$ mm/r），使得车削过程中的切削力较小，积屑瘤不易生成，弹性变形及残留面积小，以保证获得较高的加工质量。

选择粗车、精车的车床时，不能仅仅考虑其所能达到的加工精度和表面粗糙度，而且还要考虑其在工件加工过程中的不同作用，以及不同的生产条件等。

二、轮廓加工编程指令

1. 快速定位指令（G00）

格式：G00 X（U）__ Z（W）__；

参数：X、Z 为终点在工件坐标系下的坐标值，U、W 为终点相对于起点的位移量。

说明：使刀具从当前点，以系统预先设定好的速度移动定位至目标点。

注意：

（1）G00 的运动轨迹不一定是直线，防止与工件的干涉；

（2）G00 不用指定运行速度，而是由机床参数指定，可用数控机床上的"倍率"调整。

如图 4—2 所示为用 G00 指令编程：

G00 X50 Z6；

> 数控车工

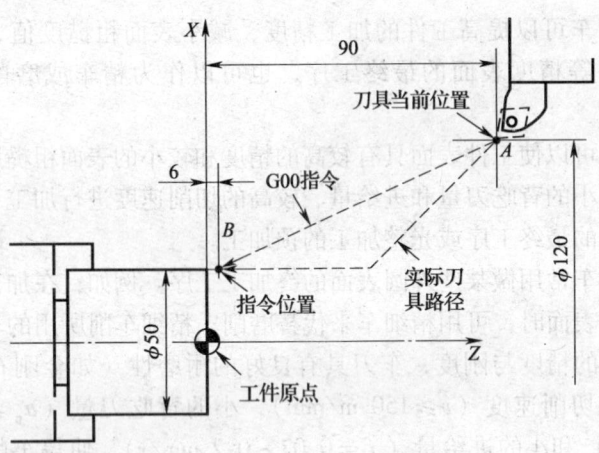

图4—2 G00指令运动轨迹

2. 直线插补指令（G01）

格式：G01 X（U）＿ Z（W）＿ F＿；

参数：X、Z为终点在工件坐标系下的坐标值，U、W为终点相对于起点的位移量；F为进给量。

说明：使刀具从当前点，以指令的进给速度F沿直线切削至目标点。

如图4—3所示为用G01指令编程：

G01 X80 Z－80 F100；

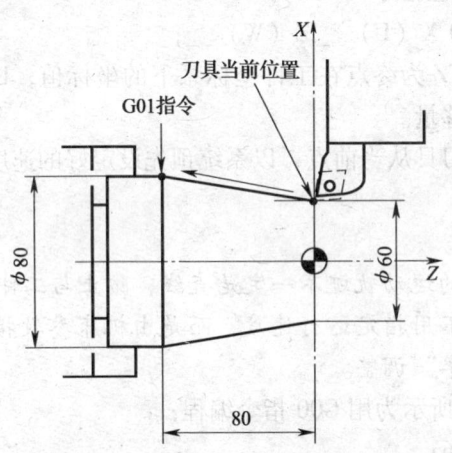

图4—3 G01指令运动轨迹

3. 圆（弧）插补指令（G02/G03）

刀具在指定平面内按给定的进给速度做圆（弧）运动，切削出圆（弧）轮廓。

（1）用 I、K 指定圆心位置编程

格式：$\begin{Bmatrix} G02 \\ G03 \end{Bmatrix}$ X（U）__ Z（W）__ I __ K __ F __；

参数：X、Z 为绝对编程时，圆弧终点的坐标值；U、W 为增量编程时，圆弧终点相对于起点的位移量；I、K 表示圆弧起点到圆弧圆心矢量值在 X、Z 方向的投影值，即圆心的坐标值减去圆弧起点的坐标值；F 为进给速度。

（2）用 R 编程

圆弧顺时针插补指令：G02 X（U）__ Z（W）__ R __ F __；
圆弧逆时针插补指令：G03 X（U）__ Z（W）__ R __ F __；

参数：X、Z 为绝对编程时，圆弧终点的坐标值；U、W 为增量编程时，圆弧终点相对于圆弧起点的位移量；R 为圆弧半径；F 为进给速度。

圆弧插补的顺逆方向判断的原则：沿着圆弧所在平面（XZ 平面）的垂直坐标轴的负方向看去，顺时针方向为 G02，逆时针方向为 G03。

另外，数控车床的刀架有前置和后置之分，这两种形式的车床 X 轴正方向刚好相反，因此圆弧插补的顺逆方向也相反，如图 4—4 所示为如何根据刀架的位置判断圆弧插补的顺逆。

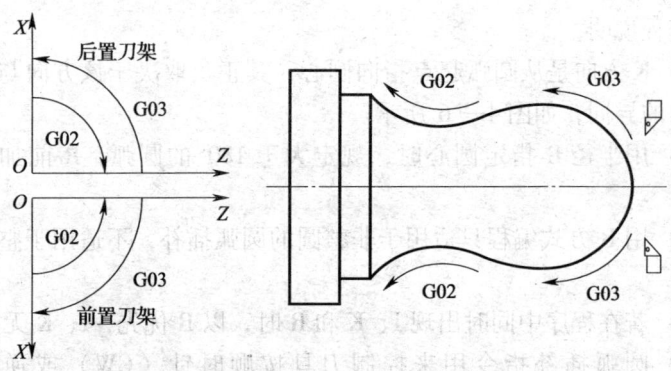

图 4—4　圆弧插补的顺逆与刀架位置的关系

> 数控车工

在图 4—5 中,当圆弧 A 的起点为 P_1,终点为 P_2,圆弧插补程序段为:

G02 X321.65 Y280 I40 J140 F50;

或:

G02 X321.65 Y280 R-145.6 F50;

当圆弧 A 的起点为 P_2,终点为 P_1 时,圆弧插补程序段为:

G03 X160 Y60 I-121.65 J-80 F50;

或:

G03 X160 Y60 R-145.6 F50;

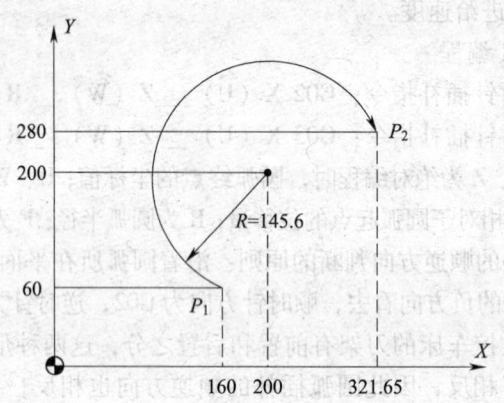

图 4—5 圆弧插补应用

编程说明:

1) K 方向是从圆弧起点指向圆心,其正负取决于该方向与坐标轴方向的异同,如图 4—6 所示。

2) 用半径 R 指定圆心时,规定大于 180°的圆弧,R 前加负号"-"。

3) 用 R 方式编程只适用于非整圆的圆弧插补,不适用于整圆加工。

4) 若在程序中同时出现 I、K 和 R 时,以 R 优先,I、K 无效。

5) 圆弧插补指令用来控制刀具按顺时针(CW)或逆时针(CCW)进行圆弧加工。

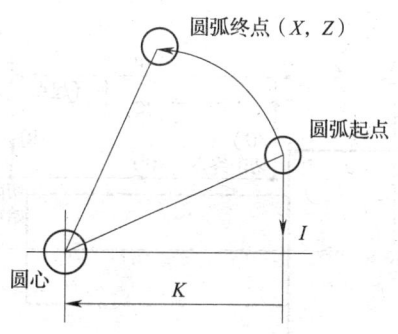

图 4—6　圆弧起点与矢量方向

4. 暂停指令（G04）

使刀具做短暂的无进给光整加工，用于车槽、钻孔、锪孔等场合。

格式：G04 X/P＿；

参数：X 后面可用带小数点的数表示，单位为 s；P 后面不允许用小数，单位为 ms；

说明：

G04 在前一程序段的进给速度降到零之后才开始暂停；

G04 为非模态指令，仅在其被规定的程序段中有效；

G04 可使刀具做短暂停留，以获得圆整而光滑的表面。

如暂停 4s 可写为：

G04 X4.0；

G04 P5000；

5. 单一固定循环轮廓加工指令

（1）外径、内径切削循环指令（G90）。该循环主要用于圆柱面或圆锥面的切削循环。

1）圆柱面外圆切削循环

格式：G90 X（U）＿Z（W）＿F＿；

参数：X、Z 为圆柱面切削终点的坐标值；U、W 为圆柱面切削终点相对于循环起点的坐标增量，F 为合成进给速度。

如图 4—7 所示，刀具从循环起点开始（刀具所在位置）按矩形循环进行切削，最终又返回到循环起点。图中实线表示以给定的工作进给速度 F 运动，虚线表示为快速进给运动。

> 数控车工

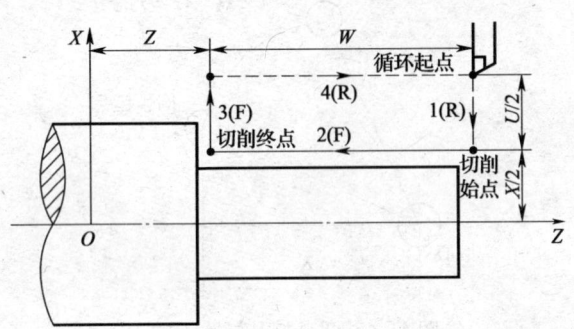

图 4—7 外圆车削循环 G90

【例 4—1】 加工如图 4—8 示的外圆轮廓。

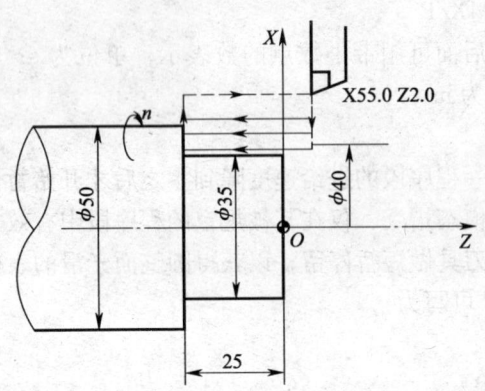

图 4—8 圆柱面外圆车削

程序如下:
O1001;   程序名
G54 G98 G21;   用 G54 指定坐标系、每分钟进给、
                        公制单位
M3 S600;   主轴正转 600 r/min
T0101;   调用 1 号刀,使用 1 号刀补
G00 X80.0 Z20.0;   到达起刀点
X55.0 Z2.0;   快速进给到循环起点

G90 X45.0 Z-25.0 F100；	第一刀，背吃刀量为 5 mm，进给速度 100 mm/min
X40.0；	模态指令，继续加工，背吃刀量为 5 mm
X35.0；	模态指令，继续加工，背吃刀量为 5 mm
G00 X80.0 Z20.0；	快速返回起刀点
M30；	程序结束
%	程序结束符

2）圆锥面外圆切削循环

格式：G90 X（U）__ Z（W）__ R __ F __；

圆锥面外圆切削如图 4—9 所示，刀具从循环起点开始沿径向快速移动，然后按 F 指定的进给速度沿锥面切削，至锥面的另一端后沿径向以进给速度退出，最后快速返回循环起点。X、Z 为圆锥面切削终点的坐标值，U、W 为圆锥面切削终点相对于循环起点的坐标增量。R 为圆锥面的大小端半径之差，当锥面起点坐标大于终点坐标时 R 取正值，反之取负值。由于刀具在径向移动是快速移动，为避免打刀，刀具在 Z 向应有一定的安全距离。

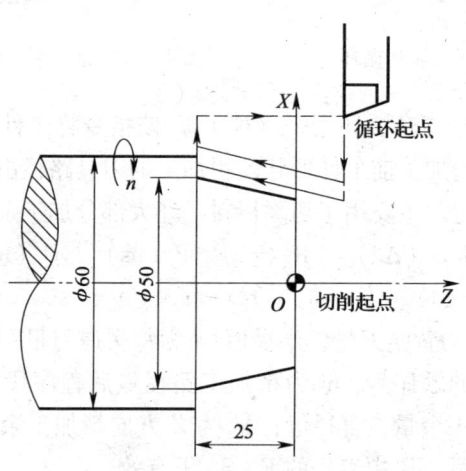

图 4—9　圆锥面外圆车削

(2) 端面车削循环指令（G94）

格式：G94 X (U) __ Z (W) __ R __ F __；

端面车削循环如图 4—10、图 4—11 所示，刀具从循环起点（图中刀具位置）开始按矩形循环切削，最后又回到循环起点。图中实线表示以给定的工作进给速度 F 运动，虚线表示为快速进给运动。X、Z 为端面切削的终点坐标值，U、W 为端面切削的终点相对于循环起点的坐标增量。R 为端面切削的起点相对于终点在 Z 轴方向的坐标分量，当锥面起点 Z 坐标大于终点 Z 坐标时 R 取正值，反之取负值。

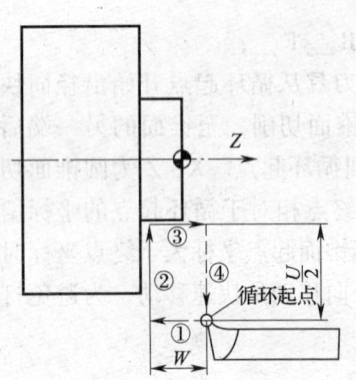 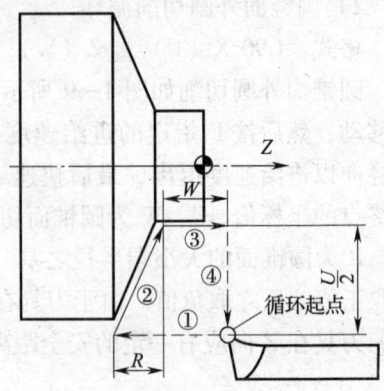

图 4—10 端面切削循环　　图 4—11 锥形端面切削循环

(3) 内外径粗车循环指令（G71）。该指令将工件切削到精加工之前的尺寸，精加工前工件形状及粗加工的刀具路径由系统根据精加工尺寸自动设定。主要用于切除棒料毛坯大部分加工余量。

格式：G71 U (Δd)　R (r)　P (ns)　Q (nf)　X (Δx)　Z (Δz)　F (f)　S (s)　T (t)；

参数：Δd 为背吃刀量，半径值；r 为每次退刀量；ns 为精加工路径第一程序段的顺序号；nf 为精加工路径最后程序段的顺序号；Δx 为 X 方向精加工余量，直径值；Δz 为 Z 方向精加工余量；f、s、t 为粗加工时 G71 程序段中编程的 F、S、T 有效。

G71 指令刀具循环路径：如图 4—12 所示，C 点为粗加工循环起点，程序执行时刀具由 C 点沿 X 方向快进一个背吃刀量 Δd，然后沿着 Z 方向车削循环。最后一次粗车循环后，零件各表面留有 X 方向精车余量 Δx，Z 方向精车余量 Δz。

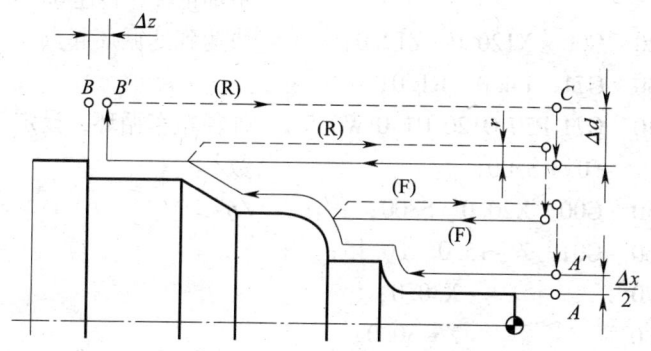

图 4—12　G71 外圆粗车刀具循环轨迹

【例 4—2】　如图 4—13 所示为 G71 循环指令编程实例。

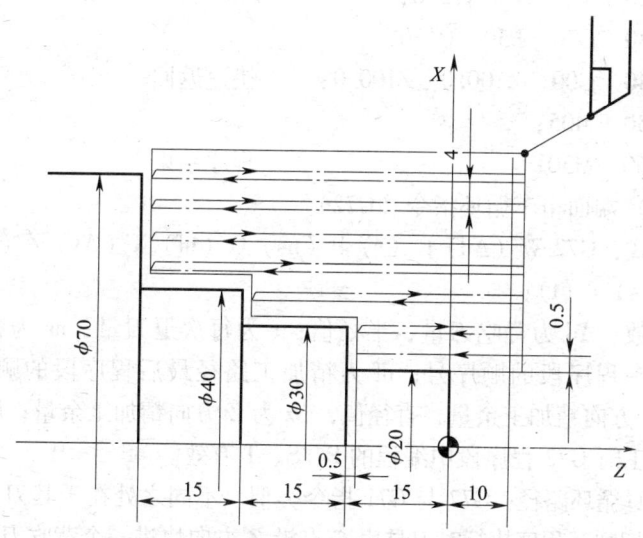

图 4—13　G71 循环编程实例

程序如下：

O0005；					程序名
N10	G99	M03	T0101	S800；	选用1号刀，引入1号刀补，主轴正转，转速800 r/min
N20	G00	X120.0	Z12.0；		快速到达循环起点
N30	G71	U4.0	R1.0；		
N40	G71	P50	Q120	U1.0 W0.5 F0.3 S500；	外径粗车循环，设定循环参数
N50	G00	X20.0	S800；		/ns
N60	G01	Z-15.0	F0.15；		
N70		X30.0；			
N80		Z-30.0；			
N90		X40.0；			
N100		Z-45.0；			
N110		X70.0；			
N120		X75.0；			/nf
N130	G70	P50	Q120；		
N140	G00	X100.0	Z100.0；		快速返回
N150	M05；				
N160	M30；				程序结束

（4）端面粗车循环指令（G72）

格式：G72 W（Δd）R（r）P（ns）Q（nf）X（Δx）Z（Δz）F（f）S（s）T（t）；

参数：Δd为背吃刀量，半径值；r为每次退刀量；ns为精加工路径第一程序段的顺序号；nf为精加工路径最后程序段的顺序号；Δx为X方向精加工余量，直径值；Δz为Z方向精加工余量；f、s、t为粗加工时G72程序段中编程的F、S、T有效。

刀具循环路径：G72与G71指令类似，不同之处在于其刀具平行于X轴切削。程序执行时刀具由C点沿Z方向快进一个背吃刀量Δd，然后沿着X方向车削循环，G72端面粗车刀具循环轨迹如图4—14所示。

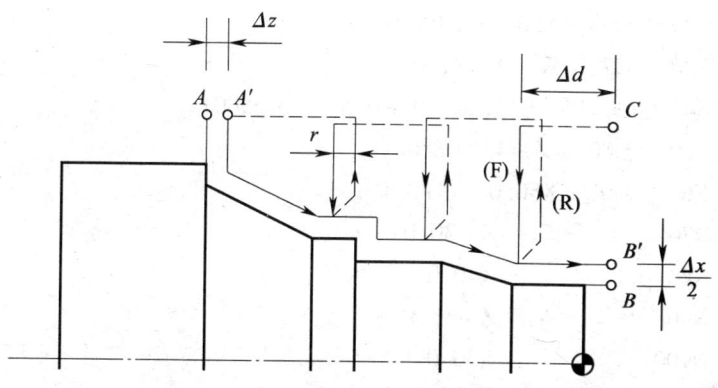

图 4—14 G72 端面粗车刀具循环轨迹

【例 4—3】 如图 4—15 所示为 G72 循环指令编程实例。

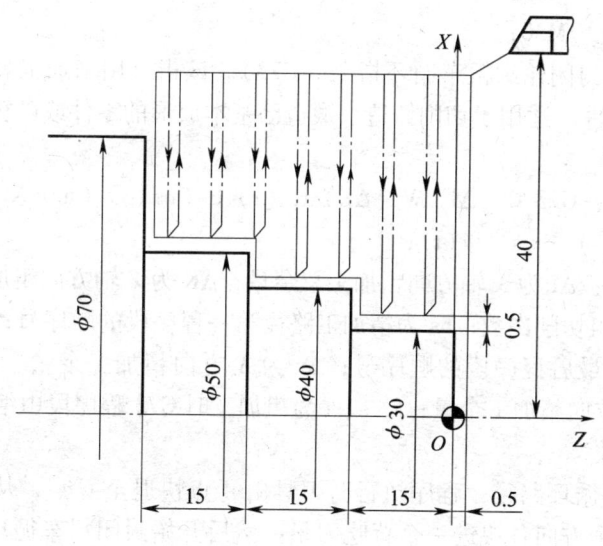

图 4—15 G72 循环指令编程实例

程序如下：
O0006；

```
N10    G99   M03    T0101   S800;
N20    G00   X80.0   Z10.0;
N30    G72   W4.0    R1.0;
N40 G72    P50 Q110 U1.0 W0.5 F0.3 S500;
N50    G00   Z-45.0 S800;
N60    G01   X50.0    F0.15;
N70          Z-30.0;
N80          X40.0;
N90          Z-15.0;
N100         X30.0;
N110         Z0.5;
N120   G70   P50    Q110;
N130   G00   X100.0   Z100.0;
N140   M05;
N150   M30;
```

(5) 封闭轮廓粗车循环指令（G73）。该指令用来加工具有固定形状的零件。适用于切削铸造、锻造已基本成形的零件或已粗车成形的零件。

格式：G73 U（ΔI）W（ΔK）R（r）P（ns）Q（nf）X（Δx）Z（Δz）F（f）S（s）T（t）；

参数：ΔI 为 X 轴方向粗加工总余量；ΔK 为 Z 轴方向粗加工总余量；r 为粗切削次数；ns 为精加工路径第一程序段的顺序号；nf 为精加工路径最后程序段的顺序号；Δx 为 X 方向精加工余量，直径值；Δz 为 Z 方向精加工余量；f、s、t 为粗加工时 G73 程序段中编程的 F、S、T 有效。

刀具循环路径：程序执行时刀具由 A 点快退至 C 点，从 C 点沿 X、Z 两个方向各快进一个背吃刀量，然后开始封闭粗车循环，每次偏移固定的背吃刀量，G73 封闭轮廓粗车刀具循环轨迹如图 4—16 所示。

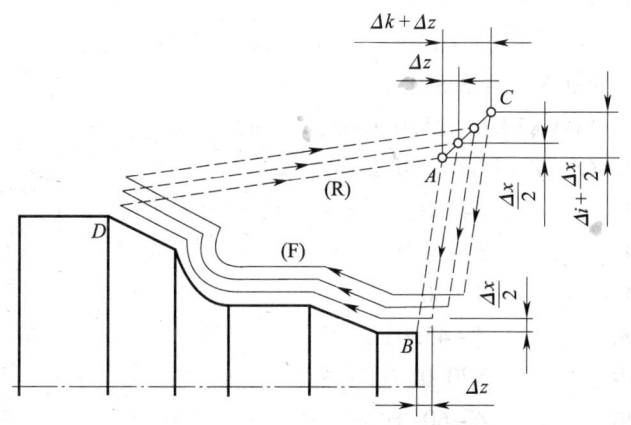

图 4—16　G73 封闭轮廓粗车刀具循环轨迹

【例 4—4】　如图 4—17 所示为 G73 循环指令编程实例。

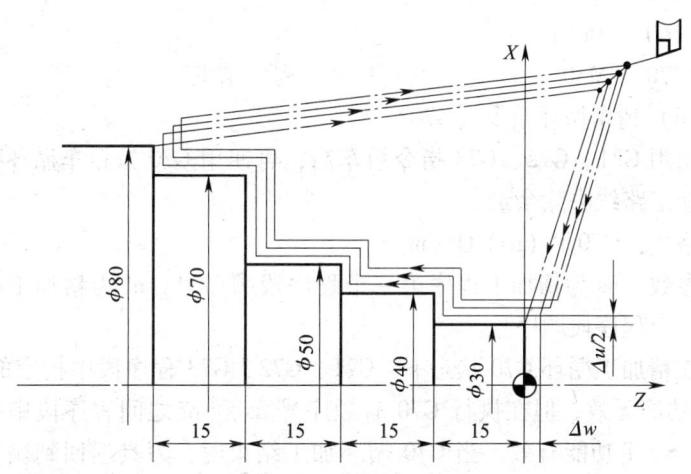

图 4—17　G73 循环编程实例

程序如下：

O0007；　　　　　　　　　　程序名
N10　G99　M03　S800　T0101；　　用 1 号刀，主轴正转 800 r/min
N20　G00　X120.0　Z30.0；　　快速到达循环起点

N30　G73　U9.0　W1.0　R3;
N40　G73　P50　Q130　U1.0　　封闭粗车循环,设定循环参数
　　　W0.5　F0.3　S500;
N50　G00　X30.0　Z5.0　S800;　/ns
N60　G01　Z-15.0　F0.15;
N70　　　　X40.0;
N80　　　　Z-30.0;
N90　　　　X50.0;
N100　　　 Z-45.0;
N110　　　 X70.0;
N120　　　 Z-60.0;
N130　　　 X85.0;　　　　　　　/nf
N140　G70　P50　Q130;
N150　G00　X100.0　Z100.0;
N160　M05;
N170　M30;　　　　　　　　　程序结束

(6) 精车循环指令 (G70)

当用 G71、G72、G73 指令粗车后,可使用 G70 按粗车循环指定的精加工路线去除余量。

格式: G70 P (ns) Q (nf);

参数: ns 为精加工程序第一个程序段顺序号; nf 为精加工程序最后一个程序段顺序号。

在精加工循环 G70 状态下, G71、G72、G73 程序段中指定的 F、S、T 功能无效,但在执行 G70 时顺序号 ns 和 nf 之间程序段中指定的 F、S、T 功能有效。当 G70 循环加工结束时,刀具返回到循环起始点并读入下一个程序段。在 G70 到 G73 中 ns 至 nf 之间的程序段不能调用子程序。

二、轮廓加工实例

加工如图 4—18 所示的零件。毛坯为 $\phi 62$ mm × 155 mm 棒料,材料为 45 钢。

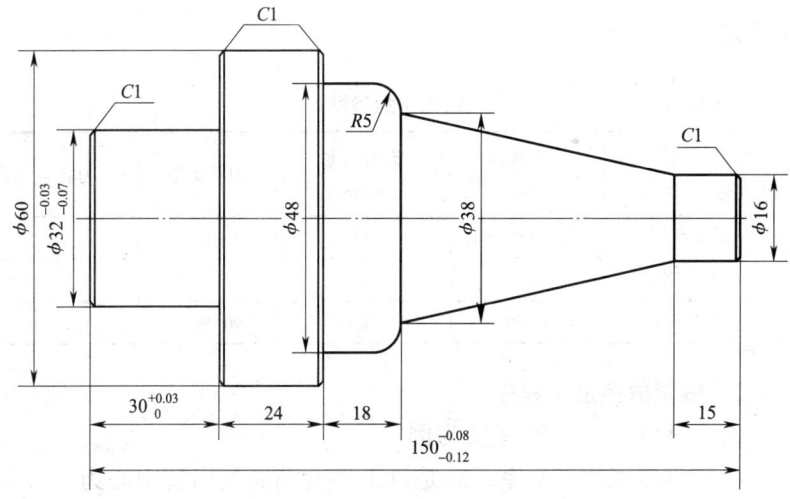

图 4—18 零件图

1. 工艺分析及确定车削工艺

（1）选择加工方式。该零件为轴类零件，适宜车削加工；毛坯直径为 62 mm 棒料，可选 CAK6140V 型数控车床加工。

（2）选择定位基准、装夹方法和编程原点。选毛坯外圆面为定位基准，采用三爪自定心卡盘装夹，选工件回转轴线与右侧面的交点为工件坐标系原点，即编程原点。

（3）选择刀具。根据加工型面特点选用 2 把刀具：1 号为 45°端面车刀；2 号为 90°偏刀；刀具材料为硬质合金。

（4）确定进给路线

1）手动车左端面。

2）粗车左端 ϕ32 mm 外圆及 ϕ60 mm 外圆。

3）精车左端 ϕ32 mm 外圆及 ϕ60 mm 外圆。保持加工精度。

4）工件掉头。用铜皮包裹 ϕ32 mm 外圆，手工车削右端面。保证 150 mm 总长。

5）粗加工右端轮廓，可以用循环指令编程。

6）精加工右端轮廓，并保持精度。

(5) 拟定切削用量。工件材料为 45 钢，分粗、精加工。切削用量参数见表 4—1。

表 4—1　　　　　　　　　切削用量参数

加工工步＼切削用量	主轴转速（r/min）	进给速度（mm/min）	刀具类型	刀具号
车端面	800	80	45°端面车刀	1
粗车外圆	800	120	90°偏刀	2
精车外圆	1 000	100	90°偏刀	2

2．编制数控加工程序

以 FANUC-0i-TC 系统为例。

(1) 选定工件坐标系。总是以工件右端面的回转中心为工件坐标系原点进行编程。

(2) 计算坐标尺寸。加工左端面进给路线自右至左基点的坐标计算结果为：(0, 0)；(30, 0)；(32, -1)；(32, -30)；(58, -30)；(60, -31)；(60, -54)。

加工右端面进给路线自右至左基点的坐标计算结果为：(0, 0)；(14, 0)；(16, -1)；(16, -15)；(38, -78)；(48, -83)；(48, -96)；(58, -96)；(60, -97)。

(3) 编辑程序。程序数值单位：坐标尺寸 mm，进给速度 mm/min，主轴转速 r/min。首先加工端面，然后从右至左轴向进给切削外圆，粗加工循环每次背吃刀量 2 mm，退刀量 1 mm，精加工 X 向余量 1 mm，Z 向余量 0.1 mm。程序为：

O0001；（工件左端）

N10　G98G97G40；

N20　G00X100Z100；

N30　T0202；

N40　M03S800；

N50　G00X65Z5；

N60　G71U2R1；　　　　　粗车左端 ϕ32 mm 和 ϕ60 mm 外圆

N70 G71P80Q120U1W0.1F120;
N80 G01X28Z1;
N90 X32Z-1;
N100 Z-30;
N110 X60Z-30,C1;
N120 Z-55;
N130 G00X100;
N140 M05;
N150 M00;
N160 M03S1000;
N170 G70P80Q120F100;　　　精车左端 ϕ32 mm 和 ϕ60 mm 外圆
N180 G00X100Z150;
N190 M05;
N200 M30;

O0002;（工件掉头加工）
N10 G98G97G40;
N20 G00X100Z100;
N30 T0202;
N40 M03S800;
N50 G00X65Z5;
N60 G71U2R1;　　　粗车循环加工右端外轮廓
N70 G71P80Q140U1W0.1F120;
N80 G01X12Z1;
N90 X16Z-1;
N100 Z-15;
N110 X38Z-78;
N120 G03X48Z-83R5;
N130 G01Z-96;
N140 X60Z-96,C1;
N150 G00X150;

N160 M05；
N170 M00；
N180 M03S1000；
N190 G70P80Q140F100； 精车循环加工右端外轮廓
N200 G00X100Z100；
N210 M05；
N220 M30；

三、表面粗糙度的测量

表面粗糙度的检测方法主要有比较法、针触法、光切法、光波干涉法。

1．比较法

用比较法检验表面粗糙度是生产车间常用的方法。它是将被测表面与表面粗糙度比较样板进行比较来评定表面粗糙度，如图4—19所示。比较法可用目测直接判断或借助于放大镜、显微镜比较或凭触觉来判断表面粗糙度。此法只能做定性分析比较。

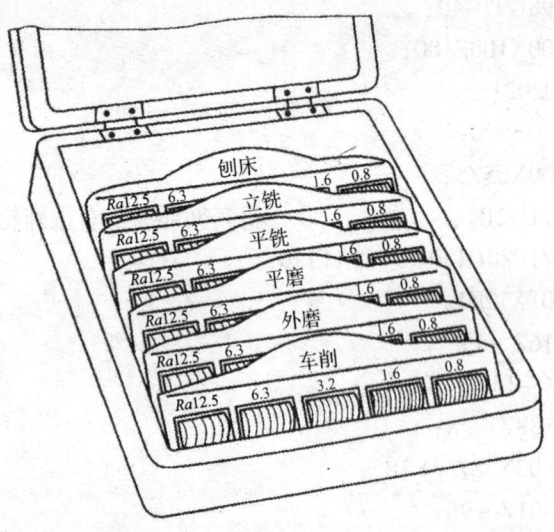

图4—19　表面粗糙度比较样板

2. 针触法

针触法是通过针尖接触被测表面微观不平度的截面轮廓的方法，它实际上是一种接触式电测量方法。所用测量仪器为轮廓仪，它可以测定表面粗糙度 Ra 为 $0.025 \sim 6.3\ \mu m$ 的表面。该方法测量范围广，数值准确、操作简便并易于实现自动测量和微机数据处理。但被测表面易被触针划伤。针触法测量原理图如图 4—20 所示。

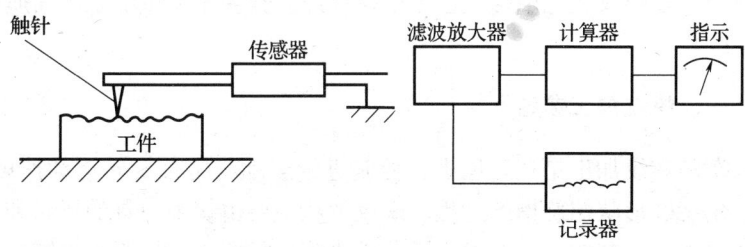

图 4—20　针触法测量原理图

3. 光切法

光切法就是利用"光切原理"来测量被测零件表面的表面粗糙度，采用的仪器为光切显微镜（又称双管显微镜）。该仪器适宜测量车、铣、刨或其他类似的方法加工的金属零件的平面或外圆表面。光切法通常用于测量表面粗糙度 $Ra = 0.5 \sim 80\ \mu m$ 的表面。

4. 光波干涉法

光波干涉法是利用光波干涉原理测量表面粗糙度的一种测量方法。常用仪器是干涉显微镜。主要用于测量 Rz 值。测量范围为 $Rz\ 0.05 \sim 0.8\ \mu m$。一般用于测量表面粗糙度要求高的表面。

5. 印模法

在实际测量中，常会遇到深孔、不通孔、凹槽、内螺纹等既不能使用仪器直接测量，也不能使用样板比较的表面，这时常用印模法。印模法是利用一些无流动性和弹性的塑性材料（如石蜡等）贴合在被测表面上。将被测表面的轮廓复制成模。然后测量印模，从而来评定被测表面的表面粗糙度。

§4—2 螺纹加工

螺纹加工是在圆柱上加工出特殊形状螺旋槽的过程,螺纹的主要用途是连接紧固、传递运动等。螺纹常见的加工方法有:滚螺纹或螺纹成形、攻螺纹、铣削螺纹、车削螺纹等。数控车床可加工出高质量的螺纹。

一、螺纹加工参数

车削螺纹加工是在车床上,控制进给运动与主轴旋转运动速度,加工出特殊形状螺旋槽的过程。螺纹形状主要由切削刀具的形状和安装位置决定。螺纹导程由刀具进给量决定。如图4—21所示为螺纹的车削加工。

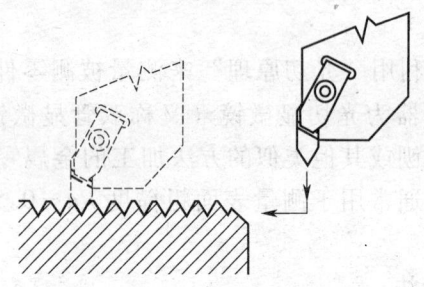

图4—21 车削螺纹

螺纹加工常见的有内、外螺纹加工,如图4—22所示。

1. 普通螺纹的牙型高度

螺纹牙型高度是指在螺纹牙型上,牙顶到牙底之间垂直于螺纹轴线的距离,它是车削时车刀总切入深度,如图4—23所示为三角形普通螺纹牙型高度计算示意。

对于三角形普通螺纹,牙型高度按 $h = 0.6495P$ 计算,近似取 $h = 0.65P$。

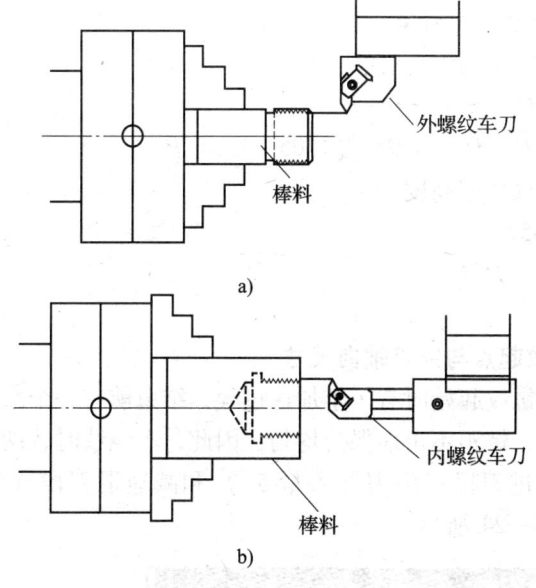

图 4—22 车削螺纹加工
a) 外螺纹加工 b) 内螺纹加工

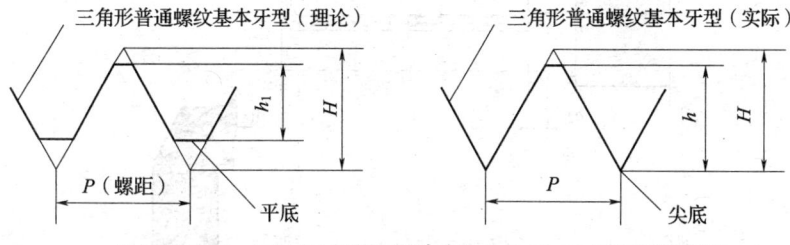

$H=0.866P$ $h_1=0.5413P$（理论牙型高度） $h=0.6495P$（实际牙型高度）

图 4—23 三角形普通螺纹牙型高度计算

2. 外螺纹尺寸计算

（1）实际切削螺纹外圆直径

$d_{实际} = d - 0.1P$

（2）螺纹牙型高度

$h = 0.65P$

（3）螺纹小径

$d_1 = d - 1.3P$

3. 内螺纹尺寸计算

（1）实际切削内孔直径

塑性材料：$D_{实际} = D - P$

脆性材料：$D_{实际} = D - (1.05 \sim 1.1)P$

（2）螺纹牙型高度

$h = 0.65P$

（3）螺纹大径

$D = M$

4. 螺纹起点与终点轴向尺寸

由于车螺纹起始时有一个加速过程，结束前有一个减速过程。在这段距离中，螺距不可能保持均匀，因此，车螺纹时，两端必须设置足够的升速进刀段（空刀导入量 δ_1）和减速退刀段（空刀导出量 δ_2），如图4—24所示。

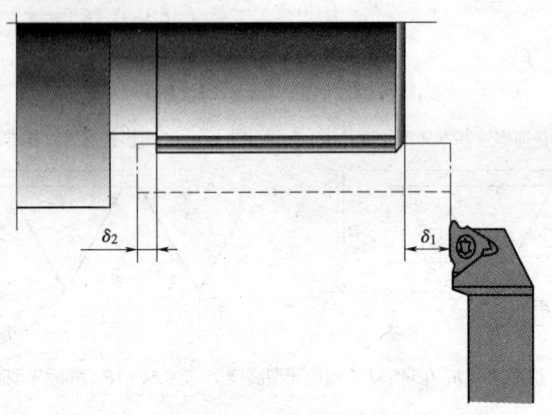

图4—24 空刀导入量与空刀导出量

δ_1、δ_2一般按下式选取：

$$\delta_1 \geq 2 \text{ 导程}$$
$$\delta_2 \geq (1 \sim 1.5) \text{ 导程}$$

当退刀槽宽度小于上面计算的 δ_2 时，δ_2 取 1/2~2/3 槽宽；如果没有退刀槽 δ_2，则不必考虑，可利用复合循环指令中的退尾功能。

5. 螺纹的分层背吃刀量

如果螺纹牙型较深，螺距较大，可分几次进给。每次进给的背吃刀量用螺纹深度减精加工背吃刀量所得的差按递减规律分配。常用螺纹切削的进给次数与背吃刀量可参考表4—2选取。

表4—2　常用螺纹加工的进给次数与背吃刀量（米制螺纹）

螺距		1.0	1.5	2.0	2.5	3.0	3.5	4.0
牙深		0.65	0.975	1.3	1.625	1.95	2.275	2.6
双边切深		1.3	1.95	2.6	3.25	3.9	4.55	5.2
进给次数及每次进给量	第1次	0.7	0.8	0.9	1.0	1.2	1.5	1.5
	第2次	0.4	0.5	0.6	0.7	0.7	0.7	0.8
	第3次	0.2	0.5	0.6	0.6	0.6	0.6	0.6
	第4次		0.15	0.4	0.4	0.4	0.6	0.6
	第5次			0.1	0.4	0.4	0.4	0.4
	第6次				0.15	0.4	0.4	0.4
	第7次						0.2	0.2	0.4
	第8次							0.15	0.3
	第9次								0.2

6. 螺纹切削速度

在数控机床上车螺纹是采用直进切削法进刀，当采用硬质合金车刀高速车削螺纹时，切削速度为 0.83~1.67 m/s。

二、螺纹加工指令

1. 螺纹切削指令（G32）

格式：G32 X（U）__ Z（W）__ R__ E__ P__ F__；

参数：X、Z 为螺纹切削终点的坐标值，U、W 为终点相对于螺纹切削起点的位移量。

说明：R 为 Z 向退尾量，一般取 0.75~1.75 倍螺距；E 为 X 向退尾量，取螺纹的牙型高，约为 0.65 倍螺距；F 为螺纹的导程，单线螺纹导程＝螺距，多线螺纹导程＝螺距×螺纹线数。

用 G32 指令可加工固定导程的圆柱螺纹或圆锥螺纹，也可用于加工端面螺纹。但是刀具的切入、切削、切出、返回都靠编程来完成,所以加工程序较长,一般多用于小螺距螺纹的加工。

G32 加工圆柱螺纹路径如图 4—25a 所示,每一次加工分四步:进刀(AB)→切削(BC)→退刀(CD)→返回(DA)。

G32 加工锥螺纹路径如图 4—25b 所示,切削斜角 α 小于 45°的圆锥螺纹时,螺纹导程以 Z 方向指定,大于 45°时,螺纹导程以 X 方向指定。

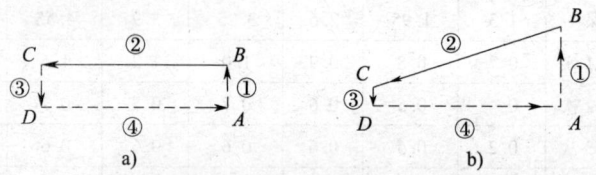

图 4—25　单行程螺纹切削指令 G32 进刀路径
a)圆柱螺纹　b)圆锥螺纹

【例 4—5】 圆柱螺纹加工。如图 4—26 所示,螺纹外径已车至 ϕ29.8 mm,4 mm×2 mm 的退刀槽已加工。用 G32 编制该螺纹的加工程序。

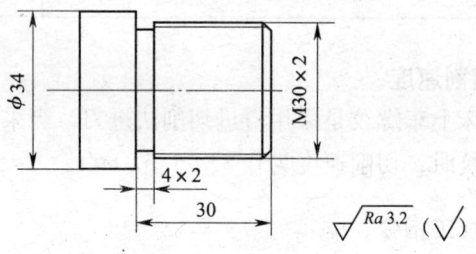

图 4—26　圆柱螺纹加工

(1)螺纹加工尺寸计算

螺纹的实际牙型高度:$h = 0.65 \times 2$ mm $= 1.3$ mm

螺纹实际小径:$d_1 = d - 1.3 P = (30 - 1.3 \times 2)$ mm $= 27.4$ mm

升速进刀段和减速退刀段:$\delta_1 = 5$ mm,$\delta_2 = 2$ mm

(2)确定背吃刀量。双边切深为 2.6 mm,分五刀切削,分别为 0.9 mm、0.6 mm、0.6 mm、0.4 mm 和 0.1 mm。

(3)加工程序

N10　G40 G97 G99 S400 M03;　　　　主轴正转

N20	T0404;			选 4 号螺纹刀
N30	G00	X32.0	Z5.0;	螺纹加工起点
N40		X29.1;		自螺纹大径 30 mm 进第一刀,切深 0.9 mm
N50	G32	Z-28.0	F2.0;	螺纹车削第一刀,螺距为 2 mm
N60	G00	X32.0;		X 向退刀
N70		Z5.0;		Z 向退刀
N80		X28.5;		进第二刀,切深 0.6 mm
N90	G32	Z-28.0	F2.0;	螺纹车削第二刀,螺距为 2 mm
N100	G00	X32.0;		X 向退刀
N110		Z5.0;		Z 向退刀
N120		X27.9;		进第三刀,切深 0.6 mm
N130	G32	Z-28.0	F2.0;	螺纹车削第三刀,螺距为 2 mm
N140	G00	X32.0;		X 向退刀
N150		Z5.0;		Z 向退刀
N160		X27.5;		进第四刀,切深 0.4 mm
N170	G32	Z-28.0	F2.0;	螺纹车削第四刀,螺距为 2 mm
N180	G00	X32.0;		X 向退刀
N190		Z5.0;		Z 向退刀
N200		X27.4;		进第五刀,切深 0.1 mm
N210	G32	Z-28.0	F2.0;	螺纹车削第五刀,螺距为 2 mm
N220	G00	X32.0;		X 向退刀
N230		Z5.0;		Z 向退刀
N240		X27.4;		光一刀,切深为 0
N250	G32	Z-28.0	F2.0;	光一刀,螺距为 2 mm
N260	G00	X200.0;		X 向退刀

N270   Z100.0;   Z 向退刀，回换刀点
N280   M30;   程序结束

【例4—6】 圆锥螺纹加工。如图4—27 所示，圆锥螺纹外径已车至小端直径 ϕ19.8 mm，大端直径 ϕ24.8 mm，4 mm×2 mm 的退刀槽已加工，用 G32 编制该螺纹的加工程序。

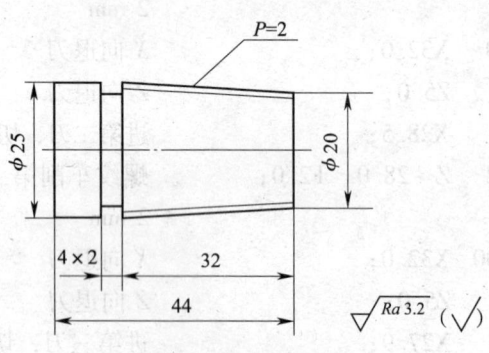

图4—27 圆锥螺纹加工

（1）螺纹加工尺寸计算（见图4—28）

螺纹的实际牙型高度：$h = 0.65 \times 2$ mm $= 1.3$ mm

升速进刀段和减速退刀段：$\delta_1 = 3$ mm，$\delta_2 = 2$ mm

提示：加工圆锥螺纹时，要特别注意受 δ_1、δ_2 影响后的螺纹切削起点与终点坐标，以保证螺纹锥度的正确性。

A 点：$X = 19.5$ mm，$Z = 3$ mm

B 点：$X = 25.3$ mm，$Z = 34$ mm

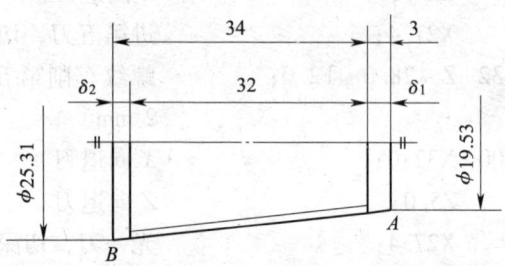

图4—28 圆锥螺纹加工尺寸计算

（2）确定背吃刀量。双边切深为 2.6mm，分五刀切削，分别为 0.9 mm、0.6 mm、0.6 mm、0.4 mm 和 0.1 mm。

（3）加工程序

N10	G40 G97 G99 S400 M03;				主轴正转
N20	T0404;				选 4 号螺纹刀
N30	G00 X27.0 Z3.0;				螺纹加工起点
N40	X18.6;				进第一刀，切深 0.9 mm
N50	G32 X24.4 Z-34.0 F2.0;				螺纹车削第一刀，螺距为 2 mm
N60	G00 X27.0;				X 向退刀
N70	Z3.0;				Z 向退刀
N80	X18.0;				进第二刀，切深 0.6 mm
N90	G32 X23.8 Z-34.0 F2.0;				螺纹车削第二刀，螺距为 2 mm
N100	G00 X27.0;				X 向退刀
N110	Z3.0;				Z 向退刀
N120	X17.4;				进第三刀，切深 0.6 mm
N130	G32 X23.2 Z-34.0 F2.0;				螺纹车削第三刀，螺距为 2 mm
N140	G00 X27.0;				X 向退刀
N150	Z3.0;				Z 向退刀
N160	X17.0;				进第四刀，切深 0.4 mm
N170	G32 X22.8 Z-34.0 F2.0;				螺纹车削第四刀，螺距为 2 mm
N180	G00 X27.0;				X 向退刀
N190	Z3.0;				Z 向退刀
N200	X16.9;				进第五刀，切深 0.1 mm
N210	G32 X22.7 Z-34.0 F2.0;				螺纹车削第五刀，螺距为 2 mm
N220	G00 X27.0;				X 向退刀
N230	Z3.0;				Z 向退刀

N240	X16.9;		光一刀，切深为0
N250	G32 X22.7 Z-34.0 F2.0;		光一刀，螺距为2 mm
N260	G00 X200.0;		X向退刀
N270	Z100.0;		Z向退刀，回换刀点
N280	M30;		程序结束

2. 简单螺纹切削循环指令（G92）

G92指令可用来切削圆柱螺纹和圆锥螺纹，其循环加工路线与前述的外圆车削循环指令G90基本相同，只是F后的进给量变成螺距即可，其循环加工路线如图4—29示。

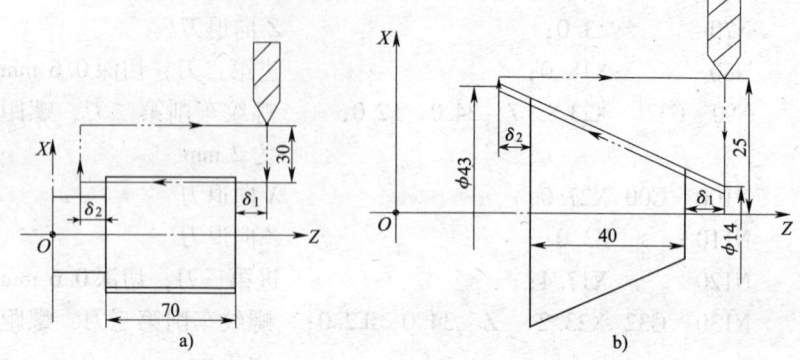

图4—29 G92循环指令加工路线
a）圆柱螺纹切削 b）圆锥螺纹切削

格式：G92 X（U）__ Z（W）__ R __ F __；

参数：X（U）、Z（W）为螺纹切削的终点坐标值；R为螺纹部分半径之差，即螺纹切削起始点与切削终点的半径差。加工圆柱螺纹时，R=0，可省略。加工圆锥螺纹时，当X向切削起始点坐标小于切削终点坐标时，R为负，反之为正。

3. 螺纹切削循环指令（G76）

格式：G76 C（c）R（r）E（e）A（a）X（x）Z（z）I（i）K（k）U（d）V（Δd_{min}）Q（Δd）P（p）F（L）；

参数：c为精整次数；r为螺纹Z向退尾量；e为螺纹X向退尾量；a为刀尖角度，通常为60°；x、z为螺纹终点坐标值；i为螺纹两端的半径差,若 i=0 为直螺纹;k 为螺纹高度,由 X 向半径值指定; d 为精加工余量,半径值;Δd_{min} 为最小背吃刀量;Δd 为第一次背吃刀量;p 为主轴基准脉冲处距离切削起点的主轴转角;L 为螺纹导程。

刀具循环路径:G76 循环指令的进给路径如图 4—30 所示,轨迹为 $A \rightarrow B \rightarrow C \rightarrow D \rightarrow A$。

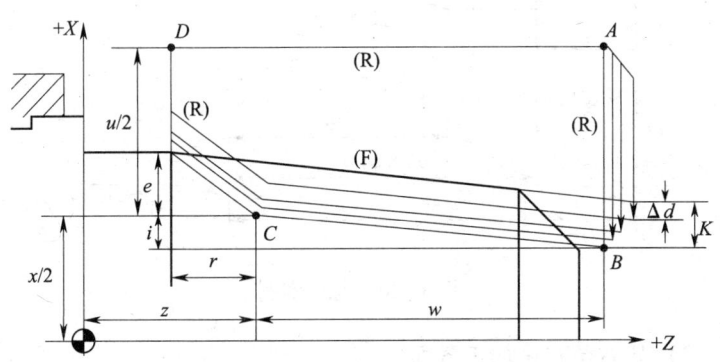

图 4—30　G76 螺纹切削循环刀具轨迹

利用复合螺纹切削循环指令加工螺纹,只需要给出螺纹的小径值、螺纹 Z 向终点位置、牙深及第一次背吃刀量等加工参数,机床即可自动地计算出每次的背吃刀量进行循环切削,直至加工完成为止。G76 采用斜进法加工螺纹,其进刀方法有利于改善刀具的切削条件。

三、零件螺纹加工编程综合实例

编制如图 4—31 所示零件加工程序,设毛坯是 $\phi 40$ mm 的棒料,材料为 45 钢。

1. 工艺分析

(1) 先车出右端面,并以此端面的中心为原点建立工件坐标系。

(2) 该零件的加工面有外圆、螺纹和槽,可采用 G71 进行粗车,然后用 G70 进行精车,接着车槽、车螺纹,最后切断。

2. 确定车削工艺方案

(1) 从右至左粗加工各面。

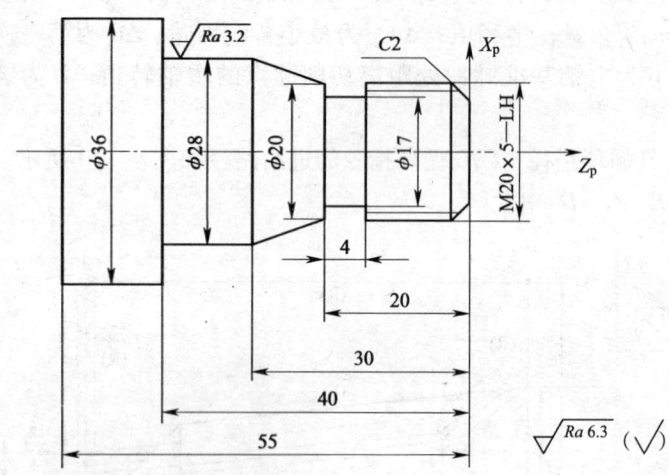

图4—31 综合实例

(2) 从右至左精加工各面。
(3) 车退刀槽。
(4) 车螺纹。
(5) 切断。

3．选择刀具及切削用量

(1) 选择刀具

外圆车刀 T0101，用于粗加工；

外圆车刀 T0202，用于精加工；

切断刀 T0303，宽 4 mm，车槽及切断；

螺纹刀 T0404，车螺纹。

(2) 确定切削用量

粗车外圆 S500 r/min、F0.15 mm/r；

精车外圆 S1 000 r/min、F0.08 mm/r；

车退刀槽 S500 r/min、F0.05 mm/r；

车螺纹 S600 r/min；

切断 S300 r/min、F0.05 mm/r。

4. 编程

程序	说明
O5554;	程序名
T0101;	
S500 M03;	
G00 X45 Z2;	
G71 U2 R1;	外圆粗车循环
G71 P10 Q90 U0.2 W0 F0.15;	粗车路线为 N10~N90 指定
N10 G00 G42 X14 Z1;	
N20 G01 X19.9 W-2 F0.08;	
N30 Z-20;	
N40 X20;	
N50 X28 Z-30;	
N60 W-10;	
N70 X36;	
N80 W-20;	
N90 G00 G40;	
G00 X150;	
Z150;	
S1000 M03 T0202;	
G00 X45 Z2;	
G70 P10 Q90;	精车
G00 X150;	
Z150;	
S500 M03 T0303;	
G00 X24 Z-20;	
G01 X17 F0.05;	车退刀槽
G00 X250;	
Z150;	
S600 M03 T0404;	
G00 X20 Z2;	
G92 X19.2 Z-18 F1.5;	第一次车螺纹
X18.6;	第二次车螺纹

数控车工

续表

程序	说明
X18.2;	第三次车螺纹
X18.04;	第四次车螺纹
G00 X150;	
S500 M03 T0303;	
G00 X40 Z-59;	
G01 X0 F0.05;	切断
G00 X150;	
Z150;	
M05;	
M30;	程序结束

§4—3 车槽、切断加工

一、凹槽的形式

凹槽加工是数控车床加工的一个重要组成部分。工业领域中使用的有各种各样的槽，有工艺凹槽及油槽，也有作为带传动中带轮的V形槽，或用于填充密封橡皮的环槽等。常见沟槽加工位置有：在外圆面上加工沟槽；在内孔面上加工沟槽；在端面上加工沟槽。各种槽的形状及位置如图4—32所示。

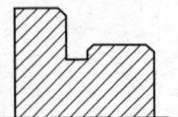 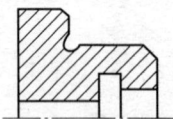 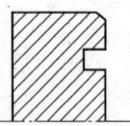 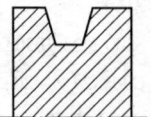

图4—32 各种槽的形状及位置

1. 槽的分类

槽包括单槽、多槽、宽槽、深槽及异形槽等。

2. 单槽的形式

如图4—33所示，有定位槽、密封槽、退刀槽、螺纹退刀槽等。

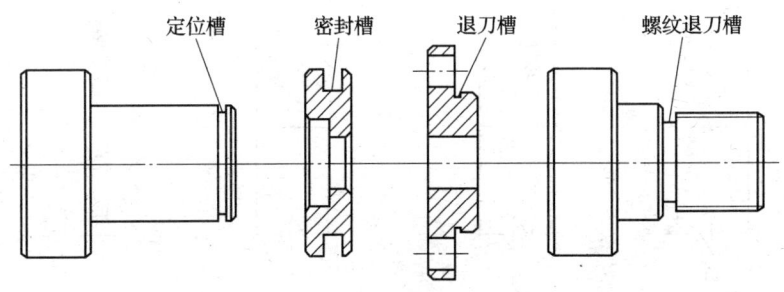

图 4—33 单槽零件

二、凹槽加工的刀具与进刀方式

1. 槽的加工刀具

凹槽加工刀具有高速钢车槽刀，或是安装在特殊刀柄上的硬质合金刀片的可转位车槽刀。

车槽刀基本结构形状如图 4—34 所示，在圆柱面上加工凹槽的车槽刀，刀以横向进给为主，前端的切削刃为主切削刃，两侧的切削刃是副切削刃。

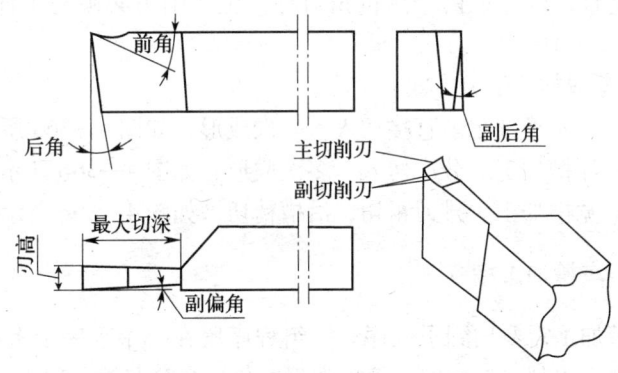

图 4—34 车槽刀基本结构形状

凹槽加工刀片的类型各种各样，凹槽加工刀具的参考点通常设置在凹槽加工刀片的左侧。如图 4—35 所示分别为凹槽加工刀片组装的外圆车槽刀、内孔车槽刀、切断刀。

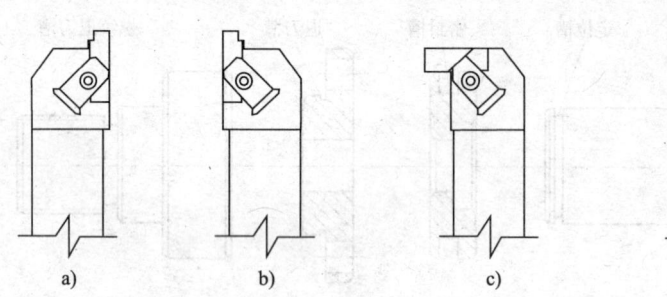

图4—35 外圆车槽刀、内孔车槽刀、切断刀
a）外圆车槽刀片左切 b）外圆车槽刀片右切 c）内孔车槽刀片 d）切断刀

2. 车槽刀具选用

加工槽时，主切削刃宽度不能大于槽宽，主切削刃太宽会因切削力太大而振动，可以使用较窄的刀片经过多次切削加工一个较宽槽，主切削刃太窄又会削弱刀体强度。

刀片长度要略大于槽深，刀片太长，强度较差，在选择刀具的几何参数和切削用量时，要特别注意提高车槽刀的强度问题。

车槽刀安装时，不宜伸出过长，同时车槽刀的中心线必须与工件中心线垂直，以保证两个副偏角对差。主切削刃必须与工件中心等高。

3. 车槽加工进刀方式

（1）简单槽加工。直接切入，一次成形，如图4—36a所示。

（2）深槽加工。分次切入，多次成形，如图4—36b所示。

（3）宽槽加工。排刀粗切，沿槽精切，如图4—36c所示。

三、车槽加工指令

车槽加工需要用到子程序。一组程序段在一个程序中多次出现，或几个程序中都要使用它，把这类程序单独命名存储，称为子程序。

1. 子程序的应用原则

（1）零件上有若干处相同的轮廓形状，只需编写一个子程序，然后用主程序调用即可。

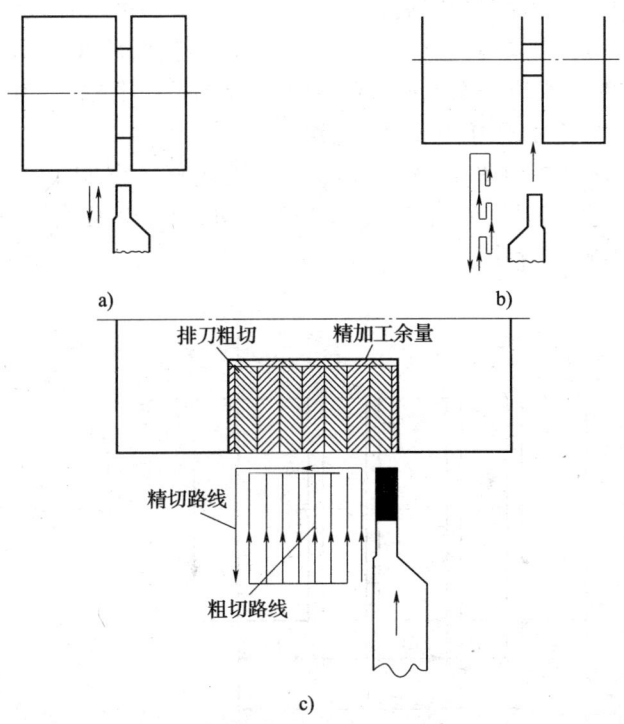

图4—36 车槽加工进刀方式
a) 简单槽加工 b) 深槽加工 c) 宽槽加工

（2）程序的内容具有相对独立性。在加工复杂零件时，包含许多独立的工序，把每一个工序编成一个独立子程序，主程序中只需加入换刀和调用子程序等指令即可。

2. 子程序编程指令

子程序调用格式：M98 P__ L__ ；

子程序返回格式：M99；

子程序格式：

        % ××××；   子程序名

        ……   程序内容

        M99；   子程序返回

参数：P为被调用子程序的程序号；L是重复调用的次数。

说明：子程序执行完后，返回到主程序中 M98 程序段的下一个程序段运行；当调用次数大于 1 时，子程序名前面的 0 不可以省略。例如：M98P50020 表示调用程序名为 0020 的子程序 5 次，M98P20 表示调用程序名为 0020 的子程序 1 次。

【例 4—7】如图 4—37 所示，已知毛坯直径为 32 mm，长度为 77 mm，一号刀具为外圆车刀，三号刀为切断刀，宽度为 2mm。利用子程序编制加工程序。

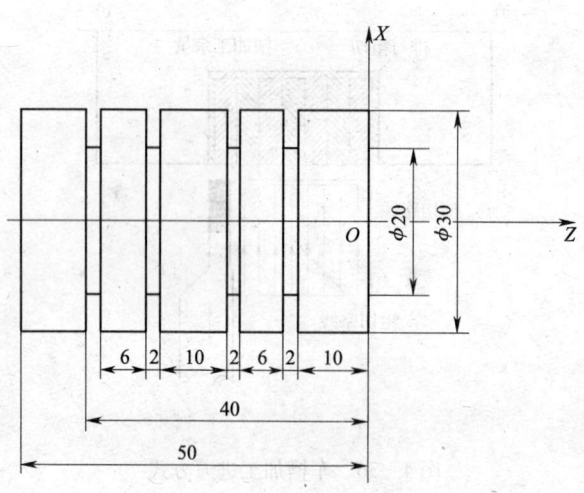

图 4—37 子程序的应用

加工程序：
O1000；

N2　T0101；　　　　　　　　　调用 1 号刀

N4　S800　M03；　　　　　　　主轴正转，转速为 800 r/min

N6　G00　X35.0　Z0　M08；　　快速到达加工准备点，切削液开

N8　G01　X0　F0.3；　　　　　切端面

N10　G00　Z2.0；　　　　　　　退刀

N11　G00　X30.0；　　　　　　准备车外圆

N12　G01　Z-55.0　F0.3；　　　车外圆

N14	G00	X150.0	Z100.0;	退刀
N16	T0303;			换3号刀,使用3号补偿
N18	G00	X32.0	Z0;	快速到达加工准备点
N20	M98	P21111;		调用子程序(O1111两次)车槽
N22	G00	W-12.0;		Z向进刀
N24	G01	X0	F0.12;	切断工件
N26	G04	X2.0;		暂停2 s
N28	G00	X150.0	Z100.0 M09;	返回起始点,切削液关
N30	M30;			

O1111;

N101	G00	W-12.0;		Z方向进刀
N102	G01	U-12.0	F0.15;	车槽
N103	G04	X1.0;		暂停1 s
N104	G00	U12.0;		X方向退刀
N105		W-8.0;		Z方向进刀
N106	G01	U-12.0	F0.15;	车槽
N107	G04	X1.0;		暂停1 s
N108	G00	U12.0;		X方向退刀
N109	M99;			返回主程序

四、简单凹槽切削工艺编程实例

简单凹槽切削就是其刀片切削刃宽度等于凹槽宽度,不需要倒角,尺寸精度要求不高,如图4—38所示。

这种凹槽的编程方法:快速移动刀具至起始位置并进给运动至槽深,刀片在凹槽底部做短暂的停留,然后快速退刀至起始位置,这样就完成了凹槽加工。

下面的程序O8801中,使用与凹槽宽度相等的标准4 mm方形凹槽加工刀片,凹槽深度为2 mm。

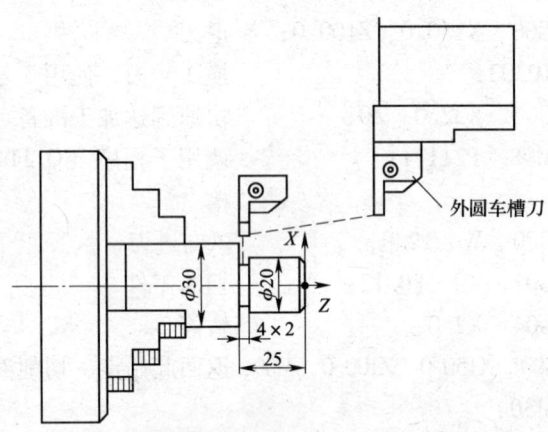

图4—38 简单凹槽切削实例——刀片宽度等于槽宽

O8801;   简单凹槽加工程序
G21 G98;
…
N33 T0303;   调用第3号刀具
N34 G97 S650 M03;
N35 G00 X36 Z-25 M08;   到达切削起始点
N36 G01 X16 F40;   进刀至凹槽底部
N37 G04 X0.4;   在槽底暂停0.4 s
N38 X36 F400;   从槽底退刀
N39 G00 X100 Z100;
N40 M05;
N41 M30;   程序结束

虽然这个特定的凹槽加工实例很简单,但是从中可以得到包含凹槽加工工艺、编程方法的几个重要原则:

(1) 注意凹槽切削前起点与工件间的安全间隙,本例刀具位于工件直径上方3 mm处。

(2) 凹槽加工的进给量通常较低。

(3) 简单凹槽加工的实质是成形加工,刀片的形状和宽度就是凹槽的形状和宽度,这也意味着使用不同尺寸的刀片就会得到不同宽度的凹槽。

五、精确凹槽加工技术

1. 精确凹槽加工基本方法

简单进退刀具加工出来的凹槽的侧面比较粗糙,其外部拐角非常尖锐且宽度取决于刀具的宽度和磨损情况。大多数的加工任务中并不能接受这样的凹槽加工结果。

要得到高质量的凹槽,凹槽加工需要分粗、精加工。用小于槽宽的刀具粗加工,切除大部分余量,在槽侧及槽底留出精加工余量,然后对槽侧及槽底进行精加工。

如图4—39所示的工件槽结构,槽由尺寸25 mm定位,槽宽4 mm,槽深至$\phi 24$ mm,槽口有$C1$的倒角。

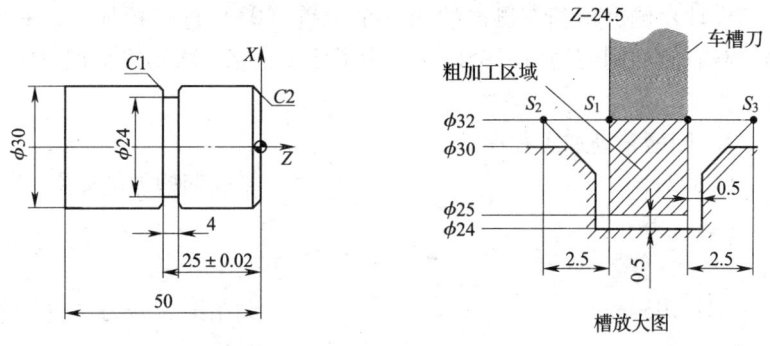

图4—39 精确凹槽加工实例——刀片宽度小于槽宽

拟用尺寸比槽宽小,切削刃宽度为3 mm的刀具粗加工,刀具起点设计在S_1点($X32$,$Z-24$)。向下切除如4—39图所示的粗加工区域,同时在槽侧及槽底留出0.5 mm的精加工余量。

对槽的左右两侧分别进行精加工,并加工出$C1$的倒角。

槽左侧及倒角精加工起点设在倒角轮廓延长线的S_2点(左刀尖到达S_2),刀具沿倒角和侧面轮廓切削到槽底,抬刀至$\phi 32$ mm。

槽右侧及倒角精加工起点设在倒角轮廓延长线的S_3点(右刀尖到达S_3),刀具沿倒角和侧面轮廓切削到槽底,抬刀至$\phi 32$ mm。

2. 凹槽公差控制

若凹槽有严格的公差要求,精加工时可通过调整车槽刀的X向

> 数控车工

和 Z 向的偏置补偿值的方法得到较高公差要求的槽深和槽宽尺寸。

加工中对凹槽宽度影响最大的问题是刀具磨损。随着刀片的不断使用,它的切削刃也不断磨损并且实际宽度变窄。其切削能力没有削弱,但是加工出的槽宽可能不在公差范围内。消除尺寸落在公差带之外的方法是在精加工操作时使用调整刀具偏置值的方法。

假定在程序中,以左刀尖为刀位点,对槽的左右两侧分别进行精加工使用同一个偏移量,如果加工中由于刀具磨损而使槽宽变窄,在不换刀的情况下,正向或负向调整 Z 轴偏置,将改变凹槽相对于程序原点位置,但是不能改变槽宽。

若要即能改变凹槽位置,又能改变槽宽,则需要控制凹槽宽度的第二个偏置。

设计左侧倒角和左侧面使用一个偏置(03)进行精加工,右侧倒角和右侧面则使用另一个偏置,为了便于记忆,将第二个偏置的编号定为 13。

3. 凹槽精确加工程序

O8802;　　　　　　　　　　　精确凹槽加工程序
G21 G98;
…
N41 T0303;　　　　　　　　　 调用第 3 号刀具(偏置 03)
N42 G96 S40 M03;
N43 G00 X32 Z - 24.5 M08;　　刀具左刀尖到达 S_1
N44 G01 X25 F40;
N45 G00 X32;　　　　　　　　 刀具左刀尖回到 S_1
N46 W - 2.5;　　　　　　　　 偏置为 03 时切削槽左侧,刀具左刀尖到达 S_2

N47 G01 U - 4 W2 F30;
N48 X24;
N49 Z - 24.5;
N50 X32 F200;

N51 W2.5 T0313;　　　　　　　　偏置 13 时切削槽右侧,
　　　　　　　　　　　　　　　　刀具右刀尖到达 S_3
N52 G01 U -4 W -2 F30;
N53 X24;
N54 Z -24.5;
N55 X32 Z -24.5 F200 T0303;　　刀具偏置重新为 03
N56 G00 X100 Z100 M09;
N57 M30;
%;

在上述的精确槽加工程序中,一把刀具使用了两个偏置,其目的是控制凹槽宽度而不是它的直径。基于程序实例 O8802,应注意以下几点:

(1) 开始加工时两个偏置的初始值应相等(偏置 03 和 13 有相同的 X、Z 值)。

(2) 偏置 03 和 13 中的 X 偏置总是相同的,调整两个 X 偏置可以控制凹槽的深度公差。

(3) 要调整凹槽左侧面位置,则改变偏置 03 的 Z 值。

(4) 要调整凹槽右侧面位置,则改变偏置 13 的 Z 值。

六、切断

1. 切断工艺

(1) 切断工艺特点。切断是车床的常见加工操作。切断与凹槽加工的目的略有区别,因为切断是从棒料上分离出完整的工件,而凹槽加工是在工件上加工出有一定宽度、深度和精度的槽。

(2) 切断刀及其选用。切断刀的设计与车槽刀相似,它们之间有一个主要区别,切断刀的伸出长度比车槽刀要长得多,这也使得它可以适用于深槽加工。

切断刀切削刃宽度及刀头长度,不可任意确定。

切断刀主切削刃太宽,会造成切削力过大而引起振动,同时也会浪费工件材料;主切削刃太窄,又会削弱刀头强度,容易使刀头折断。通常,切断钢件或铸铁材料时,可用下面公式计算:

> 数控车工

$$a = (0.5 \sim 0.6)\sqrt{D}$$

式中　a——主切削刃宽度，mm；

　　　D——工件待加工表面直径，mm。

切断刀太短，不能安全到达主轴旋转中心；刀具过长则没有足够的刚度，且在切断过程中会产生振动甚至折断。刀头长度 L 可用下列公式计算：

$$L = H + (2 \sim 3) \text{ mm}$$

式中　L——刀头长度，mm；

　　　H——切入深度，mm。

（3）切断刀安装。切断刀安装时，切断刀的中心线必须与工件轴线垂直，以保证两副偏角对称。切断刀主切削刃，不能高于或低于工件中心，否则会使工件中心形成凸台，并损坏刀头。

（4）切断工艺要点。同车槽一样，切削液需要应用在切削刃上，使用的切削液应具有冷却和润滑的作用，一定要保证切削液的压力足够大，尤其是加工大直径棒料时，压力可以使切削液到达切削刃并冲走堆积的切屑。

当切断毛坯或不规则表面的工件时，切断前先用外圆车刀把工件车圆，或开始切断毛坯部分时，尽量减小进给量，以免发生"啃刀"。

工件应装夹牢固，切断位置应尽可能靠近卡盘，当切断用一夹一顶装夹工件时，工件不应完全切断，而应在工件中心留一细杆，卸下工件后再用榔头敲断。否则，切断时会造成事故并折断切断刀。

切断刀排屑不畅时，切屑堵塞在槽内，造成刀头负荷增大而折断。故切断时应注意及时排屑，防止堵塞。

2. 切断实例

如图4—40所示，以工件的切断并切倒角为例，选用刃宽为3 mm的切断刀，选择（$X34$，$Z-63$）为切断起点，刀具先切削4 mm深度的槽，然后，刀具 X 向退到起点，调整刀具右刀尖到倒角轮廓的延长线上的一点，用右刀尖沿倒角轮廓切削，最后切断。

当工件的右端面上有倒角要求时，一般加工方法是：先切断，然后掉头装夹车端面，保证 Z 向尺寸，再车倒角。

当工件 Z 向尺寸要求不是很高的情况下，切断刀切断工件前，可用切断刀先切倒角，然后切断工件，这样做的好处是免除掉头装夹车端面、倒角的麻烦。

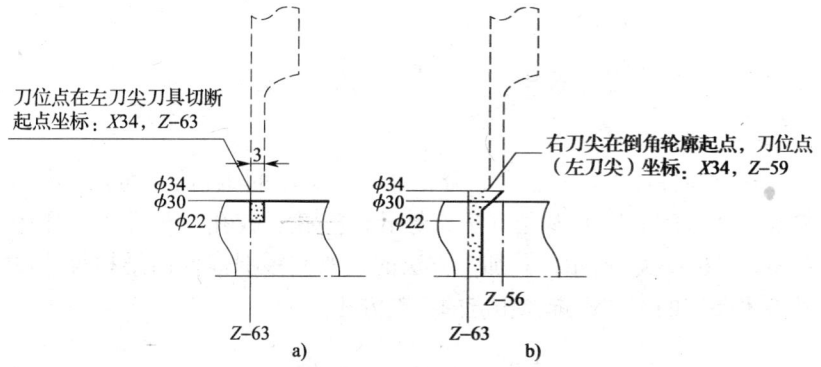

图 4—40 切断实例

加工程序：
O8809；
……
T0404；
G96 S40 M03 M08；
G00 X34 Z-63；
G01 X22 F50；
G00 X34；
G00 Z-59；
G01 U-4 W-2 F30；
G01 X0；
G01 X34 F200；
G00 X100 Z100 M09；
M05；
M30；

切断刀先车倒角，再切断

左刀尖到起点

此时，右刀尖在 Z-56
车倒角

加工方法总结如下：
（1）刀具先切削一定深度的槽，槽的深度应大于倒角宽度。
（2）刀具 X 向退到槽口上方，调整刀具右刀尖到倒角轮廓延长

> 数控车工

线的起点。

（3）刀具右刀尖沿倒角轮廓切削，再切断工件。

（4）刀具返回起始位置。

§4—4 孔加工

很多零件如齿轮、轴套、带轮等，不仅有外圆柱面，而且有内圆柱面。在车床上加工内孔方法有钻孔、扩孔、铰孔、车孔等，如图4—41、图4—42所示，孔加工方法的选取应根据零件内结构尺寸以及技术要求的不同，选择相应的工艺方法。

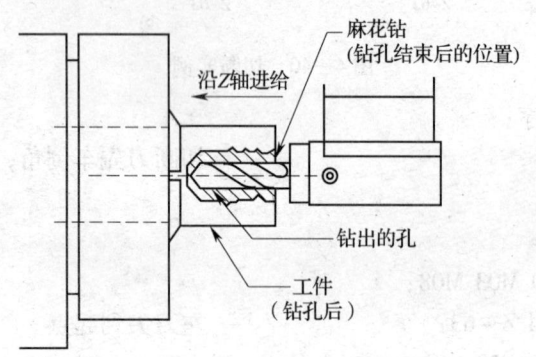

图4—41 麻花钻钻孔

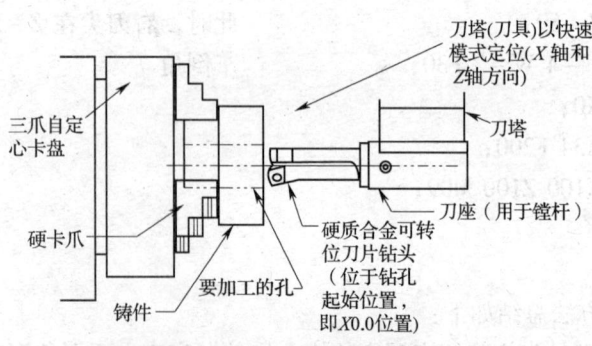

图4—42 硬质合金可转位刀片钻头钻孔

一、常见孔的加工方法

1. 钻孔
对于精度要求不高的孔,可用麻花钻直接钻出。

2. 扩孔
用扩孔刀具扩大工件孔径的方法称为扩孔。

3. 铰孔
铰孔是用铰刀对未淬硬孔进行精加工的一种孔加工方法。

4. 车孔
对于铸造孔、锻造孔或用钻头钻出的孔,为达到所要求的尺寸精度、位置精度和表面粗糙度,可采用车孔的方法。

车孔是常用的孔加工方法之一,车孔的关键技术是解决内孔车刀的刚度问题和内孔车削中的排屑问题。

二、车孔用刀具

1. 通孔车刀
通孔车刀切削部分的几何形状基本上与外圆车刀相似,如图4—43所示。为了减小径向切削抗力,防止车孔时振动,主偏角 κ_r 应取得大一些,一般在 $57° \sim 60°$,副偏角 κ_r' 一般在 $15° \sim 30°$。

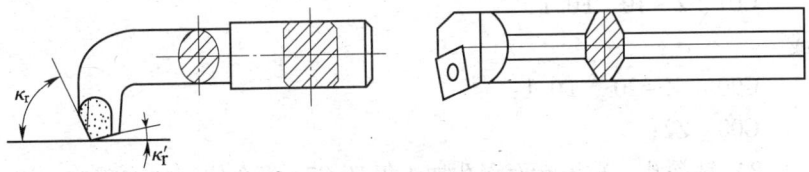

图 4—43 通孔车刀

2. 不通孔车刀
不通孔车刀用来车削不通孔或台阶孔,切削部分的几何形状基本上与外圆车刀相似,如图4—44所示,它的主偏角 κ_r 大于 $90°$,一般为 $92° \sim 95°$,后角的要求和通孔车刀一样。不同之处是不通孔车刀夹在刀杆的最前端,刀尖到刀杆外端的距离小于孔的半径 R,否则无法车平孔的底面。

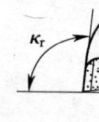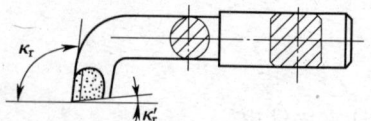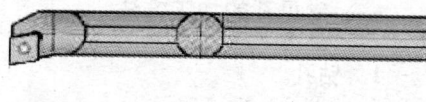

图4—44 不通孔车刀

三、钻孔的方式和方法

1. 钻孔的方式

（1）前置刀架，需使用尾座进行钻孔。

（2）后置刀架，钻头安装于刀架进行钻孔。

2. 钻孔的方法

（1）钻头对刀。X方向无需对刀，因为钻头的中心与机床主轴的中心是相互重合的，所以把钻头直接移动至0即可以。Z方向使钻尖与工件端面点刀，然后输入刀补即可。注意钻孔的深度要根据图样的要求，注意图样标注孔的深度是否包括钻尖在内。

（2）钻孔

1）钻浅孔。可以使用G01或G90指令编写，例如：

G00　X0　Z2；

G01　Z-10　F0.1；

或

G90　Z-20　F0.1；

G00　Z2；

2）钻深孔。采用断面深孔加工循环G74指令编写加工程序。该循环指令的功能是刀具进行间断的纵向加工，如钻孔是具有排屑和断屑的优点，该循环指令的功能还具有加工端面槽的特点，大大简化了编程，提高了编程效率。

3. 镗孔刀对刀

镗孔刀对刀的方法与多刀对刀的方法相同，外圆是试切外表面，而镗孔是试切内表面，如图4—45所示。

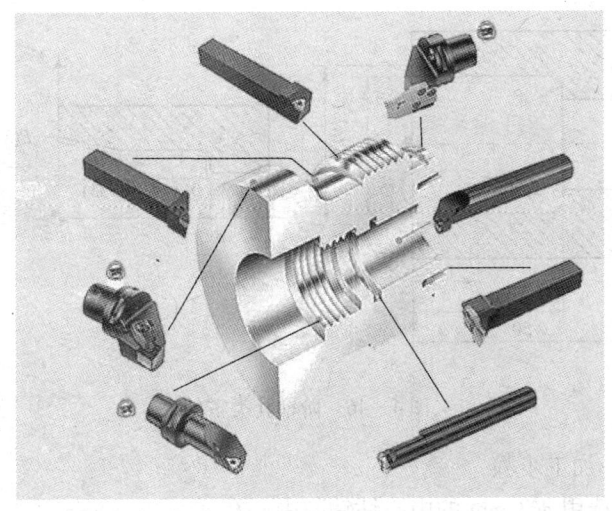

图 4—45 镗孔刀对刀方法

四、孔加工工艺编程实例

1. 数控车床加工孔注意事项

数控车削内孔的指令与外圆车削指令基本相同，但也有区别，编程时应注意以下方面：

（1）粗车循环指令 G71、G73，在加工外径时余量 U 为正，但在加工内轮廓时余量 U 应为负。

（2）精车循环指令 G70 可采用半径补偿加工，以刀具从右向左进给为例，在加工外径时，半径补偿指令用 G42，刀具方位编号是"3"；在加工内轮廓时，半径补偿指令用 G41，刀具方位编号是"2"。

（3）加工内孔轮廓时，切削循环的起点 S、切出点 Q 的位置选择要慎重，要保证刀具在狭小的内结构中移动而不干涉工件。起点 S、切出点 Q 的 X 值一般取比预加工孔直径稍小一点的值。

2. 车削孔实例

加工如图 4—46 所示阶梯孔类零件，材料为 45 钢，材料规格为 $\phi 50$ mm $\times 50$ mm，设外圆端面已加工完毕，要求按图样加工该零件内结构。

➢ 数控车工

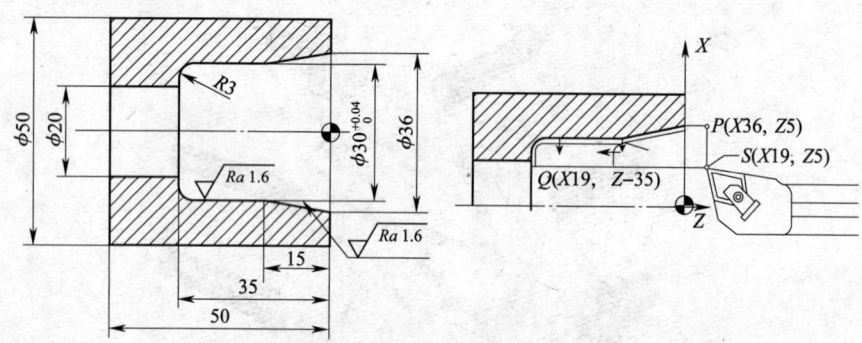

图4—46 阶梯孔类零件

(1) 加工步骤

1) 选用 $\phi 3$ mm 的中心钻钻削中心孔。
2) 钻 $\phi 20$ mm 的孔。
3) 粗镗削内孔。
4) 精镗削内孔。

(2) 加工程序

1) $\phi 3$ mm 的中心钻 (T01) G01 钻削中心孔

O8702;
G98;
M3 S2000 T0101;   换1号 $\phi 3$ mm 的中心钻
G0 X0 Z5;
G01 Z-6 F30;
G04 P1000;
G00 Z5;
G0 Z50 X100;
M5;   主轴停转
M0;   程序暂停

2) $\phi 20$ mm 钻头 (T02) 钻削孔

G98;
M3 S300 T0202;   换2号 $\phi 20$ mm 的钻头

G0 X0 Z5;
G74 R3;
G74 Z -58. Q8000 F60
G0 Z50 X100;
M5; 主轴停转
M0; 程序暂停
3）内孔镗刀（T03）G71 镗削内孔
G98;
M3 S800 T0303;
G0 X19 Z5;
G71 U1 R0.5;
G71 P10 Q20 U -0.5 W0.1 F150;
N10 G00 X36;
G01 Z0;
X30 Z -10;
Z -32;
G03 X24 Z -35 R3;
N20 X19;
G0 Z50 X100;
M5;
M0;
4）内孔镗刀（T04）G70 精镗内孔
G98;
M3 S1200 T0303;
G0 G41 X19.5 Z5; 快速进刀，引入半径补偿
G70 P10 Q20 F80;
G40 G0 Z50 X100; 快速进刀，引入半径补偿
M5;
M30;

§4—5 零件精度检验

一、常用测量器具

1. 量具的分类

为了确保加工零件的质量,就必须用量具来测量。用来测量、检验零件尺寸和形状的工具叫做量具。量具的种类很多,根据其用途和特点,可分为三种类型。

(1) 万能量具。这类量具一般都有刻度,在测量范围内可以测量零件形状及尺寸的具体数值,如游标卡尺、千分尺、百分表和万能角度尺等。

(2) 专用量具。这类量具不能测量出实际尺寸,只能测定零件的形状及尺寸是否合格,如卡规、塞规等。

(3) 标准量具。这类量具只能制成某一固定尺寸,通常用来校对和调整其他量具,也可以作为标准与被测量件进行比较,如量块。

2. 常用量具

(1) 游标卡尺。游标卡尺是一种中等精度量具,如图4—47所示。

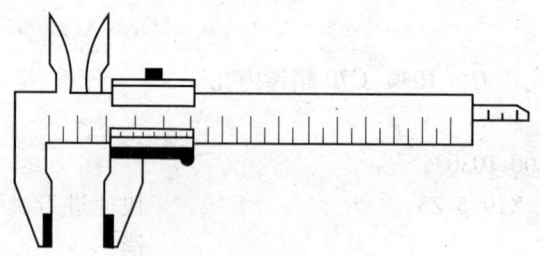

图4—47 游标卡尺

1) 游标卡尺的结构。如图4—48所示,游标卡尺主要由尺身(每1小格为1 mm)和游标(每1小格的宽度视游标卡尺的精度不同而不同)两大部分组成。

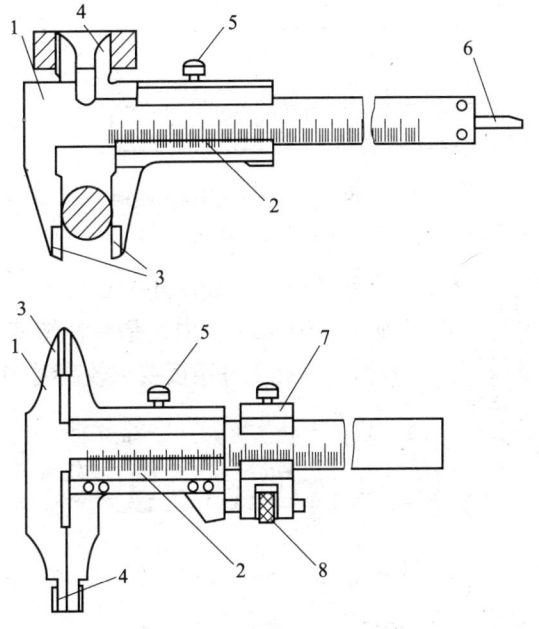

图4—48 游标卡尺的结构
1—尺身 2—游标 3—外量爪 4—内量爪 5—紧定螺钉
6—测深杆 7—微动装置 8—微调螺钉

游标卡尺的读数示值有0.1 mm、0.05 mm、0.02 mm三种,本身的示值总误差分别为±0.1 mm、±0.05 mm、±0.02 mm。

2)游标卡尺的刻线原理。以0.02 mm精度的游标卡尺为例:当游标卡尺的两测量卡爪合拢时,游标零线与尺身零线对齐,同时游标的第50条刻线与尺身上的第49条刻线对齐(见图4—49)。游标将尺身的49 mm长度等分了50等份,故游标每1小格为(49÷50)mm = 0.98 mm,尺身与游标每格之差为(1 - 0.98)mm = 0.02 mm,此差值即为该游标卡尺的测量精度。

3)游标卡尺的读数方法。首先读出游标零线以左的尺身上的整毫米数,再在游标上找出与尺身刻线对齐的那一条刻线,将"线数"×"精度"得出尺寸的毫米小数值,将尺身上读出的整数值和游标上读出的小数值相加,即得出测量值。

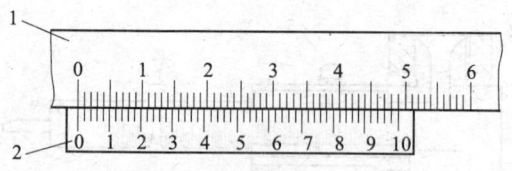

图 4—49 游标卡尺的刻线原理
1—尺身 2—游标

（2）外径千分尺。简称千分尺，如图 4—50 所示。它的精度要求比游标卡尺高，可精确到 0.01 mm 以内，是一种精密量具。测量工件时比较灵敏，读数容易，因此工件精度要求较高时多被应用。

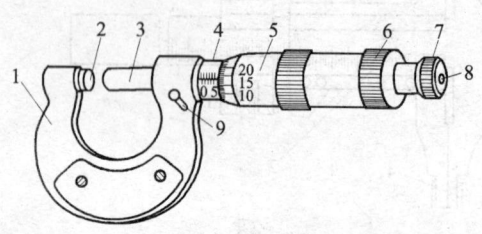

图 4—50 千分尺的结构
1—尺架 2—砧座 3—测微螺杆 4—固定套管 5—微分筒
6—罩壳 7—测力装置 8—微调螺钉 9—锁紧装置

1）千分尺的规格。千分尺的规格按其测量的范围进行分类，常用的有：0~25 mm、25~50 mm、50~75 mm、75~100 mm、100~125 mm 等，使用时应按被测工件的尺寸选用。

2）千分尺的刻线原理。测微螺杆右端螺纹的螺距为 0.5 mm，当微分筒转一周时，螺杆就移动 0.5 mm。微分套筒圆锥面上共刻有 50 格，因此微分筒每转一格，螺杆就移动（0.5÷50）mm = 0.01 mm，即千分尺的测量精度。

3）千分尺的读数方法，如图 4—51 所示。首先读出微分筒边缘以左固定套管的毫米数和半毫米数；再读出微分筒上哪一格与固定套管上的基准线对齐，并将"格数"×0.01 mm，得出不足半毫米的数；把以上两个读数相加，就可得出测量的实际尺寸。

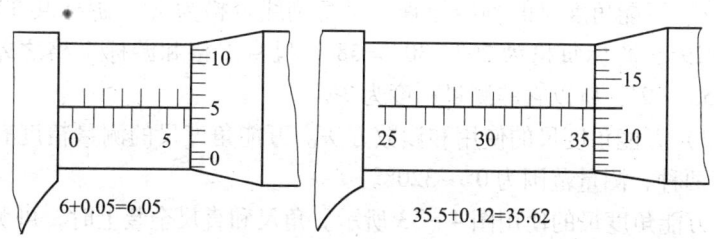

图4—51 千分尺的读数方法

图4—51的读数分别为6.05 mm和35.62 mm。

(3)万能角度尺。万能角度尺是用来测量精密零件内外角度或进行角度划线的角度量具。

1)万能角度尺的结构。如图4—52所示,万能角度尺由刻有基本角度刻线的尺座1和固定在扇形板6上的游标3组成。扇形板可在尺座上回转移动(有制动器5),形成了和游标卡尺相似的游标读数机构。

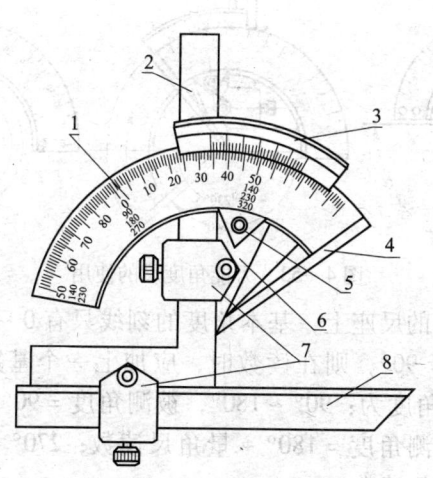

图4—52 万能角度尺的结构
1—主尺 2—角尺 3—游标 4—基尺 5—制动器
6—扇形板 7—卡块 8—直尺

2）万能角度尺的刻线原理。尺身刻线每格为1°，游标共30格等分29°，游标每格为29°/30°=58′，尺身1格和游标1格之差为1°-58′=2′，所以它的测量精度为2′。

3）万能角度尺的使用和读数方法。万能角度尺的测量精度有2′和5′两种，测量范围为0°~320°。

万能角度尺的使用图4—53所示。角尺和直尺全装上时，可测量0°~50°的外角度；仅装上直尺时，可测量50°~140°的角度；仅装上角尺时，可测量140°~230°的角度；把角尺和直尺全拆下时，可测量230°~320°的角度（即可测量40°~130°的内角度）。

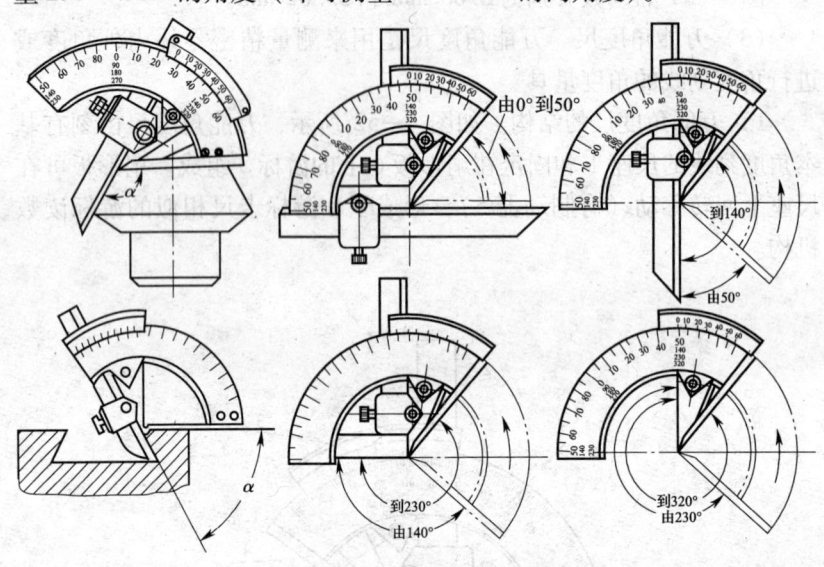

图4—53 万能角度尺的使用

万能角度尺的尺座上，基本角度的刻线只有0~90°，如果测量的零件角度大于90°，则在读数时，应加上一个基数（90°；180°；270°）。当零件角度为：90°~180°，被测角度=90°+量角尺读数；180°~270°，被测角度=180°+量角尺读数；270°~320°，被测角度=270°+量角尺读数。

万能角度尺读数时，先读出游标尺零刻度前面的整度数，再看游标尺第几条刻线和尺身刻线对齐，读出角度"′"的数值，最后两者相加就是测量角度的数值。

(4) 百分表。百分表是一种精度较高的比较量具,它只能测出相对数值,不能测出绝对数值,主要用于测量形状和位置误差,也可用于机床上安装工件时的精密找正。百分表的读数准确度为 0.01 mm,测量范围有 0~3 mm、0~5 mm、0~10 mm 等。

1) 百分表的结构如图 4—54 所示。

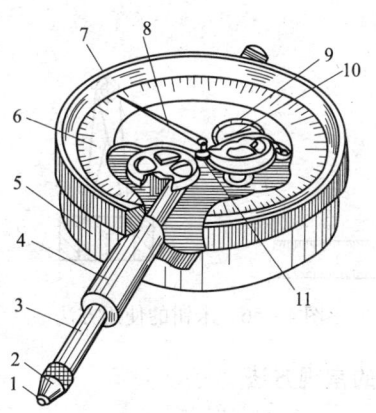

图 4—54 百分表的结构
1—触头 2—圆锥面 3—测量杆 4—圆柱孔 5—外壳
6—刻度盘面 7—外圆 8—长指针 9—短针刻线 10—短指针 11—拉簧

2) 百分表的刻线原理。当测量杆 1 向上或向下移动 1 mm 时,通过齿轮传动系统带动长指针 8 转一圈,短指针 10 转一格。刻度盘在圆周上有 100 个等分格,各格的读数值为 0.01 mm。小指针每格读数为 1 mm。测量时指针读数的变动量即为尺寸变化量。刻度盘可以转动,以便测量时大指针对准零刻线。

3) 百分表的读数方法。先读小指针转过的刻度线(即毫米整数),再读大指针转过的刻度线(即小数部分),并乘以 0.01,然后两者相加,即得到所测量的数值。

(5) 卡钳。卡钳是测量长度的工具,分为外卡钳和内卡钳两种,如图 4—55 所示。外卡钳用于测量圆柱体的外径或物体的长度等,内卡钳用于测量圆柱孔的内径或槽

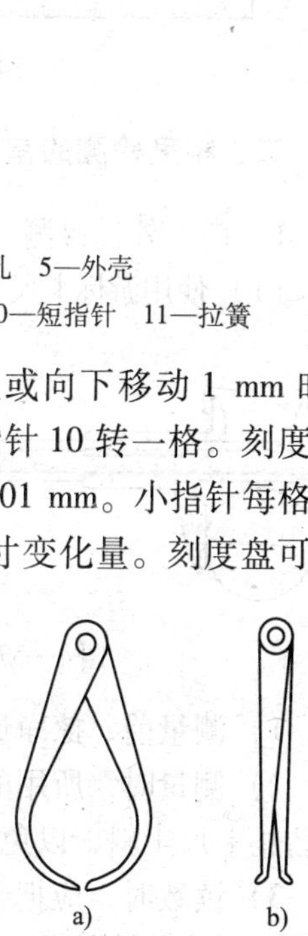

图 4—55 外卡钳和内卡钳
a) 外卡钳 b) 内卡钳

宽等。

卡钳是一种间接测量量具，它本身不能直接读出所测量的尺寸数值，使用时必须与钢直尺或其他刻线量具配合，才能得出测量数值，也可以用卡钳在钢直尺上先取得所需要的尺寸，再去检验工件是否符合规定的尺寸。卡钳在钢直尺上取尺寸法和卡钳测量法如图4—56所示。

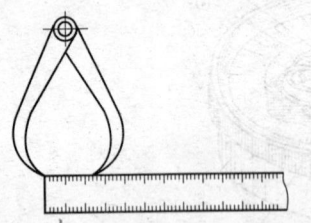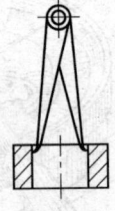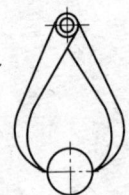

图4—56　卡钳的使用方法

二、精度检测的常规方法

1. 内、外径检测

（1）使用游标卡尺测量内、外径尺寸，如图4—57、图4—58所示。

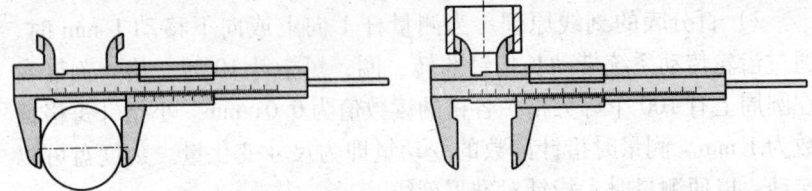

图4—57　使用游标卡尺测量内、外径尺寸

1）测量前，擦净量爪两测量面，校对游标卡尺零位的准确性。

2）测量时，所用的测量力以两量爪刚好接触零件表面为宜。并应防止卡尺歪斜，以免产生测量误差。

3）读数时，应把卡尺水平拿着，视线垂直于刻线表面，避免由斜视角造成的读数误差。正确读出卡尺读数。该读数即为被测工件的内、外径尺寸。

（2）使用千分尺测量外径尺寸，如图4—59所示。

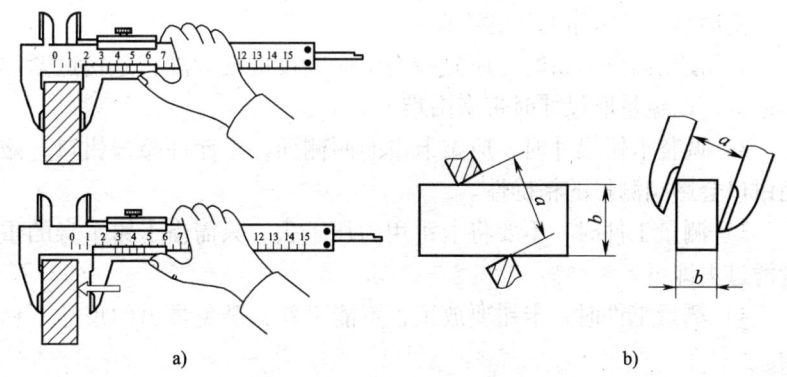

图4—58 游标卡尺的使用方法
a）正确方法 b）错误的测量方法

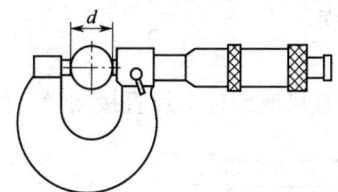

图4—59 使用千分尺测量外径

1）测量前要擦净工件被测表面，应校正零位。

2）测量时，先转动微分筒，使测微螺杆端面逐渐接近工件被测表面，再转动棘轮，直到棘轮打滑并发出"喀喀"声，表明两测量端面与工件刚好贴合或相切并满足测量力的要求。

3）读出测量尺寸值，该值即为被测工件的外径尺寸。

（3）使用内、外卡钳测量内、外径尺寸，如图4—60所示。

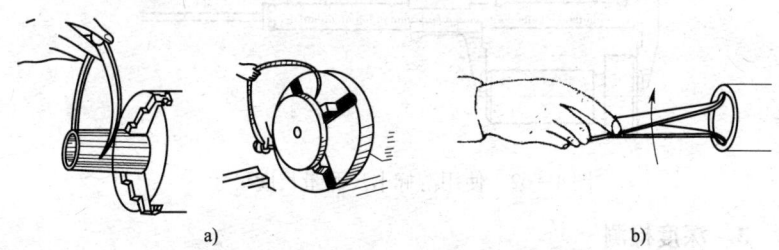

图4—60 使用内、外卡钳测量内、外径尺寸
a）外卡钳测量外径 b）内卡钳测量内径

使用内、外卡钳的注意事项:

1) 使用内外卡钳时,应先检查卡钳开度的松紧度,过松过紧均不适宜,以免量取尺寸时带来困难。

2) 调整卡钳尺寸时,应敲卡钳的两侧面,不允许敲击钳口,敲毛钳口会影响测量的精确性。

3) 测量工件时,不要将卡钳用力压下去,只需借卡钳本身的重量滑过去即可。

4) 测量工件时,卡钳要放正,不能歪斜,避免量出的尺寸不精确。

5) 不要用卡钳测量正在旋转的工件,否则会使钳口磨损。

6) 取好尺寸后的卡钳不要乱放,避免受碰撞而变动,影响测量的准确性造成工作失误。

2. 长度检测

(1) 一般可用钢直尺或游标卡尺直接测量,如图 4—61 所示。

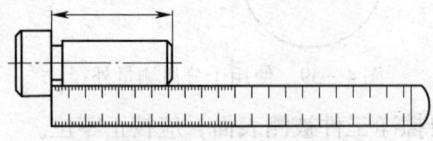

图 4—61 使用钢直尺测量长度

钢直尺通常用来测量毛坯或精度要求不高的零件尺寸。

(2) 使用游标卡尺测量长度尺寸,如图 4—62 所示。

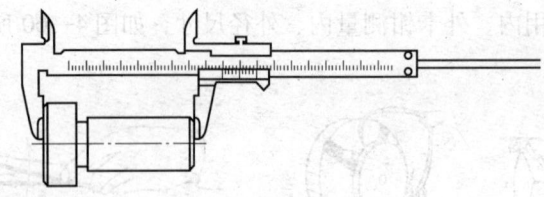

图 4—62 使用游标卡尺测量长度尺寸

3. 深度检测

使用游标卡尺进行深度检测,如图 4—63 所示。

第四章 零件加工

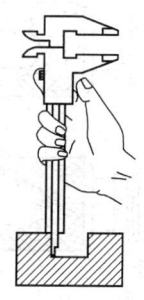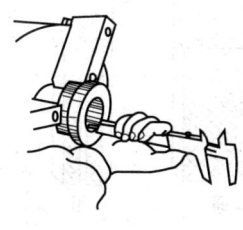

图 4—63 深度的检测方法

4. 螺纹检测

普通螺纹测量有单项测量和综合测量两种方法。单项测量通常测量螺纹的中径、螺距和牙型半角等参数。

（1）单项测量。中径可选用螺纹千分尺（见图 4—64a）直接测量，也可三针测量法间接测量。三针测量法把 3 个具有相同直径的圆柱体（三针），放在螺纹牙槽中（见图 4—64b）然后根据精度要求用千分尺、比较仪或测长仪测出图中 M 值，通过计算求得螺纹中径值 d_2。

（2）综合测量。综合测量是采用极限通规、止规进行检验，这种检验方法只能判断螺纹是否合格，但不能给出具体的螺纹参数。在成批和大量生产中，多用如图 4—65 所示的螺纹量规进行螺纹综合测量。

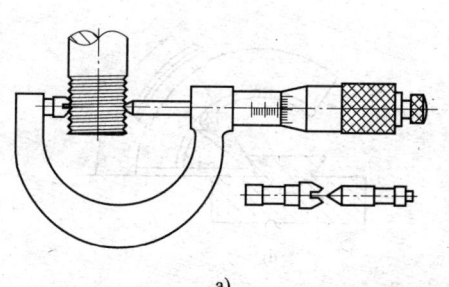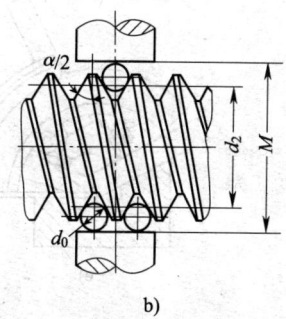

a) b)

图 4—64 螺纹的检测方法
a) 螺纹千分尺测量 b) 三针测量法

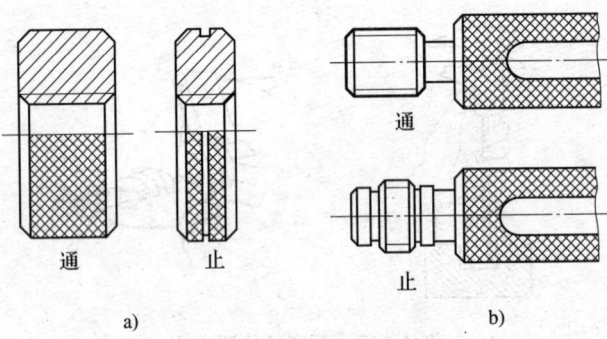

图 4—65　螺纹量规

a）外螺纹环规　b）内螺纹塞规

5．角度和锥度检测

（1）用万能角度尺直接测量实际角的数值，如图 4—66 所示。

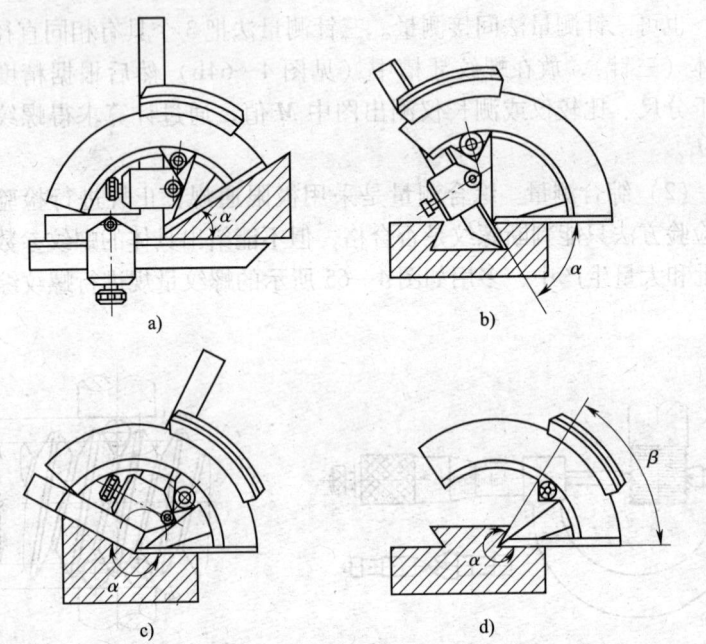

图 4—66　用万能角度尺测量角度

a）测量 0°~50°　b）测量 50°~140°　c）测量 140°~230°　d）测量 230°~320°

(2) 内、外圆锥的圆锥角实际偏差可分别用圆锥量规检验, 如图4—67所示。

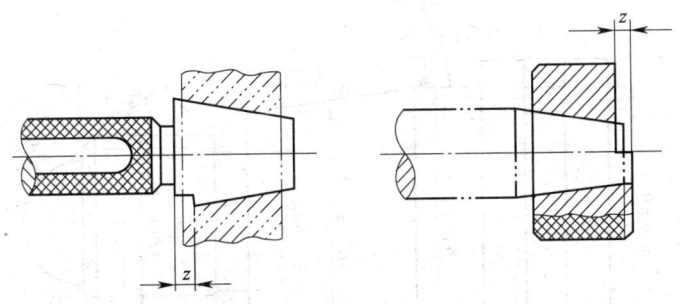

图4—67 锥形塞规和锥形套规检测

6. 圆弧检测

通常用圆角规检测圆弧的弧度, 如图4—68所示。

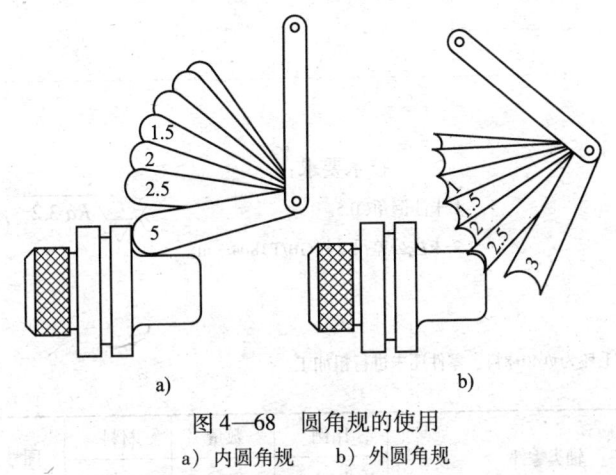

图4—68 圆角规的使用
a) 内圆角规   b) 外圆角规

§4—6 数控车床加工实例

一、加工任务

零件图如图4—69所示。

> 数控车工

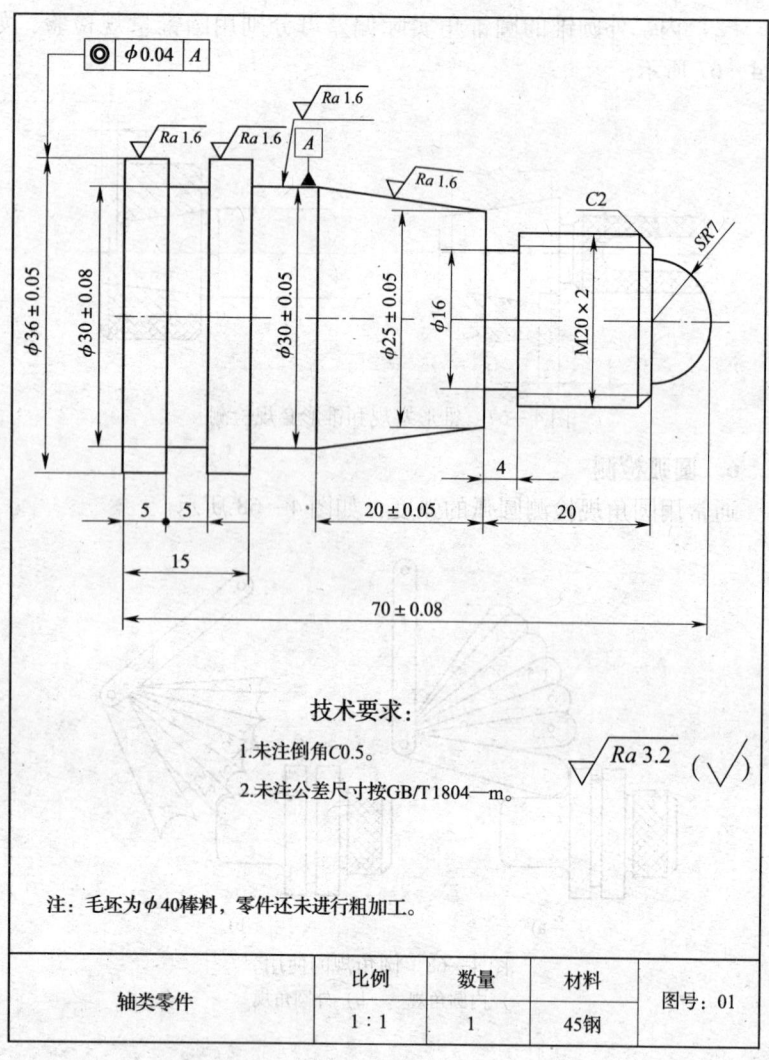

图4—69 零件图

二、数控加工工艺分析

1. 零件图分析

该零件由外圆柱面、圆锥面、球面、槽和外螺纹组成。其几何形状为圆柱形的轴类零件,零件径向尺寸与轴向尺寸都有精度要求,表

面粗糙度 Ra 为 1.6 μm，需采用粗、半精加工与精加工。

毛坯为 $\phi40$ mm 的棒料。

材料为 45 钢。

2．加工工序

零件的外形较简单，可采用三爪自定心卡盘装夹。

工件坐标原点选择在工件右端面中心，坐标系如图 4—70 所示。

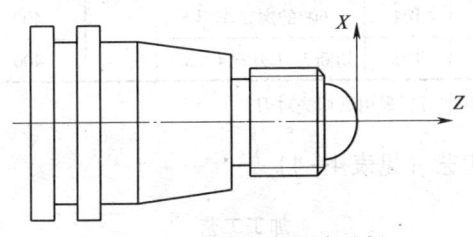

图 4—70　工件坐标原点选择

根据零件图样要求其加工工序为：

（1）建立工件坐标系，并输入刀补值。

（2）车端面，选用 90°外圆车刀，可采用 G94 指令。

（3）外圆柱面粗车，选用 90°外圆车刀，可采用 G71 指令。

（4）外圆柱面精车，选用 90°外圆车刀，可采用 G70 指令。

（5）车槽加工，采用刃宽为 4 mm 的切断刀。

（6）车螺纹，采用 60°的螺纹车刀，由于 G32 指令编程麻烦，使程序加长，G92 主要用于循环次数不多的螺纹切削，G76 主要用于多次自动循环，这里采用 G92 指令。

（7）切断，采用刃宽为 4 mm 的切断刀。

三、各工序刀具及切削参数选择（见表 4—3）

表 4—3　　　　　　　　刀具及切削参数选择

序号	加工面	刀具号	刀具规格		主轴转速 $n/$（r/min）	进给速度 $v/$（mm/min）
			类型	材料		
1	端面	T01	90°外圆车刀	硬质合金	500	60
2	外圆柱面与球面粗车	T01	90°外圆车刀		500	100

› 数控车工

续表

序号	加工面	刀具号	刀具规格		主轴转速 $n/$ (r/min)	进给速度 $v/$ (mm/min)
			类型	材料		
3	外圆柱面与球面精车	T02	90°外圆车刀	硬质合金	1 000	40
4	外径槽	T03	切断刀(刃宽4 mm)		400	40
5	螺纹	T04	60°的螺纹车刀		400	800
6	切断	T03	切断刀(刃宽4 mm)		400	40

注:01号刀为基准刀,采用试切法对刀。

四、加工工艺(见表4—4)

表4—4　　　　　加工工艺

序号	工步	工步图	说明
1	建立工件坐标系		建好工件坐标系
2	车端面		用G94车削
3	外圆轮廓粗车		用G71车削 直径方向留0.5 mm 作为精车余量
4	外圆轮廓精车		用G70车削 F40 mm/min S1000 r/min

续表

序号	工步	工步图	说明
5	车槽		车槽 刃宽度 4 mm
6	车螺纹		用 G92 指令切削
7	切断		用 G01 指令切

五、参考程序

O1001;
G21 G23 G97 G98;
S500 M03;   主轴顺时针旋转
T0101;   换 1 号刀
G00 X50.0 Z2;   刀具定位
G94 G01 X-1 Z0 F60;   端面车削循环
G71 U2.0 R1.0;   轮廓粗车循环
G71 P20 Q40 U0.5 W0.2 F100;   轮廓粗车循环
N20 G00 X0 S1000;   刀具定位
G42 G01 Z0 F40;
G03 X14.0 Z-7.0 R7.0;   逆圆弧加工
G01 X16.0;
X20.0 W-2.0;
Z-27.0;

X25.0;
X30.0 W-20.0;
W-8;
X36.0;
W-15.0;
N40 X42 G40;
G00 X150.0 Z200.0 T0100;　　换刀点，取消1号刀补
T0202;　　换2号刀
G00 X40.0 Z2;　　定位刀具
G70 P20 Q40;　　精加工循环
G00 X150.0 Z200.0 T0200;　　换刀点，取消2号刀补
T0303;　　换3号刀
G00 X30.0 Z-27.0 S400;　　刀具定位
G01 X16.0 F40;
G04 X2.0;　　暂停2 s
G01 X40.0 F150;
G00 Z-65.0;
G01 X30.0 F40;
G04 X2.0;　　暂停2 s
G01 X40.0 F150;
W1;
G01 X36.0 F40;
G04 X2.0;　　暂停2 s
G01 X40.0 F150;
G00 X150.0 Z200.0 T0300;　　换刀点，取消3号刀补
T0404;　　换4号刀
G00 X24.0 Z-4 S400;　　刀具定位
G92 X19.1 Z-25 F2;　　螺纹切削循环
X18.5;
X17.9;
X17.5;

X17.4;	
G00 X150.0 Z200.0 T0400;	换刀点,取消4号刀补
T0303;	换3号刀
G00 X45.0 Z -74.0;	刀具定位
G01 X0 F40 S400;	
G01 X40.0 F150;	
G00 X150.0 Z200.0 T0300;	换刀点,取消3号刀补
T0101;	
M30;	程序结束

第五章

数控车床维护与精度检验

§5—1 数控车床维护与保养

一、数控车床安全操作规程

数控车床操作者除了要掌握好数控车床的性能、精心操作外,还要管好、用好和维护好数控车床,养成文明生产的良好工作习惯和严谨的工作作风,具备良好的职业素质、责任心,做到安全文明生产,严格按照数控车床操作规程去操作。

(1)数控系统的编程、操作和维修人员必须经过专业的技术培训,熟悉所用数控车床的使用环境、条件和工作参数等,严格按机床和系统的使用说明书正确、合理地操作机床。

(2)数控车床的使用环境要避免光的直接照射和其他热辐射,避免太潮湿或粉尘过多的场所,特别要避免有腐蚀气体的场所。

(3)为避免电源不稳定对电子元件造成损坏,数控车床应采取专线供电或增设稳压装置。

(4)开机前应对机床进行全面细致的检查,确认无误后方可操作。数控车床的开机、关机顺序,一定要按照机床说明书的规定操作。

(5)机床通电后,检查各开关、按钮和键是否正常、灵活,机床有无异常现象。

(6)检查电压、气压、油压是否正常,有手动润滑的部位要先进行手动润滑。

(7) 机床在正常运行时不允许打开电气柜门。

(8) 在每次电源接通后,必须先完成各轴的返回参考点操作,然后再进入其他运行方式,以确保各轴坐标的正确性。

(9) 加工程序输入后,应认真核对,确保无误,其中包括对代码、指令、地址、数值、正负号、小数点及语法的查对。程序必须经过严格检验才能进行操作运行。

(10) 手动对刀时,应注意选择合适的进给速度;手动换刀时,刀架距工件要有足够的转位距离,防止发生碰撞。

(11) 试切和加工中,刃磨刀具和更换刀具后,一定要重新测量刀长并修改好刀补值和刀补号。

(12) 手摇进给和手动连续进给操作时,必须检查各种开关所选择的位置是否正确,弄清正、负方向,认准按键,然后再进行操作。

(13) 加工过程中,如出现异常危急情况,可按下"急停"按钮,以确保人身和设备的安全。

(14) 若机床发生事故,操作者要注意保留现场,并向维修人员说明事故发生前后的情况,以利于分析问题,查找事故原因。

(15) 认真填写数控机床的工作日志,做好交接工作,消除事故隐患。

(16) 不得随意更改数控系统内部的制造厂设定参数,并及时做好备份。

二、数控车床的日常维护与保养

有关资料表明:由于操作和调整不当产生的故障占数控机床全部故障的57%,伺服系统、电源及电气控制部分的故障占数控机床全部故障的37.5%,数控机床使用寿命的长短和故障发生的频率高低,很大程度上取决于操作者是否能正确地使用和良好的维护。为了使数控车床保持良好的工作状态,除了发生故障及时修理外,坚持经常的维护保养也非常重要。通过定期检查和经常维护保养,可以把许多故障隐患消除在萌芽之中,防止或减少事故的发生。不同型号的数控车床日常保养的内容和要求也不完全一样,对于具体机床应按照其说明书中的规定执行。以下是一些常见的维护保养工作内容:

1. 使机床保持良好的润滑状态

定期检查清洗自动润滑系统，添加或更换油脂、油液，使丝杠、导轨等各运动部位始终保持良好的润滑状态，降低机械磨损速度。

2. 定期检查液压、气压系统

对液压系统定期进行油质化验，检查和更换液压油，并定期对各润滑、液压、气压系统的过滤器或过滤网进行清洗或更换，对气压系统还要注意经常放水。

3. 定期检查电动机系统

对直流电动机定期进行电刷和换向器检查、清洗和更换，若换向器表面脏污，应用白布蘸酒精予以清洗；若表面粗糙，用细金相砂布予以修整；若电刷长度为 10 mm 以下时，应予以更换。

4. 定期检查电气部件

检查各插头、插座、电缆和各继电器的触点是否出现接触不良、断线和短路等故障；检查各印制电路板是否干净；检查主电源变压器、各电动机的绝缘电阻是否在 1 MΩ 以上；平时尽量少开电气柜门，以保持电气柜内清洁。

5. 更换存储器电池

一般数控系统内对 CMOS RAM 存储器器件设有可充电电池维持电路，以保证系统不通电期间保持其存储器的信息。

在一般的情况下，即使电池尚未失效，也应每年更换一次，以确保系统能正常工作。电池的更换应在数控装置通电状态下进行，以防止更换时 RAM 内的信息丢失。

6. 印制电路板的维护

印制电路板长期不用是很容易出故障的。因此，对于已购置的备用印制电路板应定期装到数控装置上运行一段时间，以防损坏。

7. 长期闲置数控车床的保养

在数控车床闲置不用时，应经常给数控系统通电，在机床锁住的情况下，使其空运行。在空气湿度较大的梅雨季节应每天通电，利用电气元件本身发热驱散数控柜内的潮气，保证电子元器件的性能稳定可靠。

8. 经常监测数控系统的电网电压

数控系统允许的电网电压范围是额定值的 85%~110%，如果超出此范围，轻则使数控系统不能稳定工作，重则会造成重要的电子元件损坏，因此，要经常注意电网电压的波动。对于电网质量比较恶劣的地区，应及时配置数控系统交流稳压装置，这将使故障率有比较明显的降低。

9. 定期进行机床水平和机械精度检查并校正

机械精度的校正方法有软硬两种方法。软方法主要是通过系统参数补偿，如丝杠反向间隙补偿、各坐标定位精度定点补偿和机床回参考点位置校正等；硬方法一般要在机床大修时进行，如进行导轨修刮、滚珠丝杠螺母预紧调整反向间隙等。还应适时对各坐标轴进行超程限位检验。

10. 经常打扫卫生

如果机床周围环境太脏、粉尘太多，均会影响机床的正常运行；印制电路板太脏，可能产生短路现象；油水过滤网、安全过滤网等太脏，会使压力不够、散热不好，造成故障。所以必须定期进行卫生清扫。

数控车床的日常维护保养一览表见表 5—1。

表 5—1　　　　数控车床日常维护保养一览表

序号	检查周期	检查部位	检查要求（内容）
1	每天	切削液、液压油、润滑油	检查切削液、液压油、润滑油的油量是否充足
2	每天	切屑槽	切屑槽内的切屑是否已处理干净
3	每天	操作盘	检查操作盘上的各指示灯是否正常，各按钮、开关是否处于正确位置
4	每天	CRT 显示屏	CRT 显示屏上是否有任何报警显示，若有问题应及时予以处理
5	每天	液压装置的压力表	液压装置的压力表是否指示在所要求的范围内

续表

序号	检查周期	检查部位	检查要求（内容）
6	每天	冷却风扇	各控制箱的冷却风扇是否正常运转
7	每天	刀具	(1) 刀具是否正确地夹紧在刀夹上 (2) 刀夹与回转刀架是否可靠夹紧 (3) 刀具是否有损伤
8	每天	主轴、滑板等	(1) 运转中，主轴、滑板处是否有异常噪声 (2) 主轴、滑板有无与平常不同的异常现象
9	每月	主轴的运转情况	主轴以最高转速一半左右的转速旋转30 min，用手触摸壳体部分，若感觉温和即为正常，以此了解主轴轴承的工作情况
10	每月	滚珠丝杠	检查 X、Z 轴的滚珠丝杠，若有污垢，应清理干净；若表面干燥，应涂润滑脂
11	每月	超程限位开关	检查 X、Z 轴超程限位开关及各急停开关是否动作正常。可用手按压行程开关的滑动轮，若CRT上有超程报警显示，说明限位开关正常，顺便将各接近开关擦拭干净
12	每月	刀架	(1) 检查刀架的回转头、中心锥齿轮的润滑状态是否良好，齿面是否有伤痕 (2) 看换刀时其换位动作是否平顺，以刀架夹紧、松开时无冲击为好
13	每月	导套内孔	检查导套内孔状况，看是否有裂纹、毛刺，导套前面盖帽内是否积存切屑
14	每月	切削液槽	检查切削液槽内是否积存切屑
15	每月	液压装置	检查液压装置，如压力表的动作状态、液压管路是否有损坏，各管接头是否有松动或漏油现象

续表

序号	检查周期	检查部位	检查要求（内容）
16	每月	润滑油装置	检查润滑泵的排油量是否合乎要求、润滑油管路是否损坏以及管接头是否松动、漏油等
17	半年	主轴	主轴孔的振摆，主轴传动用 V 带的张力及磨损情况，编码盘用同步带的张力及磨损情况
18	半年	导套装置	（1）主轴以最高转速的一半运转 30 min，用手触摸壳体部分无异常发热及噪声为好 （2）用手沿轴向拉导套，检查其间隙是否过大
19	半年	加工装置	（1）检查主轴分度用齿轮系的间隙。以规定的分度位置沿回转方向摇动主轴，以检查其间隙。若间隙过大应进行调整 （2）检查刀具主轴驱动电动机侧的齿轮润滑状态。若表面干燥应涂敷润滑脂
20	半年	润滑泵装置浮子开关	可从润滑泵装置中抽出润滑油，看浮子落至警戒线以下时，是否有报警指示以判断浮子开关的好坏
21	半年	直流电动机	若换向器表面脏污，应用白布蘸酒精予以清洗；若表面粗糙，用细金相砂布予以修整；若电刷长度为 10 mm 以下时，予以更换
22	半年	其他	（1）检查各插头、插座、电缆、继电器的触点是否接触良好 （2）检查各印制电路板是否干净 （3）检查主电源变压器、各电动机的绝缘电阻应在 1 MΩ 以上 （4）检查断电后保存机床参数、工作程序用的后备电池的电压值，视情况予以更换

§5—2 数控车床故障诊断

一、数控车床常见故障分类

所谓故障，是指设备或系统由于自身的原因丧失了规定的功能，不能再进行正常工作的现象。一般来说，数控车床机械故障有以下几种类型。

1. 系统功能故障

主要指工件加工精度方面的故障。如加工精度不稳定、加工误差大、运动反向误差大、工件表面粗糙度值等。

2. 机床动作故障

主要指机床的各种运动动作故障。

3. 结构故障

主要指机械结构问题所引起的故障等。

4. 使用故障

主要指使用及操作不当所引起的故障。

二、数控车床故障的常规处理方法

一旦故障发生，通常按以下步骤进行：

1. 调查故障现场，充分掌握故障信息

（1）故障发生时报警信号和报警提示是什么？那些指示灯和发光管指示了什么报警？

（2）如无报警，系统处于何种工作状态？系统的工作方式诊断结果？

（3）故障在哪个程序段发生？执行何种指令？故障发生前进行了何种操作？

（4）故障在何种速度下发生？轴处于什么位置？与指令值的误差量有多大？

（5）以前是否发生过类似故障？现场有无异常现象？故障是否重复发生？

2. 分析故障原因，确定检查的方法和步骤

（1）故障分析

1）故障分析可采用归纳法和演绎法

①归纳法是从故障原因出发摸索其功能联系，调查原因对结果的影响，即根据可能产生该种故障的原因分析，看其最后是否与故障现象相符来确定故障点。

②演绎法是从所发生的故障现象出发，对故障原因进行分割式的分析方法。即从故障现象开始，根据故障机理，列出多种可能产生该故障的原因；然后，对这些原因逐点进行分析，排除不正确的原因，最后确定故障点。

2）分析故障原因注意事项

①要在充分调查现场掌握第一手材料的基础上，把故障问题正确地列出来。俗话说，能够把问题说清楚，就已经解决了问题的一半。

②要思路开阔，无论是数控系统、强电部分，还是机、液、气等，要将有可能引起故障的原因以及每一种可能解决的方法全部列出来，进行综合、判断和筛选。

③在对故障进行深入分析的基础上，预测故障原因并拟定检查的内容、步骤和方法。

（2）故障的检测和排除。在检测故障过程中，应充分利用数控系统的自诊断功能，如系统的开机诊断、运行诊断、PLC 的监控功能。根据需要随时检测有关部分的工作状态和接口信息。同时还应灵活应用数控系统故障检查的一些行之有效的方法，如交换法、隔离法等。

另外，在检测排除故障中还应掌握以下若干原则：

1）先外部后内部。

2）先机械后电气。一般来说，机械故障较易察觉，而数控系统故障的诊断则难度要大些。

3）先静后动。维修人员本身要做到先静后动，不可盲目动手，应先询问机床操作人员故障发生的过程及状态，阅读机床说明书、图样资料后，方可动手查找处理故障。

4）先公用后专用。公用性的问题往往影响全局，而专用性的问题只影响局部。

5）先简单后复杂。

6）先一般后特殊。

三、数控车床数控系统的自诊断功能和故障报警信息

1. 数控系统的自诊断功能

数控系统的自诊断功能是指数控系统通过系统的内装程序，在系统处于正常运动状态时，对数控系统本身以及与数控装置相连的各个进给伺服单元、伺服电动机、主轴伺服单元和主轴电动机以及外部设备等进行自动诊断检查，只要系统不断电，这种在线的自诊断就一直进行而不停止。

一旦监视的信息超限，诊断系统就通过显示器或指示灯等发出报警信号，提供报警信息，并配以注释显示在屏幕上。数控机床的维修人员根据这些报警信息，再经过分析处理，确诊故障并及时排除故障。

当然，实际诊断故障并不是那么容易的，因为所提供的报警信息并非是唯一准确的，而仅是故障可能原因的诸因素，也就是说仅提供了一些查找故障原因的线索，维修人员应结合机床结构、原理查阅机床维修手册和有关资料，同时还要凭借实践经验，逐一排除故障假象，找出真正的故障所在。

故障自诊断的报警，其故障现象与故障原因并不是一一对应关系，通常一种故障现象由几种原因引起，或一种故障原因引起几种故障现象。也就是说，大部分故障是以综合故障形式出现的。

数控车床自诊断系统功能的强弱是评价一个数控系统性能高低的重要指标。各种数控机床的自诊断功能报警编号是不相同的，只能根据数控机床的使用说明书或维修手册进行分析、诊断。

2. 故障报警信息内容

数控车床数控系统常见的报警信息有超程报警、程序错误报警、

伺服系统报警、过热报警等。

　　FANUC—0i TC 数控车床数控系统报警信息分类如下：

　　No.000~255：P/S 报警（程序错误）。

　　No.300~349：绝对脉冲编码器（APC）报警。

　　No.350~399：串行脉冲编码器（SPC）报警。

　　No.400~499：伺服报警。

　　No.500~599：超程报警。

　　No.700~748：过热报警。

　　No.749~799：主轴报警。

　　No.900~999：系统报警。

　　No.5000~：P/S 报警（程序错误）。

　　报警信息详解可参见 FANUC—0i 数控系统使用说明书的报警表。

§5—3　数控车床精度检验

一、数控车床几何精度

　　数控车床的几何精度综合反映了机床各关键部件精度及其装配质量与精度，是数控车床验收的主要依据之一。数控车床的几何精度检查与普通机床的几何精度检查基本类似，使用的检测工具和方法也很相似，只是检验要求更高，主要依据与标准是厂家提供的合格证上的各项技术指标。

　　常用的检测工具有精密水平仪、90°角尺、精密方箱、平尺、平行光管、千分表、测微仪、高精度主轴检验心棒等。检测工具和仪器的精度必须比所测几何精度高一个等级。

二、数控车床水平调整

1. 水平仪的使用

　　水平仪是机床调整中最常用的测量仪器之一，用来测量导轨在垂直面内的直线度、工作台台面的平面度以及零件相互之间的垂直度、平行度等。水平仪按其工作原理可分为水准式水平仪和电子水平仪。水准式水平仪有条式水平仪、框式水平仪和合像水平仪三种结构形式，如图 5—1 所示。

图 5—1　水平仪的种类

（1）水平仪的读数原理。如图 5—2 所示，在平板上放 1 000 mm 长的平行直尺，当水平仪读数为零，即处于水平状态。如平行直尺右端起 0.02 mm，相当于使平行直尺与平板平面形成 4″的角度。如果此时水平仪的气泡向右移动一格，则该水平仪读数精度规定为每格 0.02 mm/1 000 mm，读作千分之零点零二。

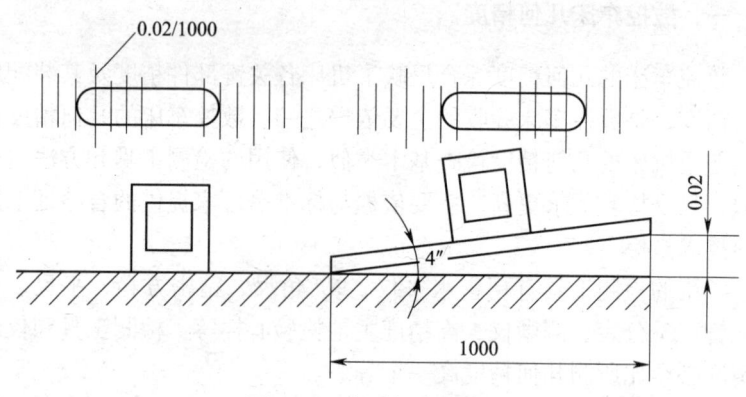

图 5—2　水平仪读数原理

（2）水平仪的使用方法。测量时使水平仪工作面紧贴在被测表面，待气泡完全静止后方可进行读数。

1）使用前，必须先将被测量面和水平仪的工作面擦洗干净，并进行零位检查。

2) 测量时必须待气泡完全静止后方可读数。

3) 读数时，应垂直观察，以免产生视差。

4) 使用完毕，应进行防锈处理，放置时，注意防振、防潮。

2. 数控车床水平调整的要求

数控车床水平调整与普通车床水平调整的要求基本相同，要求达到 0.02 mm/1 000 mm，具体可参考 GB/T 16462《数控车床和车削中心检验条件》和 GB/T 17421.1—1998《机床检验通则 第 1 部分：在无负荷或精加工条件下机床的几何精度》。对于数控车床，除了水平和不扭曲达到要求外，还应进行导轨直线度的调整，确保导轨的直线度为中凸的合格水平。

3. 数控车床床身水平的调整

在机床摆放粗调的基础上，用地脚螺栓、垫铁对机床床身的水平进行精调，要求直线度误差不大于 0.02 mm/1 000 mm。找正水平后移动床身上各运动部件，在各坐标全行程内观察记录机床水平的变化情况，并进行相应调整，使之控制在允差范围之内。在调整时，主要以调整垫铁为主。

试 题 库

理论知识试题

一、是非题

1. 物体三视图的投影规律是显实性、积聚性、收缩性。（ ）
2. 公差是一个不等于零，但可以为正或负的数值。（ ）
3. V带传动中配对的大、小两带轮的槽角必须相等。（ ）
4. 调质的目的是提高材料的硬度、耐磨性及耐蚀性。（ ）
5. 当数控加工程序编制完成后即可进行正式加工。（ ）
6. 数控机床是在普通机床的基础上将普通电气装置更换成 CNC 控制装置。（ ）
7. 圆弧插补中，对于整圆，其起点和终点相重合，用 R 编程无法定义，所以只能用圆心坐标编程。（ ）
8. 插补运动的实际插补轨迹始终不可能与理想轨迹完全相同。（ ）
9. 数控机床编程有绝对值和增量值编程，使用时不能将它们放在同一程序段中。（ ）
10. 用数显技术改造后的机床就是数控机床。（ ）
11. G 代码可以分为模态 G 代码和非模态 G 代码。（ ）
12. G00、G01 指令都能使机床坐标轴准确到位，因此，它们都是插补指令。（ ）
13. 圆弧插补用半径编程时，当圆弧所对应的圆心角大于180°

时半径取负值。 ( )

14. 不同的数控机床可能选用不同的数控系统,但数控加工程序指令都是相同的。 ( )

15. 数控机床按控制系统的特点可分为开环、闭环和半闭环系统。 ( )

16. 在开环和半闭环数控机床上,定位精度主要取决于进给丝杠的精度。 ( )

17. 点位控制系统不仅要控制从一点到另一点的准确定位,还要控制从一点到另一点的路径。 ( )

18. 常用的位移执行机构有步进电动机、直流伺服电动机和交流伺服电动机。 ( )

19. 通常在命名或编程时,不论何种机床,都一律假定工件静止、刀具移动。 ( )

20. 数控机床适用于单品种、大批量的生产。 ( )

21. 一个主程序中只能有一个子程序。 ( )

22. 不同结构布局的数控机床有不同的运动方式,但无论何种形式,编程时都认为工件相对于刀具运动。 ( )

23. 调速阀是一个节流阀和一个减压阀串联而成的组合阀。 ( )

24. 数控机床的控制介质就是穿孔纸带。 ( )

25. 液压缸的功能是将液压能转化为机械能。 ( )

26. 绝对编程和增量编程不能在同一程序中混合使用。 ( )

27. 数控机床在输入程序时,不论何种系统坐标值且不论是整数和小数都不必加入小数点。 ( )

28. RS232 的主要作用是用于程序的自动输入。 ( )

29. 车削中心必须配备动力刀架。 ( )

30. Y 坐标的圆心坐标符号一般用 K 表示。 ( )

31. 非模态指令只能在本程序段内有效。 ( )

32. X 坐标的圆心坐标符号一般用 K 表示。 ( )

33. 数控铣床属于直线控制系统。 ( )

34. 采用滚珠丝杠作为 X 轴和 Z 轴传动的数控车床机械间隙一

般可忽略不计。（　　）

35. 旧机床改造的数控车床，常采用梯形螺纹丝杠作为传动副，其反向间隙需事先测量出来进行补偿。（　　）

36. 顺时针圆弧插补（G02）和逆时针圆弧插补（G03）的判别方向是：沿着不在圆弧平面内的坐标轴正方向向负方向看去，顺时针方向为G02，逆时针方向为G03。（　　）

37. 液压系统的输出功率就是液压缸等执行元件的工作功率。（　　）

38. 伺服系统的执行机构常采用直流或交流伺服电动机。（　　）

39. 直线控制的特点只允许在机床的各个自然坐标轴上移动，在运动过程中进行加工。（　　）

40. 数控车床的特点是 Z 轴进给1 mm，零件的直径减小2 mm。（　　）

41. 只有采用CNC技术的机床才叫数控机床。（　　）

42. 数控机床按工艺用途分类，可分为数控切削机床、数控电加工机床、数控测量机床等。（　　）

43. 数控机床按控制坐标轴数分类，可分为两坐标数控机床、三坐标数控机床、多坐标数控机床和五面加工数控机床等。（　　）

44. 数控车床刀架的定位精度和垂直精度中影响加工精度的主要是前者。（　　）

45. 最常见的2轴半坐标控制的数控铣床，实际上就是一台三轴联动的数控铣床。（　　）

46. 四坐标数控铣床是在三坐标数控铣床上增加一个数控回转工作台。（　　）

47. 液压系统的效率是由液阻和泄漏来确定的。（　　）

48. 子程序的编写方式必须是增量方式。（　　）

49. 程序段的顺序号，根据数控系统的不同，在某些系统中是可以省略的。（　　）

50. 数控铣床加工时保持工件切削点的线速度不变的功能称为恒线速度控制。（　　）

51. 由存储单元在加工前存放最大允许加工范围,而当加工到约定尺寸时数控系统能够自动停止,这种功能称为软件行程限位。
( )

52. 点位控制的特点是可以以任意途径达到要计算的点,因为在定位过程中不进行加工。( )

53. 数控车床加工球面工件是按照数控系统编程的格式要求,写出相应的圆弧插补程序段。( )

54. 伺服系统包括驱动装置和执行机构两大部分。( )

55. 一个主程序调用另一个主程序称为主程序嵌套。( )

56. 数控车床的刀具功能字 T 既指定了刀具数,又指定了刀具号。( )

57. 数控机床的编程方式是绝对编程或增量编程。( )

58. 数控机床用恒线速度控制加工端面、锥度和圆弧时,必须限制主轴的最高转速。( )

59. 分辨率为位移检测装置所能检测到的最小位移单位,分辨率越小,说明检测精度越高。( )

60. 千分尺微分套筒上的刻度线间距为 1 mm。( )

61. 工件温度的高低,对测量尺寸的精度影响不大。( )

62. 要改变三相电动机的旋转方向,只要交换任意两相的接线即可。( )

63. 企业提高劳动生产率的目的是提高经济效益,因此,劳动生产率与经济效益成正比。( )

64. 提高职工素质是提高劳动生产率的重要保证。( )

65. 万能角度尺是一种角度测量工具。( )

66. 套类工件因受刀体强度、排屑状况的影响,所以每次背吃刀量要少一点,进给量要小一点。( )

67. 百分表的读数误差为 0.01 mm。( )

68. 千分尺的读数误差为 0.001 mm。( )

69. 车床主轴编码器的作用是防止切削螺纹时乱扣。( )

70. 跟刀架是固定在机床导轨上用来抵消车削时的径向切削力的。( )

> 数控车工

71. 切削速度增大时，切削温度升高，刀具耐用度大。（   ）
72. 数控机床进给传动机构中采用滚珠丝杠的原因主要是为了提高丝杠精度。（   ）
73. 数控车床可以车削直线、斜线、圆弧、公制和英制螺纹、圆柱管螺纹、圆锥螺纹，但是不能车削多头螺纹。（   ）
74. 平行度的符号是∥，垂直度的符号是⊥。（   ）
75. 数控机床为了避免运动件运动时出现爬行现象，可以通过减少运动件的摩擦来实现。（   ）
76. 切削中，对切削力影响较小的是前角和主偏角。（   ）
77. 同一工件，无论用数控机床加工还是用普通机床加工，其工序都一样。（   ）
78. 数控机床的定位精度与数控机床的分辨率是一致的。
（   ）
79. 刀具半径补偿是一种平面补偿，而不是轴的补偿。（   ）
80. 固定循环是预先给定一系列操作，用来控制机床的位移或主轴运转。（   ）
81. 数控车床的刀具补偿功能有刀尖半径补偿与刀具位置补偿。
（   ）
82. 刀具补偿寄存器内只允许存入正值。（   ）
83. 数控机床的机床坐标原点和机床参考点是重合的。（   ）
84. 机床参考点在机床上是一个浮动的点。（   ）
85. 外圆粗车循环方式适合于加工棒料毛坯除去较大余量的切削。（   ）
86. 固定形状粗车循环方式适合于加工已基本铸造或锻造成形的工件。（   ）
87. 外圆粗车循环方式适合于加工已基本铸造或锻造成形的工件。（   ）
88. 刀具补偿功能包括刀补的建立、刀补的执行和刀补的取消三个阶段。（   ）
89. 刀具补偿功能包括刀补的建立和刀补的执行两个阶段。
（   ）

90. 数控机床配备的固定循环功能主要用于孔加工。　　（　　）
91. 数控铣削机床配备的固定循环功能主要用于钻孔、镗孔、攻螺纹等。　　（　　）
92. 编制数控加工程序时一般以机床坐标系作为编程的坐标系。
　　（　　）
93. 机床参考点是数控机床上固有的机械原点，该点到机床坐标原点在进给坐标轴方向上的距离可以在机床出厂时设定。（　　）
94. 因为毛坯表面的重复定位精度差，所以粗基准一般只能使用一次。　　（　　）
95. 表面粗糙度高度参数 Ra 值越大，表示表面粗糙度要求越高；Ra 值越小，表示表面粗糙度要求越低。　　（　　）
96. 标准麻花钻的横刃斜角为 50°~55°。　　（　　）
97. 数控机床的位移检测装置主要有直线型和旋转型。　　（　　）
98. 基本型群钻是群钻的一种，即在标准麻花钻的基础上进行修磨，形成"六尖—七刃"的结构特征。　　（　　）

二、选择题

1. 数控机床是在（　　）诞生的。
　　A. 日本　　B. 美国　　C. 英国　　D. 法国
2. 数控机床利用插补功能加工的零件的表面粗糙度要比普通机床加工相同零件的表面粗糙度（　　）。
　　A. 差　　B. 相同　　C. 好　　D. 无法比较
3. "NC"的含义是（　　）。
　　A. 数字控制　　　　　　B. 计算机数字控制
　　C. 网络控制　　　　　　D. 硬件控制
4. "CNC"的含义是（　　）。
　　A. 数字控制　　　　　　B. 计算机数字控制
　　C. 网络控制　　　　　　D. 硬件控制
5. 数控机床要求在（　　）进给运动下不爬行，有高的灵敏度。
　　A. 停止　　B. 高速　　C. 低速　　D. 匀速
6. 最大极限尺寸（　　）基本尺寸。

A. 大于 B. 小于
C. 等于 D. 大于、小于或等于

7. 百分表量杆移动 0.6 mm 时，指针应（　　）。
   A. 转过一周 B. 转过 60 格
   C. 转过 6 格 D. 转一周零 10 格

8. 目前机床导轨中应用最普遍的导轨形式是（　　）。
   A. 静压导轨 B. 滚动导轨
   C. 滑动导轨 D. 贴塑导轨

9. 从工作性能上看液压传动的优点有（　　）。
   A. 比机械传动准确
   B. 速度、功率、转矩可无级调节
   C. 传动效率高
   D. 传动距离大

10. 从工作性能上看液压传动的缺点有（　　）。
    A. 调速范围小 B. 换向慢
    C. 传动效率低 D. 无级变速

11. 在车床上装夹矩形短工件时应选用（　　）。
    A. 三爪自定心卡盘 B. 四爪单动卡盘
    C. 跟刀架 D. 顶尖

12. 液压回路主要由能源部分、控制部分和（　　）部分构成。
    A. 换向　　B. 执行机构　　C. 调压　　D. 调速

13. 车削用量的选择原则是：粗车时，一般（　　），最后确定一个合适的切削速度 v。
    A. 应首先选择尽可能大的背吃刀量 a_p，其次选择较大的进给量 f
    B. 应首先选择尽可能小的背吃刀量 a_p，其次选择较大的进给量 f
    C. 应首先选择尽可能大的背吃刀量 a_p，其次选择较小的进给量 f
    D. 应首先选择尽可能小的背吃刀量 a_p，其次选择较小的进给量 f

14. 所谓联机诊断，是指数控计算机中的（　　）。
     A. 远程诊断能力　　　　　B. 自诊断能力
     C. 脱机诊断能力　　　　　D. 通信诊断能力
15. 在利用计算机绘图软件绘图时，有的点要通过（　　）功能才知道点的坐标值。
     A. 编辑　　　B. 查询　　　C. 修改　　　D. 设置
16. FMC 是指（　　）。
     A. 柔性制造单元　　　　　B. 计算机数控系统
     C. 柔性制造系统　　　　　D. 数控加工中心
17. 数控车床与普通车床相比在结构上差别最大的部件是（　　）。
     A. 主轴箱　　　B. 床身　　　C. 进给传动　　　D. 刀架
18. 三视图之间的投影规律是（　　）。
     A. 高对正、宽平齐、长相等
     B. 长对正、宽平齐、高相等
     C. 长对正、高平齐、宽相等
     D. 高对正、长平齐、宽相等
19. 在正常切削过程中，由于刀具磨损所引起的尺寸误差属于（　　）。
     A. 随机误差　　　　　　　B. 变值系统误差
     C. 定值系统误差　　　　　D. 粗大误差
20. 数控车床适合于（　　）加工。
     A. 精细　　　　　　　　　B. 精
     C. 粗　　　　　　　　　　D. 兼作粗和精
21. 在数控机床坐标系中平行机床主轴的直线运动为（　　）。
     A. X 轴　　　B. Y 轴　　　C. Z 轴　　　D. C 轴
22. 绕 X 轴旋转的回转运动坐标轴是（　　）。
     A. A 轴　　　B. B 轴　　　C. Z 轴　　　D. C 轴
23. 影响数控加工切屑形状的切削用量三要素中（　　）影响最大。
     A. 切削速度　　　　　　　B. 进给量

C. 背吃刀量　　　　　　　D. 前两个
24. 在不加切削液的情况下,大部分的切削热由（　　）带走。
　　A. 工件　　　B. 刀具　　　C. 切屑　　　D. 刀架
25. 程序中指定了（　　）时,刀具半径补偿被撤销。
　　A. G40　　　B. G41　　　C. G42　　　D. G00
26. 通过切削刃上的某一选定点,切于工件表面的平面称（　　）面。
　　A. 后　　　B. 切削平　　　C. 加工表　　　D. 前
27. 前角 γ_o 是前刀面与基面的夹角,在（　　）面内测量。
　　A. 主截　　　B. 副截　　　C. 基　　　D. 切削平
28. 加工细长轴时,车刀的主偏角为（　　）。
　　A. 90°　　　B. 93°　　　C. 45°　　　D. 75°
29. 在CRT/MDI面板的功能键中,显示机床当前位置的键是（　　）。
　　A. POS　　　B. PRGRM　　　C. OFFSET　　　D. MDI
30. 在工序卡图上,用来确定本工序所加工后的尺寸、形状、位置的基准称为（　　）。
　　A. 装配　　　B. 测量　　　C. 定位　　　D. 工序
31. 车刀安装的高低对（　　）角有影响。
　　A. 主偏　　　B. 副偏　　　C. 前　　　D. 刀尖
32. 确定数控机床坐标轴时,一般应先确定（　　）。
　　A. X 轴　　　B. Y 轴　　　C. Z 轴　　　D. C 轴
33. （　　）是标准坐标系规定的原则。
　　A. 工件相对于刀具运动　　　B. 刀具相对于工件运动
　　C. 工件与刀具均运动　　　D. 刀具与工件均不运动
34. 在G00程序段中,（　　）将不起作用。
　　A. X　　　B. S　　　C. F　　　D. T
35. 开环控制系统用于（　　）数控机床上。
　　A. 经济型　　　B. 中、高档　　　C. 精密　　　D. 一般
36. 加工中心与普通数控机床的主要区别是（　　）。
　　A. 数控系统复杂程度不同

B. 机床精度不同
C. 有无刀库和自动换刀系统
D. 机床控制轴不同

37. 数控机床适用于（　　）生产。
   A. 小批复杂零件　　　　　B. 大批复杂零件
   C. 小批简单零件　　　　　D. 大批简单零件

38. G02 X20 Y20 R-10 F100；所加工的一般是（　　）。
   A. 整圆　　　　　　　　　B. 夹角≤180°的圆弧
   C. 180°<夹角<360°的圆弧　D. 90°<夹角<180°的圆弧

39. 数控车床中，转速功能字 S 可指定（　　）。
   A. mm/r　　B. r/mm　　C. r/min　　D. min/r

40. 只在本程序段有效，下一程序段需要时必须重写的代码称为（　　）。
   A. 模态代码　　　　　　　B. 续效代码
   C. 非模态代码　　　　　　D. 准备功能代码

41. 切削金属材料时，属于正常磨损中最常见的情况是（　　）磨损。
   A. 前面　　　　　　　　　B. 后面
   C. 前、后面同时　　　　　D. 基面

42. 测量与反馈装置的作用是为了（　　）。
   A. 提高机床的安全性
   B. 提高机床的使用寿命
   C. 提高机床的定位精度、加工精度
   D. 提高机床的灵活性

43. 通常数控系统除了直线插补外，还有（　　）。
   A. 正弦插补　　　　　　　B. 圆弧插补
   C. 抛物线插补　　　　　　D. 双曲线插补

44. 数控机床进给系统减少摩擦阻力和动静摩擦之差，是为了提高数控机床进给系统的（　　）。
   A. 传动精度
   B. 运动精度和刚度

C. 快速响应性能和运动精度
D. 传动精度和刚度

45. 为了保证数控机床能满足不同的工艺要求，并能够获得最佳切削速度，主传动系统的要求是（　　）。
    A. 无级调速　　　　　　　　B. 变速范围宽
    C. 分段无级变速　　　　　　D. 变速范围宽且能无级变速

46. 圆弧插补指令 G03 X_ Y_ R 中，X、Y 后的值表示圆弧的（　　）。
    A. 起点坐标值
    B. 终点坐标值
    C. 圆心坐标相对于起点的值
    D. 半径值

47. 数控机床的编程基准是（　　）。
    A. 机床零点　　　　　　　　B. 机床参考点
    C. 工件零点　　　　　　　　D. 机床参考点及工件零点

48. 车床上，刀尖圆弧只有在加工（　　）时才产生加工误差。
    A. 端面　　B. 圆柱　　C. 圆弧　　D. 内孔

49. 数控系统所规定的最小设定单位是（　　）。
    A. 数控机床的运动精度　　　B. 机床的加工精度
    C. 脉冲当量　　　　　　　　D. 数控机床的传动精度

50. 步进电动机的转速是通过改变电动机的（　　）而实现。
    A. 脉冲频率　　　　　　　　B. 脉冲速度
    C. 通电顺序　　　　　　　　D. 相序

51. 数控机床主轴锥孔的锥度通常为 7:24，之所以采用这种锥度是为了（　　）。
    A. 靠摩擦力传递转矩　　　　B. 自锁
    C. 定位和便于装卸刀柄　　　D. 以上几种情况都是

52. 下列说法正确的是（　　）。
    A. 标准麻花钻头的导向部分外径一致，即外径从切削部分到尾部直径始终相同
    B. 标准麻花钻头的导向部分外径有倒锥量，即外径从切削

部分到尾部逐渐减小

C. 标准麻花钻头的导向部分外径有倒锥量，即外径从切削部分到尾部逐渐加大

D. 标准麻花钻头的导向部分外径一致，在尾部的夹持部分有莫氏锥度

53. 车削不锈钢材料选择切削用量时，应选择（　　）。
    A. 较低的切削速度和较小的进给量
    B. 较低的切削速度和较大的进给量
    C. 较高的切削速度和较小的进给量
    D. 较高的切削速度和较大的进给量

54. 闭环控制系统直接检测的是（　　）。
    A. 电动机轴转动量　　　　B. 丝杠转动量
    C. 工作台的位移量　　　　D. 电动机转速

55. 精密偏心工件偏心距较小时可直接用（　　）检测。
    A. 百分表　　　　　　　　B. 千分表
    C. 游标卡尺　　　　　　　D. 千分尺

56. （　　）适合车削直径大、长度较短的重型工件。
    A. 卧式车床　　　　　　　B. 立式车床
    C. 转塔车床　　　　　　　D. 多刀车床

57. 短V形架对圆柱定位，可限制工件的（　　）个自由度。
    A. 两　　　B. 三　　　C. 四　　　D. 五

58. 采用削边销而不采用普通销定位主要是为了（　　）。
    A. 避免过定位　　　　　　B. 避免欠定位
    C. 减轻质量　　　　　　　D. 定位灵活

59. HT150牌号中数字150表示（　　）不低于150 N/mm^2。
    A. 屈服点　　　　　　　　B. 抗拉强度
    C. 疲劳强度　　　　　　　D. 布氏硬度

60. 当用G02/G03指令对被加工零件进行圆弧编程时，下面关于使用半径R方式编程的说明不正确的是（　　）。
    A. 整圆加工不能采用该方式编程
    B. 该方式与使用I、J、K效果相同

C. 大于180°的弧 R 取正值
D. R 可取正值也可取负值，但加工轨迹不同

61. 测量反馈装置的作用是为了（   ）。
    A. 提高机床的安全性
    B. 提高机床的使用寿命
    C. 提高机床的定位精度、加工精度
    D. 提高机床的灵活性

62. 砂轮的硬度取决于（   ）。
    A. 磨粒的硬度   B. 结合剂的黏结强度
    C. 磨粒粒度   D. 磨粒率

63. 用高速钢铰刀铰削铸铁时，由于铸铁内部组织不均引起振动，容易出现（   ）现象。
    A. 孔径收缩   B. 孔径不变
    C. 孔径扩张   D. 锥度

64. 滚珠丝杠副消除轴向间隙的目的主要是（   ）。
    A. 减小摩擦力矩   B. 提高使用寿命
    C. 提高反向传动精度   D. 增大驱动力矩

65. 通常夹具的制造误差就是工件在该工序中允许误差的（   ）。
    A. 1～3 倍   B. 1/100～1/10
    C. 1/5～1/3   D. 等同值

66. 采用固定循环编程可以（   ）。
    A. 加快切削速度，提高加工质量
    B. 缩短程序的长度，减少程序所占的内存
    C. 减少换刀次数，提高切削速度
    D. 减少背吃刀量，保证加工质量

67. 数控车床的刀具补偿功能，分为（   ）和刀尖圆弧半径补偿。
    A. 刀具直径补偿   B. 刀具长度补偿
    C. 刀具软件补偿   D. 刀具硬件补偿

68. 位置精度较高的孔系加工时，特别要注意孔的加工顺序的安排，主要是考虑到（   ）。

A. 坐标轴的反向间隙　　　B. 刀具的耐用度
C. 控制振动　　　　　　　D. 加工表面质量

69. 在传统加工中,从刀具的耐用度方面考虑,在选择粗加工切削用量时,首先应选择尽可能大的(　　)从而提高切削效率。
A. 背吃刀量　　　　　　　B. 进给速度
C. 切削速度　　　　　　　D. 主轴转速

70. 导轨在垂直平面内的(　　),通常用方框水平仪进行检验。
A. 平行度　　　　　　　　B. 垂直度
C. 直线度　　　　　　　　D. 同轴度

71. 检查床身导轨的垂直平面内的直线度时,由于车床导轨中间部分使用机会多,因此,规定导轨中部允许(　　)。
A. 凸起　　B. 凹下　　C. 平直　　D. 弯曲

72. 为保障人身安全,在正常情况下,电气设备的安全电压规定为(　　)V。
A. 42　　B. 36　　C. 24　　D. 12

73. 选择粗基准时,重点考虑如何保证各加工表面(　　),使不加工表面与加工表面间的尺寸、位置精度符合零件图要求。
A. 对刀方便　　　　　　　B. 切削性能好
C. 进/退刀方便　　　　　　D. 有足够的余量

74. 周铣时用(　　)方式进行铣削,铣刀的耐用度较高,获得加工面的表面粗糙度值较小。
A. 对称铣　　　　　　　　B. 不对称铣
C. 顺铣　　　　　　　　　D. 逆铣

75. 在数控加工中,刀具补偿功能除对刀具半径进行补偿外在用同一把刀进行粗、精加工时,还可进行加工余量的补偿,设刀具半径为 r,精加工时半径方向的余量为 Δ,则最后一次粗加工进给的半径补偿量为(　　)。
A. $r+\Delta$　　　　　　　　B. r
C. Δ　　　　　　　　　D. $2r+\Delta$

76. 数控机床切削精度检验(　　),对机床几何精度和定位精度的一项综合检验。

  A. 又称静态精度检验,是在切削加工条件下
  B. 又称动态精度检验,是在空载条件下
  C. 又称动态精度检验,是在切削加工条件下
  D. 又称静态精度检验,是在空载条件下

77. 数控机床一般采用机夹刀具,与普通刀具相比机夹刀具有很多特点,但(　　)不是机夹刀具的特点。

  A. 刀具要经常进行重新刃磨
  B. 刀片和刀具几何参数和切削参数的规范化、典型化
  C. 刀片及刀柄高度的通用化、规则化、系列化
  D. 刀片及刀具的耐用度及其经济寿命指标的合理化

78. 磨削薄壁套筒内孔时夹紧力方向最好为(　　)。

  A. 径向   B. 倾斜方向
  C. 任意方向   D. 轴向

79. 数控系统的报警大体可以分为操作报警、程序错误报警、驱动报警及系统错误报警,某个数控车床在启动后显示"没有 Z 轴反馈",这属于(　　)。

  A. 操作错误报警   B. 程序错误报警
  C. 驱动错误报警   D. 系统错误报警

80. 数控车床加工钢件时希望的切屑是(　　)。

  A. 带状切屑   B. 挤裂切屑
  C. 节状切屑   D. 崩碎切屑

81. 钻削时的切削热大部分由(　　)传散出去。

  A. 刀具   B. 工件   C. 切屑   D. 空气

82. 选择加工表面的设计基准作为定位基准称为(　　)。

  A. 基准统一原则   B. 互为基准原则
  C. 基准重合原则   D. 自为基准原则

83. 有些高速钢铣刀或硬质合金铣刀的表面涂敷一层 TiC 或 TiN 等物质,其目的是(　　)。

  A. 使刀具更美观   B. 提高刀具的耐磨性
  C. 切削时降低刀具的温度   D. 抗冲击

84. 为提高低碳钢的切削性能,通常采用(　　)处理。
   A. 完全退火　　　　　　B. 球化退火
   C. 去应力退火　　　　　D. 正火

85. 铣削外轮廓,为避免切入/切出产生刀痕,最好采用(　　)。
   A. 法向切入/切出　　　　B. 切向切入/切出
   C. 斜向切入/切出　　　　D. 直线切入/切出

86. 主轴转速 n(r/min)与切削速度 v(m/min)的关系表达式是(　　)。
   A. $n = \pi v D/1\,000$　　　　B. $n = 1\,000\pi v D$
   C. $v = \pi n D/1\,000$　　　　D. $v = 1\,000\pi n D$

87. 普通米制螺纹牙型半角为(　　)。
   A. 30°　　B. 45°　　C. 55°　　D. 60°

88. 按一般情况,制作金属切削刀具时,硬质合金刀具的前角(　　)高速钢刀具的前角。
   A. 大于　　B. 等于　　C. 小于　　D. 平行于

89. 绝大部分的数控系统都装有电池,它的作用是(　　)。
   A. 给系统的 CPU 运算提供能量,更换电池时一定要在数控系统断电的情况下进行
   B. 在系统断电时,用它储存的能量来保持 RAM 中的数据,更换电池时一定要在数控系统断电的情况下进行
   C. 为检测元件提供能量,更换电池时一定要在数控系统断电的情况下进行
   D. 在突然断电时,为数控机床提供能量,使机床能暂时运行几分钟,以便退出刀具,更换电池时一定要在数控系统断电的情况下进行

90. 精加工的主要目的是(　　)。
   A. 把各表面都加工到图样规定的要求
   B. 达到工件的尺寸精度要求
   C. 提高工件的表面质量
   D. 达到工件的形状精度要求

91. 用2:1的比例画10°斜角的楔块时，应将该角画成（　　）。
    A. 5°　　　　B. 10°　　　　C. 20°　　　　D. 15°
92. （　　）仅画出机件断面的图形。
    A. 半剖视图　　　　　　　　B. 三视图
    C. 断面图　　　　　　　　　D. 剖视图
93. 外螺纹的规定画法是牙顶（大径）及螺纹终止线用（　　）表示。
    A. 细实线　　　　　　　　　B. 细点画线
    C. 粗实线　　　　　　　　　D. 波浪线
94. 标注形位公差时箭头（　　）。
    A. 要指向被测要素　　　　　B. 指向基准要素
    C. 必须与尺寸线错开　　　　D. 都要与尺寸线对齐
95. 用涂色法检验外圆锥，若只有大端涂色被擦，说明（　　）。
    A. 圆锥角大　　　　　　　　B. 圆锥角小
    C. 双曲线误差　　　　　　　D. 锥角正确
96. 螺纹千分尺测量外螺纹的（　　）。
    A. 大径　　　　B. 小径　　　　C. 中径　　　　D. 顶径
97. 检验精度较高的锥面角度时采用（　　）测量。
    A. 样板　　　　　　　　　　B. 锥形量规
    C. 万能角度尺　　　　　　　D. 涂色
98. 三相异步电动机的旋转方向是由三相电源的（　　）决定的。
    A. 相位　　　　B. 相序　　　　C. 频率　　　　D. 相位角
99. 对长期不用的数控机床保持经常性的通电是为了（　　）。
    A. 保持电路畅通
    B. 避免各元器件生锈
    C. 检查电子元件是否有故障
    D. 驱走数控装置内的潮气
100. 带传动是用（　　）来传递运动的。
    A. 主轴的动力　　　　　　　B. 主动轮的转矩
    C. 带的拉力　　　　　　　　D. 带与带轮间的摩擦力

三、计算题

1. 已知一对正确安装的外啮合齿轮机构,采用正常齿制,模数 $m = 3$ mm,齿数 $z_1 = 21$、$z_2 = 64$,求传动比 i_{12}、中心距。

2. 如图1所示为零件的轴向尺寸,试计算图中零件的工序尺寸及公差。

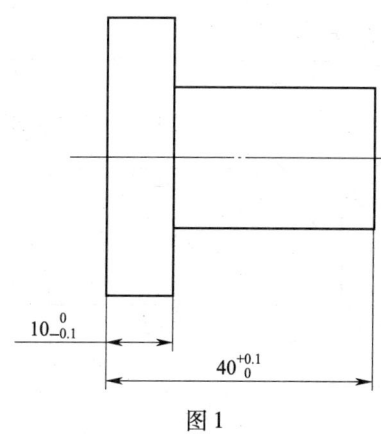

图 1

3. 轴的尺寸要求为 $\phi 40_{-0.48}^{-0.009}$ mm,加工后量得其实际为 $\phi 39.98$ mm,轴线的直线度误差为 $\phi 0.05$ mm,试根据泰勒原则判断此轴是否合格,并说明原因。

4. 求解图2所示三段连接圆弧坐标。要求:需要标明计算建立的坐标系,应写出计算过程,并用字母代号在图上标示出计算点的位置,填上坐标值。

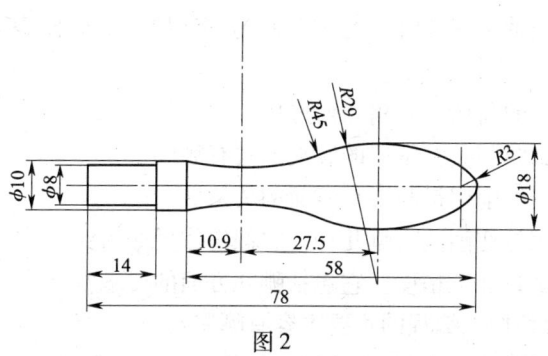

图 2

5. 用 450 r/min 的转速车削 $\phi 30$ mm 的光轴时，求切削速度。尺寸 $\phi 60_{-0.021}^{0}$ mm 的最大极限尺寸、最小极限尺寸和公差各为多少？

6. 如图 3 所示，尺寸 $60_{-0.12}^{0}$ mm，已加工完成，现以 B 面定位精铣 D 面，试求出工序尺寸 A_2。

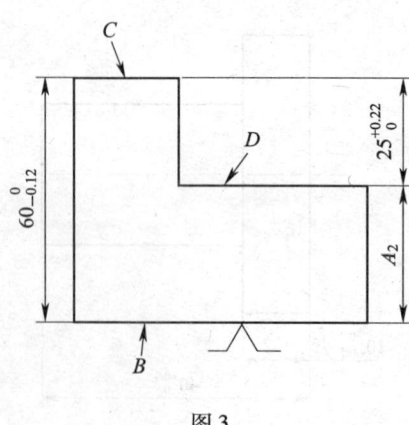

图 3

7. 已知某个孔尺寸为 $\phi 125_{-0.2}^{+0.05}$ mm，试求它的最大尺寸和公差。与之相配合的轴尺寸为 $\phi 125_{-0.05}^{+0.18}$ mm，试求它们的最大间隙量。

四、简答题

1. 分析零件图样是工艺准备中的首要工作，它包括哪些内容。
2. 主轴脉冲编码器有些什么功能？它与主轴的联系有何要求？
3. 用两顶尖安装工件时应该注意哪些问题？
4. 车削轴类零件时，由于车刀的哪些原因，而使表面粗糙度达不到要求？
5. 车刀的前角、后角如何选择？
6. 什么叫装夹？常用的装夹方法有哪些？
7. 试述切削用量与刀具寿命的关系。
8. 常用的切削液有哪几种？它们的作用如何？
9. 什么是加工精度？它包括哪几方面的要求？
10. 数控加工编程的主要内容有哪些？
11. 数控加工工艺分析的目的是什么？包括哪些内容？

12. 解释对刀点的含义。
13. 解释机械加工工艺过程的具体含义。
14. 试述点位控制系统、直线控制系统和轮廓控制系统的区别。
15. 滚珠丝杠副进行预紧的目的是什么？简述双螺母垫片式预紧方法的工作原理。
16. 简述数控机床零件加工的一般步骤。
17. 解释闭环控制系统和脉冲当量的含义。
18. 柔性制造系统由哪几个部分组成？请简要说明。
19. 数控机床的定位精度包括哪些？
20. 简述开环和闭环控制数控机床的特点。
21. 名词解释：黏结磨损和模态代码。
22. 数控机床与普通机床相比，其主传动的特点是什么？
23. 名词解释：工件坐标系和一次逼近误差。
24. 名词解释：基点和节点。
25. 为什么要进行刀具补偿？刀具补偿分为哪两种？应用刀具补偿应注意哪些问题？
26. 通常数控加工程序包含哪些内容？
27. 数控机床的主传动变速方法有哪几种？各有何优点？
28. 简述麻花钻的修磨方法。
29. 逐点比较法的原理是什么？
30. 简述数控机床加工路线和选择原则。
31. 简述机床原点、机床参考点与编程原点的概念。
32. 对刀具材料的基本要求有哪些？
33. 名词解释：逐点比较插补法和闭环控制伺服系统。
34. 简述数控机床的加工特点。
35. 在任何工作条件下，表面粗糙度值都是越小越好，对吗？为什么？
36. 数控车床的主要加工对象有哪些？
37. 精基准的选择原则有哪些？
38. 工序集中制原则的特点有哪些？

39. 采用数字—地址程序段格式编程有什么特点？
40. 毛坯的种类有哪些？选择时要依据哪些原则？考虑哪些因素？
41. 切削液应具备哪些性能？有哪几种？
42. 影响加工精度的因素有哪些？
43. 数控机床的 X、Y、Z 坐标轴及其方向是如何确定？
44. 什么叫基准重合？它有什么优点？

理论知识试题参考答案

一、是非题

1. ×	2. ×	3. √	4. ×	5. ×	6. ×
7. ×	8. √	9. ×	10. ×	11. √	12. ×
13. √	14. ×	15. ×	16. ×	17. ×	18. √
19. √	20. ×	21. ×	22. ×	23. ×	24. ×
25. √	26. ×	27. ×	28. √	29. √	30. ×
31. √	32. ×	33. ×	34. √	35. √	36. √
37. √	38. √	39. ×	40. ×	41. ×	42. √
43. ×	44. ×	45. ×	46. √	47. ×	48. ×
49. ×	50. √	51. ×	52. √	53. √	54. √
55. ×	56. ×	57. ×	58. √	59. √	60. ×
61. ×	62. √	63. √	64. √	65. √	66. √
67. √	68. ×	69. √	70. ×	71. ×	72. ×
73. ×	74. √	75. √	76. ×	77. ×	78. ×
79. √	80. √	81. √	82. ×	83. ×	84. ×
85. √	86. √	87. ×	88. √	89. ×	90. ×
91. √	92. ×	93. √	94. √	95. ×	96. √
97. √	98. ×				

二、选择题

1. B	2. A	3. A	4. B	5. C	6. D
7. B	8. B	9. B	10. C	11. B	12. B
13. A	14. A	15. B	16. A	17. C	18. C
19. C	20. D	21. C	22. A	23. B	24. C
25. A	26. B	27. A	28. B	29. A	30. D

31. C	32. C	33. B	34. C	35. A	36. C
37. A	38. C	39. C	40. C	41. B	42. C
43. C	44. D	45. D	46. B	47. C	48. C
49. C	50. A	51. C	52. B	53. B	54. C
55. A	56. B	57. A	58. A	59. B	60. A
61. C	62. B	63. C	64. C	65. C	66. B
67. B	68. A	69. A	70. C	71. A	72. B
73. D	74. C	75. A	76. C	77. A	78. D
79. C	80. C	81. B	82. C	83. B	84. C
85. B	86. C	87. D	88. C	89. B	90. C
91. B	92. C	93. C	94. A	95. A	96. C
97. B	98. B	99. D	100. D		

三、计算题

1. 解：$i = z_2/z_1 = 64/21 = 3.047$

   $a = (z_1 + z_2) \times m/2 = 85 \times 3/2 = 127.5$ mm

2. 解：尺寸链的关系如图 4 所示：

   $X = 40 - 10 = 30$ mm

   上偏差 $= 0.10 - (-0.10) = +0.20$ mm

   下偏差 $= 0 - 0 = 0$

   $X = 30_{\ 0}^{+0.20}$ mm

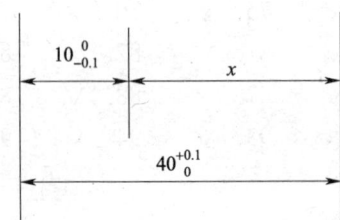

图 4

3. 解：轴的最大尺寸为：

   $39.98 + 0.025 = 40.005$ mm

   该尺寸大于其最大实体尺寸 39.991 mm，通规通不过。所以，为不合格。

4. 解：如图 5 所示：

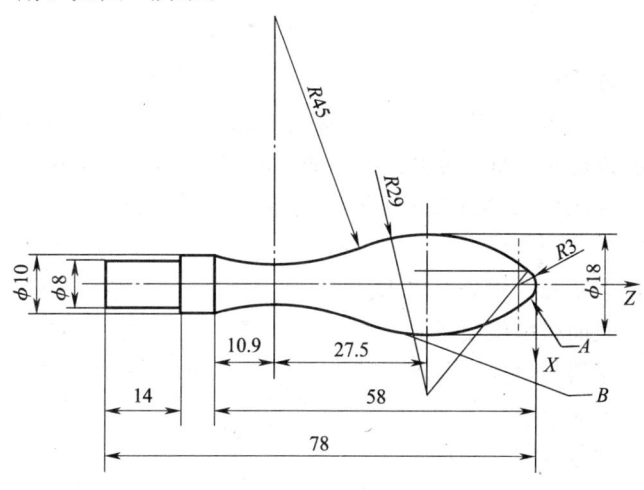

图 5

$29/26 = X/16.6$

$X = 18.515$, $Z_A = 1.085$

同理可得 X 方向的值，A (4.614, -1.085)，B (13.846, -30.390)。

5. 解：$v = 450\pi30/1000 = 42.39$ m/min

$d_{max} = 60$ mm

$d_{min} = 59.979$ mm

$T = d_{max} - d_{min} = 0.021$ mm

6. 解：如图 6 所示

$25 = 60 - A_2$

$A_2 = 60 - 25 = 35$ mm

$+0.22$ mm $= 0 -$ 下偏差

下偏差 $= -0.22$ mm

$0 = -0.12 -$ 上偏差

上偏差 $= -0.12$ mm

所以 A_2 的工序尺寸 $A_2 = 35_{-0.22}^{-0.12}$ mm

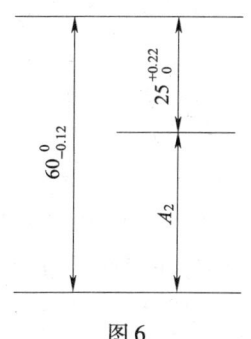

图 6

7. 解：$D_{max} = 125.05$ mm

$T = D_{max} - D_{min} = 0.25$ mm

$X_{max} = D_{max} - d_{min} = 0.1$ mm

四、简答题

1. 答：分析零件图样是工艺准备中的首要工作，直接影响零件加工程序的编制及加工结果，包括如下内容：

（1）构成加工轮廓的几何条件。

（2）尺寸公差要求。

（3）形状和位置公差要求。

（4）表面粗糙度要求。

（5）材料与热处理要求。

（6）毛坯要求。

（7）件数要求。

2. 答：（1）起到了主轴转动与进给运动的联系作用。

（2）作为判断主轴正、反转的信号。

（3）同步脉冲作为车螺纹与准停控制信号。

主轴脉冲编码器可通过一对齿轮或同步齿形带与主轴联系起来，由于主轴要求与编码器同步旋转，所以此连接必须做到无间隙。

3. 答：（1）车床主轴轴线在前后顶尖的连线上。

（2）在不影响车刀切削的前提下，尾座套筒应尽量伸出短些。

（3）中心孔形状应正确，应在中心孔内加工业黄油。

（4）两顶尖与中心孔的配合必须松紧合适。

4. 答：（1）车刀刚度不够或伸出太长引起振动。

（2）车刀几何形状不正确，例如选用过小的前角、主偏角和后角。

（3）刀具磨损等。

5. 答：（1）前角的选择：

1）工件材料软，可选较大前角，反之取较小值。

2）粗加工应取较小前角，精加工取较大前角。

3）车刀材料强度、冲击韧度较差，前角取较小值，反之取较大值。

（2）后角的选择：

1) 粗加工应取较小值，精加工取较大值。

2) 工件材料较硬，后角宜取较小值，反之取较大值。

6. 答：一般把工件从定位到夹紧的过程称为装夹。常用的装夹方法有直线找正装夹、划线找正装夹和夹具装夹三种。

7. 答：切削用量中切削速度对刀具寿命影响最大，进给量次之，背吃刀量最小。所以，当刀具寿命的数值已确定后，为了提高切削效率，应首先从增大背吃刀量和进给量着手，而不应该盲目地提高切削速度。要提高刀具寿命，应首先选用合理的切削速度，而不应轻易降低进给量和背吃刀量。

8. 答：常用的切削液有以下几种。

(1) 水溶液，主要起冷却作用。

(2) 乳化液，主要起冷却和清洗作用，高浓度时有润滑作用。

(3) 切削油，主要起润滑作用。

切削液的选用，应根据不同工件材料、工艺要求和工种的特点选择使用。

9. 答：零件加工后实际几何参数与理想零件几何参数（几何尺寸、几何形状、表面相互位置）的相符程度称为加工精度。

加工精度包括尺寸精度、形状精度和位置精度三方面的要求。

10. 答：数控加工编程的主要内容有：分析零件图，确定工艺过程及工艺路线，计算刀具轨迹的坐标值，编写加工程序，程序输入数控系统，程序校验及首件试切等。

11. 答：在数控机床上加工零件，首先应根据零件图样进行工艺分析、处理，编制数控加工工艺，然后再编制加工程序。整个加工过程是自动的。它包括的内容有机床的切削用量、工步安排、进给路线、加工余量及工具的尺寸和型号等。

12. 答：为了建立机床坐标系和工件坐标系之间的关系，需要建立"对刀点"。所谓"对刀点"就是用刀具加工零件时，刀具相对工件运动的起点。对刀点既可以选择在工件上，也可以选择在工件外，但基本条件是对刀点必须与零件的定位基准有一定的尺寸关系，这样才能确定机床的坐标系和工件坐标系之间的关系。

13. 答：机械加工工艺过程是机械产品生产过程的一部分，是指采用机械加工的方法，直接改变毛坯的形状、尺寸和表面质量等，使其成为零件的过程。

14. 答：（1）点位控制的特点是只控制位移部件的终点位置，即控制移动部件由一个位置到另一位置的精确定位，而对它们运动过程中的轨迹没有严格的要求，在位移的定位过程中不进行加工。

（2）直线控制系统的特点是刀具相对工件运动不仅要控制两点之间的准确位置，还要保证两点之间的移动轨迹是一条直线。

（3）轮廓控制系统不仅要控制起点和终点的位置，而且要控制加工过程中每一点的位置和速度。

15. 答：（1）目的：滚珠丝杠副进行预紧的目的是消除滚珠丝杠副传动的反向间隙和提高滚珠丝杠副的轴向刚度。

（2）原理：双螺母垫片式预紧方法即在两个螺母之间加入垫片，把左、右两个螺母撑开，使左、右两个螺母与丝杠的接触方向相反，从而实现滚珠丝杠副的预紧。

16. 答：（1）开机，手动返回参考点，建立机床坐标系。

（2）将加工程序输入到 CNC 中。

（3）将零件装到机床上。

（4）对加工程序中使用到的刀具进行对刀，并输入刀具补偿值。

（5）确定工件坐标系。

（6）在自动方式下运行程序加工零件。

17. 答：闭环控制系统就是对机床移动部件的位置直接用直线位置传感器进行检测，把实际测出的位置反馈到数控装置中，并输入指令比较是否有差值，然后用这个差值去控制伺服系统，使运动部件按实际需要值运动，从而实现准确定位。

脉冲当量是指数控系统每发出一个脉冲，使机床移动部件产生的位移量。

18. 答：（1）加工子程序。该系统由加工单元、柔性制造单元、加工中心、数控机床，以及各种自动清洗、检测和装配机等组成，是 FMS 的基础部分。

（2）物流子系统。该系统由自动输送小车、各种输送机构、机器人、工件装卸站、工件存储工位、刀具输入输出站和刀库等构成。

物流子系统在计算机的控制下自动完成刀具和工件的输送工作。

（3）信息子系统。该系统由主计算机、分级计算机及其接口、外围设备和各种控制装置的硬件和软件组成。主要功能是实现各子系统之间的信息联系，对系统进行管理，确保系统正常工作。

19．答：数控机床的定位精度包括：

（1）伺服定位精度（包括电动机、电路、检测元件）。

（2）机械传动精度。

（3）几何定位精度，包括主轴回转精度、导轨直线平行度、尺寸精度。

（4）刚度。

20．答：（1）开环控制系统中没有检测装置，指令信号单方向传送，并且指令发生后不再反馈回来，故称开环控制。开环控制的伺服系统主要使用步进电动机。特点是结构简单，调试方便，容易维修，成本低，但其控制精度不高。

（2）闭环控制系统安装在工作台上的检测元件将工作台实际位移量反馈到计算机，与所要求的位置指令进行比较，用比较的差值进行控制，直到差值消除为止，从而使加工精度大大提高。特点是加工精度高，移动速度快。这类数控机床采用直流伺服电动机或交流伺服电动机作驱动元件，电动机的控制电路比较复杂，检测元件价格昂贵，因而调试和维修比较复杂，成本高。

21．答：黏结磨损时指工件或切削表面与刀具表面之间在高温下发生黏结，刀具表面微粒带走而造成的磨损。

模态代码即续效代码，模态代码一经采用，将直到出现同组其他任一代码时才失效。如 G00、G01、G02、G03 为一组，设开始的某程序采用 G00，而以下程序并没有 G00，但 G00 仍然有效，直到某个程序段出现 G01、G02、G03 之一将其取代才失效。

22．答：（1）所选用电动机的区别。目前数控机床的主传动电动机已不再采用普通的交流异步电动机或传统的直流调速电动机，它们已逐步被新型的交流调速电动机和直流调速电动机所代替。

（2）转速高，功率大。它能使数控机床进行大功率切削和高速切削，实现高效率加工。

(3) 变速范围大。数控机床的主传动系统要求有较大的调速范围，一般 $Rn > 100$，以保证加工能选用合理的切削用量，从而获得最佳的生产效率、加工精度和表面质量。

(4) 主轴的变速迅速可靠，数控机床的变速是按照控制指令自动进行的，因此变速机构须适应自动操作的要求。

23. 答：工件坐标系是编程人员在编程时使用的坐标系。编程人员为了编程方便，选择工件上的某一已知点为原点，建立坐标系，称为工件坐标系（也称编程坐标系）。

一次逼近误差是用近似计算机法逼近零件轮廓时产生的误差，如用直线或圆弧去逼近轮廓，用近似方程式去拟合列表曲线等。

24. 答：构成零件轮廓不同几何素线的交点或切点称为基点。

当采用不具备非圆曲线插补功能的数控机床加工曲线轮廓时，在加工程序的编制中，常常要用多个直线段或圆弧段去近似地代替非圆曲线，这称为拟合。拟合线段的交点或切点称为节点。

25. 答：为了保证加工精度和编程方便，经过译码后得到的数据，不能直接用于插补控制，要经过半径补偿计算，将编程轮廓数据转换成刀具中心轨迹的数据才能用于插补。

刀具补偿分为刀具位置补偿和刀具半径补偿两种。应用刀具补偿时，应在程序中指明何处进行刀具补偿，指出是进行左刀补还是右刀补，并指出刀具半径补偿刀号等。

26. 答：通常数控加工程序包含以下内容：

(1) 编号。
(2) 工件原点设置。
(3) 辅助指令。
(4) 刀具引入退出的路径。
(5) 加工方法。
(6) 刀具运动轨迹。
(7) 其他说明。
(8) 结束语句。

27. 答：数控机床的主传动变速方法有以下3种。
(1) 经传动带和变速齿轮的主传动方式：可扩大主轴的调速范

围,扩大输出转矩,但容易使主轴发热,产生振动、噪声。

(2)经带传动的主传动方式:它可以避免齿轮传动时引起的振动与噪声,从而大大提高了主轴的运转精度。

(3)由调速电动机直接驱动的主传动方式:大大简化了主轴箱体与主轴结构,有效地提高了主轴的刚度。但其输出转矩小,主电动机发热影响大,通常自带特定的冷却系统,如风冷、水冷、空调降温等装置。

28. 答:(1)把主切削刃修磨成折线刃或圆弧刃,增大刀尖角,改善散热条件。

(2)把横刃磨短,减小轴向力,增大横刃前角。

(3)修磨刃带,减小与被加工孔孔壁的摩擦。

(4)修磨前面,增大钻心处的前角。

(5)在主切削刃上开出分屑槽,便于排屑。

29. 答:在刀具按要求轨迹加工零件的过程中,不断地比较刀具与被加工零件轮廓之间的相对位置,并根据比较的结果决定下一步的进给方向,使刀具向减小偏差的方向进给,且只有一个方向进给,从而获得一个非常接近于数控加工过程规定轮廓的轨迹。

30. 答:(1)加工路线是指数控机床在加工过程中刀具相对工件的运动轨迹和方向,即刀具从起刀点开始运动,直至返回该点并结束加工程序所经过的路径,包括切削加工路径及刀具的引入、返回等非切削空行程。确定加工路线,主要是确定粗加工及空行程的进给路线。而精加工切削过程的进给路线都是沿着工件轮廓进行的。

(2)加工路线选择原则:

1)保证工件的加工精度和表面粗糙度要求。

2)尽量缩短加工路线,减少刀具空行程时间。

3)使数值计算简单,程序段数量少。

31. 答:(1)机床原点:现代机床都有一个基准位置,称为机床原点或机床绝对原点,是机床制造商设置在机床上的一个物理位置,其作用是使机床与控制系统同步,建立测量机床运动坐标的起始点。

(2)机床参考点:在CNC机床上,设有特定的机床位置,它是机床制造商在机床上用行程开关设置的一个物理位置,与机床原点的相对位置是固定的,在这个位置上交换刀具及设定坐标系。

(3) 编程原点：是编程人员在数控编程过程中定义在工件上的几何基准点。

32. 答：（1）高于被加工材料的硬度（＞60 HRC）和高耐磨性。

（2）足够的冲击韧度和强度。

（3）良好的耐热性和导热性。

（4）抗黏结性。

（5）化学稳定性。

（6）良好的工艺性和经济性。

33. 答：（1）逐点比较插补法通过比较刀具与加工曲线的相对位置来确定刀具的相对运动。

逐点比较法的一个插补循环包括：偏差判别，进给，偏差计算，终点判断。

（2）闭环伺服系统的位置检测元件安装在执行元件上，用以实测执行元件的位置或位移。数控装置对位移指令与位置检测元件测得的实际位置反馈信号随时进行比较，根据其差值及指令进给速度的要求，按照一定规律进行转换后，得到进给伺服系统的速度指令，此外还利用与伺服驱动电动机同轴刚性连接的测速元器件，随时实测驱动电动机的转速，得到速度反馈信号，将它与速度指令信号相比较，得到速度误差信号，对驱动电动机的转速随时进行校正。

34. 答：数控机床的加工特点如下。

（1）加工精度高。

（2）对加工对象适应性强。

（3）自动化程度高，劳动强度低。

（4）生产效率高。

（5）具有良好的经济效益。

（6）有利于现代化管理。

35. 答：不对。在半液体或干摩擦的工作条件下，零件的原始表面粗糙度值并不是越小越好。因为表面粗糙度值小，紧密接触的两金属分子之间会产生较大的亲和力，润滑液被挤出，造成润滑条件恶化，表面容易咬焊，使初期磨损量增大。而在完全液体润滑工作条件下，因润滑充分，两金属表面完全不接触，由很薄一层油膜隔开，要求其表面的粗糙程度应不刺破油膜，故在完全液体润滑条件下表面粗糙度值越小越好。

36. 答：数控车床的主要加工对象有以下几种。
（1）精度要求较高的回转体零件。
（2）表面粗糙度值要求高的回转体零件。
（3）表面形状复杂的回转体零件。
（4）带特殊螺纹的回转体零件。

37. 答：精基准的选择原则有以下几个。
（1）基准重合原则。
（2）基准统一原则。
（3）自为基准原则。
（4）互为基准原则。
（5）保证工件定位准确、夹紧安全可靠、操作方便省力的原则。

38. 答：工序集中制原则的优点是有利于采用高效的专用设备和数控机床，可提高生产效率，减少工序数目，缩短工艺路线，简化生产计划和生产组织工作，减少机床数量、操作工人数和占地面积，减少工件装夹次数，不仅保证了加工表面间的相互位置精度，而且减少了夹具数和装夹工件的辅助时间。但其缺点是装用设备和工艺装备投资大，调整维修比较麻烦，生产准备周期较长，不利于减产。

39. 答：（1）程序段中各信息字先后顺序并不严格，不必要的信息字可省略。
（2）数据符的位数可多可少，但不得大于规定的最大允许位数。
（3）某些功能字处于模态指令，模态指令一经使用，只有被同组的其他指令取代或取消后方才失效，否则保持继续有效，并且可以省略不写。

40. 答：（1）机械零件的常用毛坯包括铸件、锻件、轧制型材、挤压件、冲压件、焊接件、粉末冶金件和注射成形件。
（2）选择依据的原则有：可加工性原则，适应性原则，生产条件原则，经济性原则，可持续发展原则。
（3）考虑因素主要有以下几点：

1）零件材料及力学性能要求。
2）零件结构形状与大小。
3）生产类型。
4）现有生产条件。
5）充分利用新工艺新材料。

41. 答：切削液是一种用在金属切削加工过程中，用来冷却和润滑刀具和加工工件的工业用液体，它应具备良好的冷却性能、润滑性能、防锈性能、除油清洗性能。

切削加工中常用的切削液可分为三大类：水溶液、乳化液、切削油。

水溶液：水溶液主要成分是水，它的冷却性能好。

乳化液：它是乳化油有水稀释而成的。乳化油是矿物油、乳化剂及添加剂配成的，用95%～98%的水稀释后即成为乳白色或半透明的乳化液。

切削油：切削油的主要成分是矿物油，少数采用动植物油或复合油。

42. 答：影响加工精度的因素有以下几个方面。
（1）系统的几何误差。
（2）工艺系统的受力变形。
（3）工艺系统的热变形。
（4）调整误差。
（5）工件残余应力引起的误差。
（6）数控机床产生误差的独特性。

43. 答：（1）首先确定 Z 方向——传递切削力的主轴轴线方向。
（2）然后确定 X 方向——X 方向规定水平方向，X 坐标的方向在工件的径向上，且平行于横向滑板。
（3）最后确定 Y 方向——在确定了 X、Z 轴的正方向后，即可按右手定则定出 Y 轴正方向。

44. 答：在工艺过程中所使用的定位基准、测量基准、装配基准与设计基准相同时，称为基准重合。基准重合优点：最容易达到零件的技术要求，对保证零件和机器质量是最理想的。

技能考核试题与评分标准

数控车工中级技能操作考核试卷一

考件编号：_____ 姓名：_____ 准考证号：_____

单位：_____

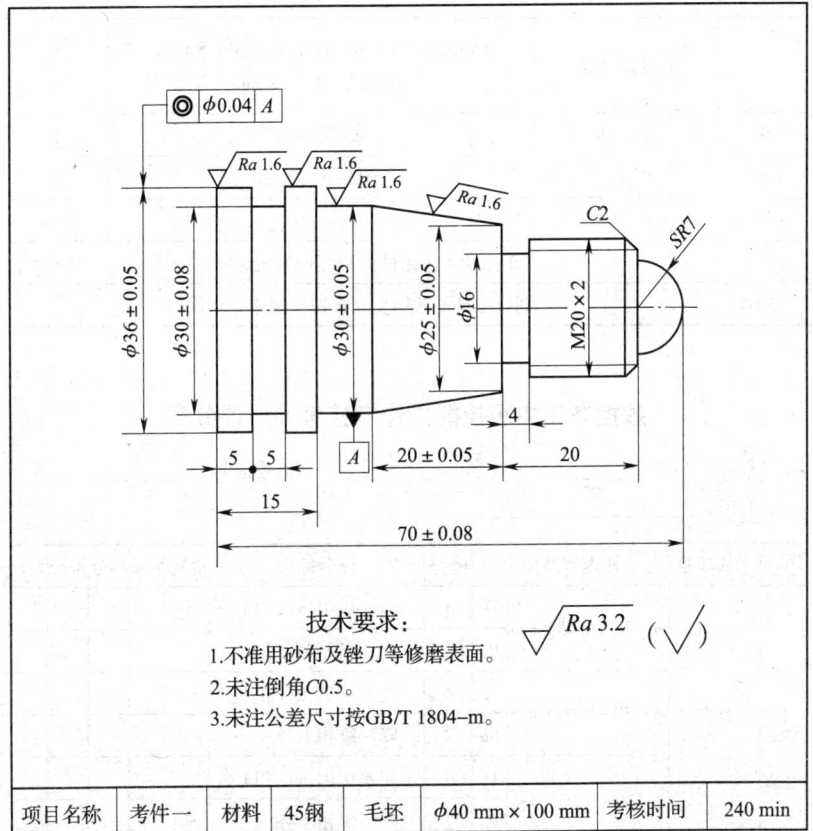

技术要求：
1. 不准用砂布及锉刀等修磨表面。
2. 未注倒角C0.5。
3. 未注公差尺寸按GB/T 1804-m。

| 项目名称 | 考件一 | 材料 | 45钢 | 毛坯 | φ40 mm×100 mm | 考核时间 | 240 min |

> 数控车工

工量具清单

序号	名　称	规　格	数量
1	高度游标尺	0～150 mm（0.02）	1
2	游标卡尺	0～200 mm（0.02）	1
3	外径千分尺	0～25 mm、25～50 mm、50～75 mm 75～100 mm、100～125 mm	各1
4	万能角度尺	0°～320°（2′）	1
5	半径样板	1～6.5 mm、7～14.5 mm、15～25 mm	各1
6	百分表（带表座）	0～10 mm	1
7	车刀	各种规格的外圆车刀、内孔车刀、 切断车刀、螺丝纹车刀	若干
8	直柄麻花钻	ϕ5mm、ϕ6 mm、ϕ8 mm、ϕ14.8 mm、 ϕ15 mm、ϕ17.8 mm	各1
9	中心钻	ϕ3.15 mm	1
10	塞尺	0.02～1.00 mm	1
11	螺纹样板	各种规格	1套
12		车床及车床附件（根据所选机床定）	
备注		划线工具、软铜皮、靠铁、铜棒等自备	

数控车工中级技能操作考核考件一评分表

考件编号：＿＿＿＿　　姓名：＿＿＿＿　　准考证号：＿＿＿＿
单位：＿＿＿＿＿＿＿

序号	考核项目	考核内容及要求		配分	评分标准	检测结果	扣分	得分	备注
1	外圆	ϕ(36±0.05) mm	IT	4	超差0.01 mm扣1分				
			Ra	2	降一级扣1分				
		ϕ(30±0.08) mm	IT	4	超差0.01 mm扣1分				
			Ra	2	降一级扣1分				
		ϕ(30±0.05) mm	IT	4	超差0.01 mm扣1分				
			Ra	2	降一级扣1分				

续表

序号	考核项目	考核内容及要求		配分	评分标准	检测结果	扣分	得分	备注
1	外圆	$\phi(25\pm0.05)$ mm	IT	4	超差0.01 mm扣1分				
			Ra	2	降一级扣1分				
	螺纹	M20×2	IT	4	超差0.01 mm扣1分				
			Ra	2	降一级扣1分				
2	球面	SR7	IT	4	超差0.01 mm扣1分				
			Ra	2	降一级扣1分				
3	长度	(20 ± 0.05) mm	IT	4	降一级扣1分				
		(70 ± 0.08) mm	IT	4	超差0.01 mm扣1分				
4	形位公差	◎ $\phi0.04$ A		3	降一级扣1分				
5	程序编制	建立工作坐标系		4	出现错误不得分				
		程序代码正确		5	出现错误不得分				
6		刀具轨迹显示正确		3	出现错误不得分				
		程序要完整		5	出现错误不得分				
7	机床操作	开机及系统复位		5	出现错误不得分				
		装夹工件		4	出现错误不得分				
8		输入及修改程序		5	出现错误不得分				
		正确设定对刀点		5	出现错误不得分				
9	工、量、刃具的正确使用	建立刀补		4	出现错误不得分				
		自动运行		4	出现错误不得分				
		执行操作规程		5	违反规程不得分				
10		使用工具、量具		4	选择错误不得分				
11	加工时间	超过定额时间5 min扣1分；超过10 min扣5分，以后每超过5 min加扣5分，超过30 min则停止考试							
12	文明生产	按有关规定每违反一项从总分中扣3分，发生重大事故取消考试。扣分不超过10分							

| 监考人 | | 检验员 | | 考评人 | |

数控车工中级技能操作考核试卷二

考件编号：_____　姓名：_____　准考证号：_____

单位：_____

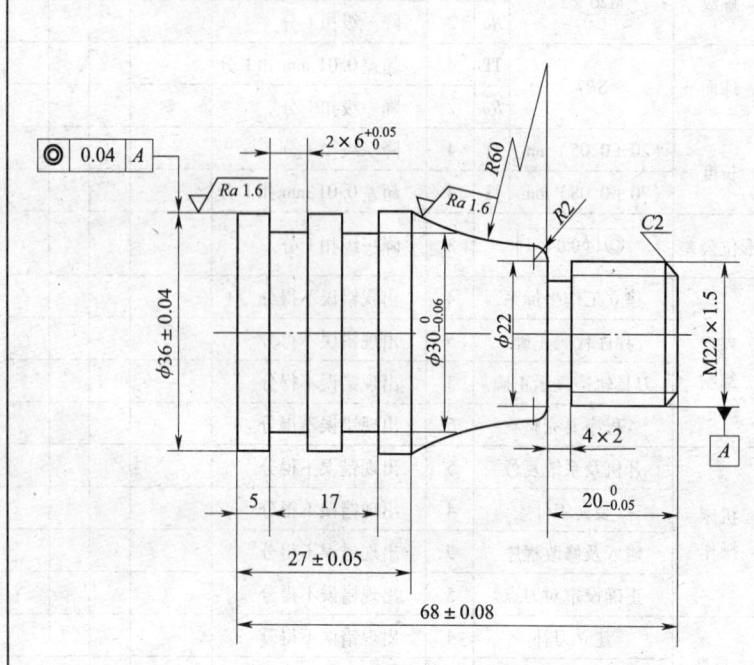

技术要求：
1. 不准用砂布及锉刀等修磨表面。
2. 未注倒角C0.5。
3. 未注公差尺寸按GB/T 1804-m。

项目名称	考件二	材料	45钢	毛坯	$\phi 40\ mm \times 100\ mm$	考核时间	240 min

工量具清单

序号	名称	规格	数量
1	高度游标尺	0~150 mm (0.02) mm	1
2	游标卡尺	0~200 mm (0.02) mm	1
3	外径千分尺	0~25 mm、25~50 mm、50~75 mm、75~100 mm、100~125 mm	各1
4	万能角度尺	0°~320° (2′)	1
5	半径样板	1~6.5 mm、7~14.5 mm、15~25 mm	各1
6	百分表（带表座）	0~10 mm	1
7	车刀	各种规格的外圆车刀、内孔车刀、切断车刀、螺纹车刀	若干
8	直柄麻花钻	ϕ5 mm、ϕ6 mm、ϕ8 mm、ϕ14.8 mm、ϕ15 mm、ϕ17.8 mm	各1
9	中心钻	ϕ3.15 mm	1
10	塞尺	0.02~1.00 mm	1
11	螺纹样板	各种规格	1套
12		车床及车床附件（根据所选机床定）	
备注		划线工具、软铜皮、靠铁、铜棒等自备	

数控车工中级技能操作考核考件二评分表

考件编号：_____ 姓名：_____ 准考证号：_____

单位：_____

序号	考核项目	考核内容及要求		配分	评分标准	检测结果	扣分	得分	备注
1	外圆	$\phi(36\pm0.04)$ mm	IT	5	超差0.01 mm扣1分				
			Ra	4	降一级扣1分				
		$\phi 30_{-0.06}^{0}$ mm	IT	5	超差0.01 mm扣1分				
			Ra	4	降一级扣1分				

> 数控车工

续表

序号	考核项目	考核内容及要求		配分	评分标准	检测结果	扣分	得分	备注
2	槽	2×6 mm	IT	5	超差0.01 mm扣1分				
			Ra	4	降一级扣1分				
		4×2 mm	IT	5	超差0.01 mm扣1分				
			Ra	3	降一级扣1分				
3	螺纹	M22	IT	5	中径超差0.01 mm扣1分				
			Ra	3	降一级扣1分				
4	长度	(68±0.08) mm	IT	5	超差0.01 mm扣1分				
		$20_{-0.05}^{0}$ mm	IT	5	超差0.01 mm扣1分				
		(27±0.05) mm	IT	5	超差0.01 mm扣1分				
5	形位公差	◎ $\phi0.04$ A		4	降一级扣1分				
6	程序编制	建立工作坐标系		2	出现错误不得分				
		程序代码正确		4	出现错误不得分				
		刀具轨迹显示正确		3	出现错误不得分				
		程序要完整		4	出现错误不得分				
7	机床操作	开机及系统复位		3	出现错误不得分				
		装夹工件		2	出现错误不得分				
		输入及修改程序		5	出现错误不得分				
		正确设定对刀点		3	出现错误不得分				
		建立刀补		4	出现错误不得分				
		自动运行		3	出现错误不得分				
8	工、量、刃具的正确使用	执行操作规程		2	违反规程不得分				
		使用工具、量具		3	选择错误不得分				
9	加工时间	超过定额时间5 min扣1分；超过10 min扣5分，以后每超过5 min加扣5分，超过30 min则停止考试							
10	文明生产	按有关规定每违反一项从总分中扣3分，发生重大事故取消考试。扣分不超过10分							

监考人		检验员		考评人	

数控车工中级技能操作考核试卷三

考件编号：_____ 姓名：_____ 准考证号：_____

单位：_____

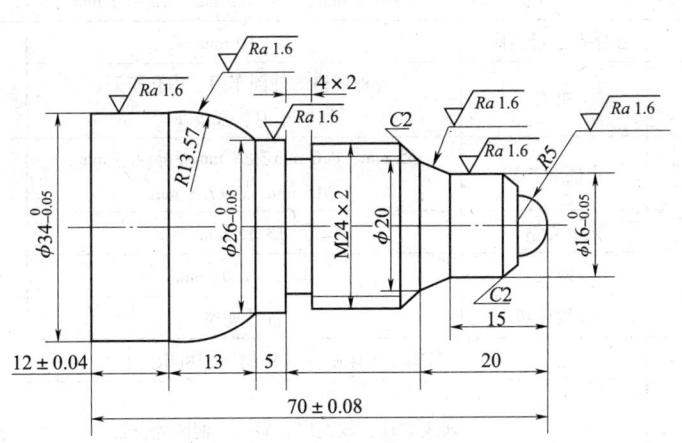

技术要求：
1. 不准用砂布及锉刀等修磨表面。
2. 未注倒角C0.5。
3. 未注公差尺寸按GB/T 1804—m。

| 项目名称 | 考件三 | 材料 | 45钢 | 毛坯 | $\phi40\text{ mm}\times100\text{ mm}$ | 考核时间 | 240 min |

> 数控车工

工量具清单

序号	名称	规格	数量
1	高度游标尺	0~150 mm (0.02) mm	1
2	游标卡尺	0~200 mm (0.02) mm	1
3	外径千分尺	0~25 mm、25~50 mm、50~75 mm、75~100 mm、100~125 mm	各1
4	万能角度尺	0°~320° (2′)	1
5	半径样板	1~6.5 mm、7~14.5 mm、15~25 mm	各1
6	百分表(带表座)	0~10 mm	1
7	车刀	各种规格的外圆车刀、内孔车刀、切断车刀、螺纹车刀	若干
8	直柄麻花钻	$\phi5$ mm、$\phi6$ mm、$\phi8$ mm、$\phi14.8$ mm、$\phi15$ mm、$\phi17.8$ mm	各1
9	中心钻	$\phi3.15$ mm	1
10	塞尺	0.02~1.00 mm	1
11	螺纹样板	各种规格	1套
12	车床及车床附件(根据所选机床定)		
备注	划线工具、软铜皮、靠铁、铜棒等自备		

数控车工中级技能操作考核考件三评分表

考件编号：_____ 姓名：_____ 准考证号：_____

单位：_____

序号	考核项目	考核内容及要求		配分	评分标准	检测结果	扣分	得分	备注
1	外圆	$\phi34_{-0.05}^{0}$ mm	IT	4	超差0.01 mm扣1分				
			Ra	2	降一级扣1分				
		$\phi26_{-0.05}^{0}$ mm	IT	4	超差0.01 mm扣1分				
			Ra	2	降一级扣1分				
		$\phi16_{-0.05}^{0}$ mm	IT	4	超差0.01 mm扣1分				
			Ra	2	降一级扣1分				

续表

序号	考核项目	考核内容及要求		配分	评分标准	检测结果	扣分	得分	备注
2	球面	R13.57 mm	IT	4	超差0.01 mm扣1分				
			Ra	2	降一级扣1分				
		R5 mm	IT	4	超差0.01 mm扣1分				
			Ra	2	降一级扣1分				
3	螺纹	M24	IT	4	中径超差0.01 mm扣1分				
			Ra	3	降一级扣1分				
4	长度	12 mm	IT	3	超差0.01 mm扣1分				
		(70±0.08) mm	IT	3	超差0.01 mm扣1分				
5	程序编制	建立工作坐标系		6	出现错误不得分				
		程序代码正确		4	出现错误不得分				
		刀具轨迹显示正确		3	出现错误不得分				
		程序要完整		6	出现错误不得分				
6	机床操作	开机及系统复位		5	出现错误不得分				
		装夹工件		4	出现错误不得分				
		输入及修改程序		5	出现错误不得分				
		正确设定对刀点		5	出现错误不得分				
		建立刀补		4	出现错误不得分				
		自动运行		5	出现错误不得分				
7	工、量、刃具的正确使用	执行操作规程		5	违反规程不得分				
		使用工具、量具		5	选择错误不得分				
8	加工时间	超过定额时间5 min扣1分；超过10 min扣5分，以后每超过5 min加扣5分，超过30 min则停止考试							
9	文明生产	按有关规定每违反一项从总分中扣3分，发生重大事故取消考试。扣分不超过10分							

监考人		检验员		考评人	

▶ 数控车工

数控车工中级技能操作考核试卷四

考件编号：_____ 姓名：_____ 准考证号：_____

单位：_____

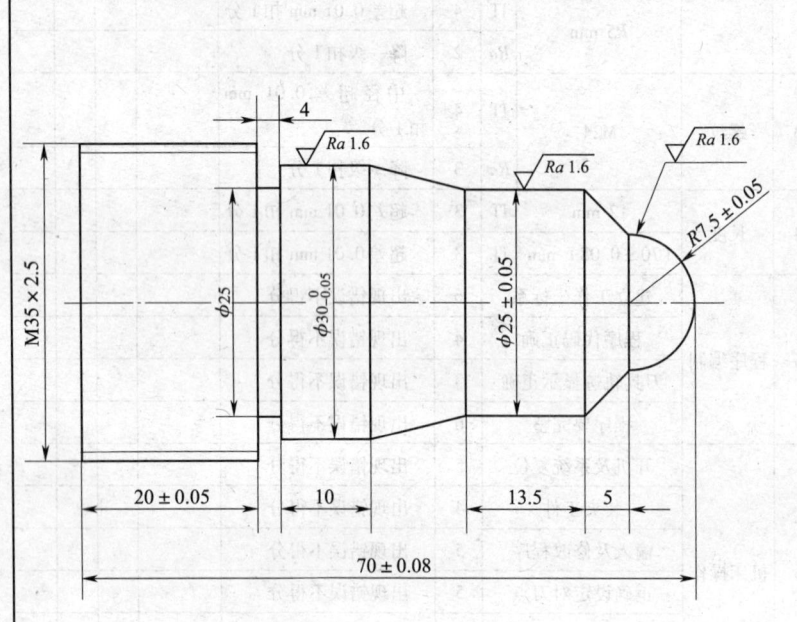

技术要求：
1. 不准用砂布及锉刀等修磨表面。
2. 未注倒角C0.5。
3. 未注公差尺寸按GB/T 1804-m。

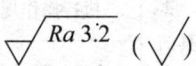

| 项目名称 | 考件四 | 材料 | 45钢 | 毛坯 | φ40×100 | 考核时间 | 240 min |

工量具清单

序号	名称	规格	数量
1	高度游标尺	0~150 mm（0.02 mm）	1
2	游标卡尺	0~200 mm（0.02 mm）	1
3	外径千分尺	0~25 mm、25~50 mm、50~75 mm、75~100 mm、100~125 mm	各1
4	万能角度尺	0°~320°（2′）	1
5	半径样板	1~6.5 mm、7~14.5 mm、15~25 mm	各1
6	百分表（带表座）	0~10 mm	1
7	车刀	各种规格的外圆车刀、内孔车刀、切断车刀、螺纹车刀	若干
8	直柄麻花钻	ϕ5mm、ϕ6 mm、ϕ8 mm、ϕ14.8 mm、ϕ15 mm、ϕ17.8 mm	各1
9	中心钻	ϕ3.15 mm	1
10	塞尺	0.02~1.00 mm	1
11	螺纹样板	各种规格	1套
12	车床及车床附件（根据所选机床定）		
备注		划线工具、软铜皮、靠铁、铜棒等自备	

数控车工中级技能操作考核考件四评分表

考件编号：＿＿＿＿＿ 姓名：＿＿＿＿＿ 准考证号：＿＿＿＿＿

单位：＿＿＿＿＿

序号	考核项目	考核内容及要求		配分	评分标准	检测结果	扣分	得分	备注
1	外圆	$\phi 30_{-0.05}^{0}$ mm	IT	5	超差0.01 mm扣2分				
			Ra	2	降一级扣2分				
		$\phi(25_{-0.05}^{0})$ mm	IT	5	超差0.01 mm扣2分				
			Ra	2	降一级扣2分				
		锥面（两处）	IT	7	超差0.01 mm扣2分				
			Ra	2	降一级扣2分				

续表

序号	考核项目	考核内容及要求		配分	评分标准	检测结果	扣分	得分	备注
2	球面	R7.5 mm	IT	5	超差0.01 mm扣1分				
			Ra	2	降一级扣2分				
3	螺纹	M35	IT	5	中径超差0.01 mm扣3分				
			Ra	3	降一级扣2分				
4	长度	(70±0.08) mm	IT	4	超差0.01 mm扣1分				
		(20±0.05) mm	IT	4	超差0.01 mm扣1分				
		槽	IT	4	超差0.01 mm扣1分				
6	程序编制	建立工作坐标系		4	出现错误不得分				
		程序代码正确		5	出现错误不得分				
		刀具轨迹显示正确		4	出现错误不得分				
		程序要完整		5	出现错误不得分				
7	机床操作	开机及系统复位		5	出现错误不得分				
		装夹工件		2	出现错误不得分				
		输入及修改程序		5	出现错误不得分				
		正确设定对刀点		3	出现错误不得分				
		建立刀补		4	出现错误不得分				
		自动运行		3	出现错误不得分				
8	工、量、刃具的正确使用	执行操作规程		3	违反规程不得分				
		使用工具、量具		5	选择错误不得分				
9	加工时间	超过定额时间5 min扣1分；超过10 min扣5分，以后每超过5 min加扣5分，超过30 min则停止考试							
10	文明生产	按有关规定每违反一项从总分中扣3分，发生重大事故取消考试。扣分不超过10分							

监考人　　　　　　　检验员　　　　　　　考评人

数控车工中级技能操作考核试卷五

考件编号：_____ 姓名：_____ 准考证号：_____

单位：_____

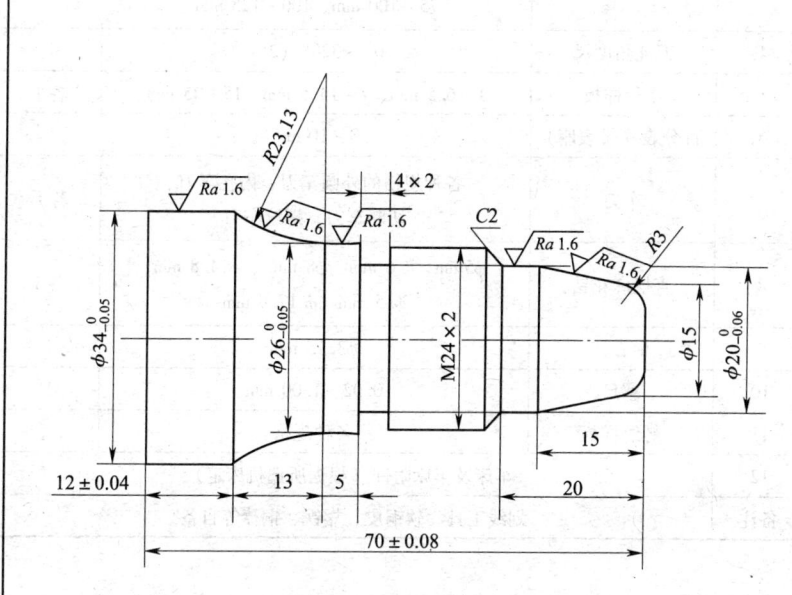

技术要求：
1. 不准用砂布及锉刀等修磨表面。
2. 未注倒角C0.5。
3. 未注公差尺寸按GB/T 1804—m。

| 项目名称 | 考件五 | 材料 | 45钢 | 毛坯 | $\phi 40\,mm \times 100\,mm$ | 考核时间 | 240 min |

> 数控车工

工量具清单

序号	名称	规格	数量
1	高度游标尺	0~150 mm (0.02 mm)	1
2	游标卡尺	0~200 mm (0.02 mm)	1
3	外径千分尺	0~25 mm、25~50 mm、50~75 mm、75~100 mm、100~125 mm	各1
4	万能角度尺	0°~320° (2′)	1
5	半径样板	1~6.5 mm、7~14.5 mm、15~25 mm	各1
6	百分表（带表座）	0~10 mm	1
7	车刀	各种规格的外圆车刀、内孔车刀、切断车刀、螺纹车刀	若干
8	直柄麻花钻	ϕ5mm、ϕ6 mm、ϕ8 mm、ϕ14.8 mm、ϕ15 mm、ϕ17.8 mm	各1
9	中心钻	ϕ3.15 mm	1
10	塞尺	0.02~1.00 mm	1
11	螺纹样板	各种规格	1套
12	车床及车床附件（根据所选机床定）		
备注	划线工具、软铜皮、靠铁、铜棒等自备		

数控车工中级技能操作考核考件五评分表

考件编号：_____ 姓名：_____ 准考证号：_____

单位：_____

序号	考核项目	考核内容及要求		配分	评分标准	检测结果	扣分	得分	备注
1	外圆	$\phi 34_{-0.05}^{0}$ mm	IT	3	超差0.01 mm扣1分				
			Ra	3	降一级扣1分				
		$\phi 26_{-0.05}^{0}$ mm	IT	3	超差0.01 mm扣1分				
			Ra	2	降一级扣1分				
		$\phi 20_{-0.06}^{0}$ mm	IT	3	超差0.01 mm扣1分				
			Ra	2	降一级扣1分				

续表

序号	考核项目	考核内容及要求		配分	评分标准	检测结果	扣分	得分	备注
1	外圆	φ15 mm	IT	4	超差0.01 mm扣1分				
			Ra	2	降一级扣1分				
2	球面	R3 mm	IT	5	超差0.01 mm扣1分				
			Ra	2	降一级扣1分				
		R23.13 mm	IT	5	超差0.01 mm扣1分				
			Ra	3	降一级扣1分				
3	螺纹	M24	IT	6	中径超差0.01 mm扣1分				
			Ra	3	降一级扣1分				
4	长度	12 mm	IT	4	超差0.01 mm扣1分				
		(70±0.08) mm	IT	3	超差0.01 mm扣1分				
6	程序编制	建立工作坐标系		3	出现错误不得分				
		程序代码正确		5	出现错误不得分				
		刀具轨迹显示正确		3	出现错误不得分				
		程序要完整		5	出现错误不得分				
7	机床操作	开机及系统复位		4	出现错误不得分				
		装夹工件		2	出现错误不得分				
		输入及修改程序		5	出现错误不得分				
		正确设定对刀点		4	出现错误不得分				
		建立刀补		4	出现错误不得分				
		自动运行		3	出现错误不得分				
8	工、量、刀具的正确使用	执行操作规程		2	违反规程不得分				
		使用工具、量具		5	选择错误不得分				
9	加工时间	超过定额时间5 min扣1分；超过10 min扣5分，以后每超过5 min加扣5分，超过30 min则停止考试							
10	文明生产	按有关规定每违反一项从总分中扣3分，发生重大事故取消考试。扣分不超过10分							

监考人		检验员		考评人	

数控车工中级技能操作考核试卷六

考件编号：_____ 姓名：_____ 准考证号：_____

单位：_____

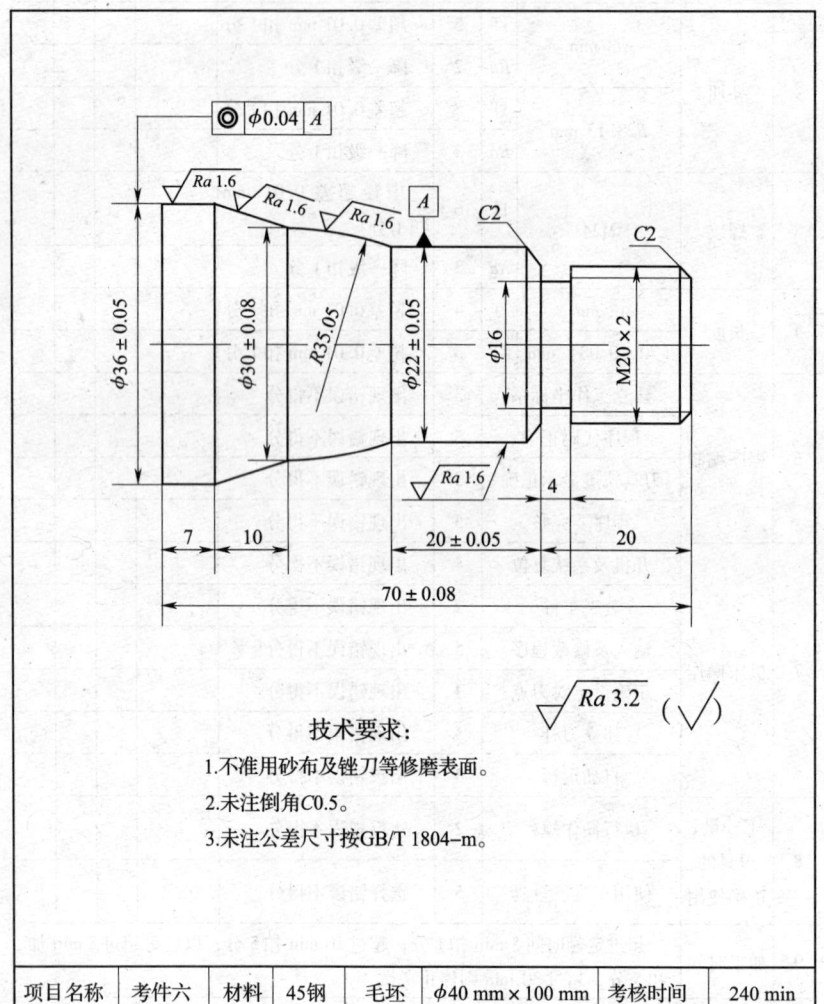

技术要求：
1. 不准用砂布及锉刀等修磨表面。
2. 未注倒角C0.5。
3. 未注公差尺寸按GB/T 1804-m。

| 项目名称 | 考件六 | 材料 | 45钢 | 毛坯 | $\phi 40\ mm \times 100\ mm$ | 考核时间 | 240 min |

工量具清单

序号	名称	规格	数量
1	高度游标尺	0~150 mm (0.02 mm)	1
2	游标卡尺	0~200 mm (0.02 mm)	1
3	外径千分尺	0~25 mm、25~50 mm、50~75 mm、75~100 mm、100~125 mm	各1
4	万能角度尺	0°~320° (2′)	1
5	半径样板	1~6.5 mm、7~14.5 mm、15~25 mm	各1
6	百分表（带表座）	0~10 mm	1
7	车刀	各种规格的外圆车刀、内孔车刀、切断车刀、螺纹车刀	若干
8	直柄麻花钻	ϕ5 mm、ϕ6 mm、ϕ8 mm、ϕ14.8 mm、ϕ15 mm、ϕ17.8 mm	各1
9	中心钻	ϕ3.15 mm	1
10	塞尺	0.02~1.00 mm	1
11	螺纹样板	各种规格	1套
12	车床及车床附件（根据所选机床定）		
备注	划线工具、软铜皮、靠铁、铜棒等自备		

数控车工中级技能操作考核考件六评分表

考件编号：_____ 姓名：_____ 准考证号：_____

单位：_____

序号	考核项目	考核内容及要求		配分	评分标准	检测结果	扣分	得分	备注
1	外圆	$\phi(36\pm0.05)$ mm	IT	5	超差0.01 mm 扣1分				
			Ra	3	降一级扣1分				
		$\phi(30\pm0.08)$ mm	IT	5	超差0.01 mm 扣1分				
			Ra	3	降一级扣1分				
		$\phi(25\pm0.05)$ mm	IT	5	超差0.01 mm 扣1分				
			Ra	3	降一级扣1分				

> 数控车工

续表

序号	考核项目	考核内容及要求		配分	评分标准	检测结果	扣分	得分	备注
1	外圆	φ16 mm	IT	4	超差 0.01 mm 扣 1 分				
			Ra	2	降一级扣 1 分				
2	螺纹	M20	IT	5	超差 0.01 mm 扣 1 分				
			Ra	3	降一级扣 1 分				
3	球面	R35.05 mm	IT	5	超差 0.01 mm 扣 1 分				
			Ra	3	降一级扣 1 分				
4	长度	(20±0.05) mm	IT	4	降一级扣 1 分				
		(70±0.08) mm	IT	4	超差 0.01 mm 扣 1 分				
		10 mm	IT	2	超差 0.01 mm 扣 1 分				
	槽	4 mm	IT	4	超差 0.01 mm 扣 1 分				
5	形位公差	◎ φ0.04 A		4	降一级扣 1 分				
6	程序编制	建立工作坐标系		2	出现错误不得分				
		程序代码正确		4	出现错误不得分				
7		刀具轨迹显示正确		3	出现错误不得分				
		程序要完整		4	出现错误不得分				
8	机床操作	开机及系统复位		3	出现错误不得分				
		装夹工件		2	出现错误不得分				
9		输入及修改程序		5	出现错误不得分				
		正确设定对刀点		3	出现错误不得分				
10	工、量、刃具的正确使用	建立刀补		4	出现错误不得分				
		自动运行		3	出现错误不得分				
11		执行操作规程		2	违反规程不得分				
		使用工具、量具		3	选择错误不得分				
12	加工时间	超过定额时间 5 min 扣 1 分；超过 10 min 扣 5 分，以后每超过 5 min 加扣 5 分，超过 30 min 则停止考试							
13	文明生产	按有关规定每违反一项从总分中扣 3 分，发生重大事故取消考试。扣分不超过 10 分							

监考人		检验员		考评人	

数控车工中级技能操作考核试卷七

考件编号：_____ 姓名：_____ 准考证号：_____
单位：_____

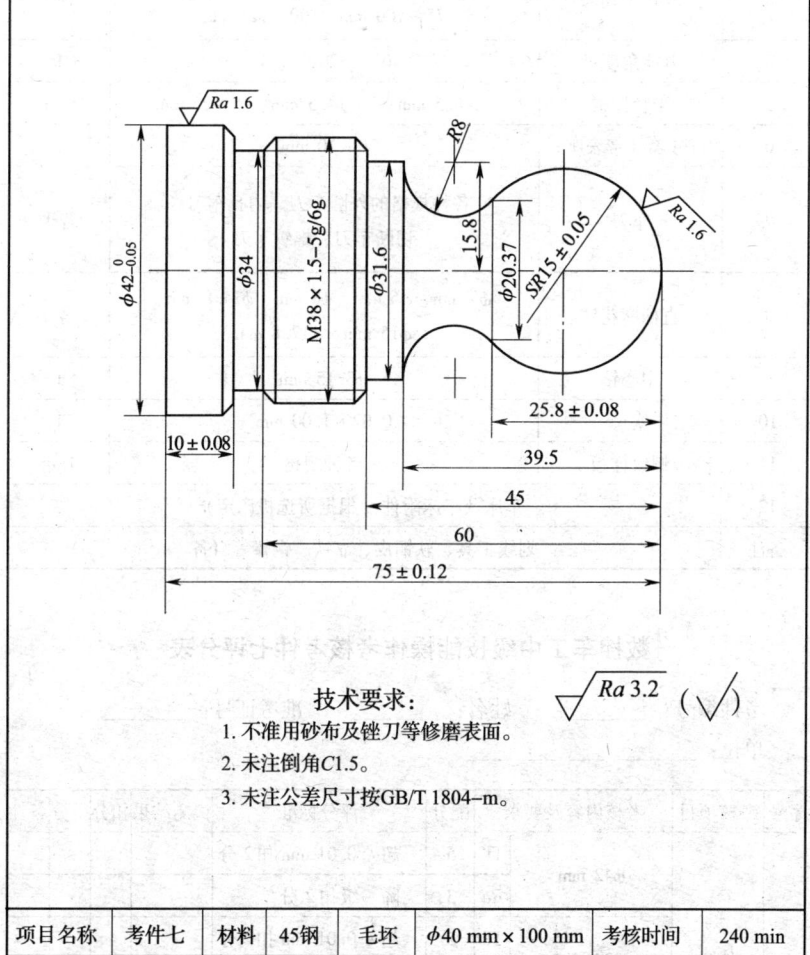

技术要求：
1. 不准用砂布及锉刀等修磨表面。
2. 未注倒角C1.5。
3. 未注公差尺寸按GB/T 1804—m。

| 项目名称 | 考件七 | 材料 | 45钢 | 毛坯 | $\phi 40$ mm × 100 mm | 考核时间 | 240 min |

➢ 数控车工

工量具清单

序号	名称	规格	数量
1	高度游标尺	0~150 mm（0.02 mm）	1
2	游标卡尺	0~200 mm（0.02 mm）	1
3	外径千分尺	0~25 mm、25~50 mm、50~75 mm、75~100 mm、100~125 mm	各1
4	万能角度尺	0°~320°（2′）	1
5	半径样板	1~6.5 mm、7~14.5 mm、15~25 mm	各1
6	百分表（带表座）	0~10 mm	1
7	车刀	各种规格的外圆车刀、内孔车刀、切断车刀、螺纹车刀	若干
8	直柄麻花钻	ϕ5 mm、ϕ6 mm、ϕ8 mm、ϕ14.8 mm、ϕ15 mm、ϕ17.8 mm	各1
9	中心钻	ϕ3.15 mm	1
10	塞尺	0.02~1.00 mm	1
11	螺纹样板	各种规格	1套
12	车床及车床附件（根据所选机床定）		
备注	划线工具、软铜皮、靠铁、铜棒等自备		

数控车工中级技能操作考核考件七评分表

考件编号：＿＿＿＿ 姓名：＿＿＿＿ 准考证号：＿＿＿＿

单位：＿＿＿＿

序号	考核项目	考核内容及要求		配分	评分标准	检测结果	扣分	得分	备注
1	外圆	ϕ42 mm	IT	5	超差0.01 mm扣2分				
			Ra	3	降一级扣2分				
		ϕ34 mm	IT	5	超差0.01 mm扣2分				
			Ra	3	降一级扣2分				
		ϕ31.6 mm	IT	5	超差0.01 mm扣2分				
			Ra	3	降一级扣2分				

续表

序号	考核项目	考核内容及要求		配分	评分标准	检测结果	扣分	得分	备注
2	球面	R8 mm	IT	5	超差0.01 mm扣2分				
			Ra	4	降一级扣2分				
		SR15 mm	IT	5	超差0.01 mm扣1分				
			Ra	4	降一级扣2分				
3	螺纹	M38	IT	5	中径超差0.01 mm扣3分				
			Ra	3	降一级扣2分				
4	长度	10 mm	IT	4	超差0.01 mm扣1分				
		25.8 mm	IT	4	超差0.01 mm扣1分				
		75 mm	IT	4	超差0.01 mm扣1分				
6	程序编制	建立工作坐标系		2	出现错误不得分				
		程序代码正确		4	出现错误不得分				
		刀具轨迹显示正确		3	出现错误不得分				
		程序要完整		4	出现错误不得分				
7	机床操作	开机及系统复位		3	出现错误不得分				
		装夹工件		2	出现错误不得分				
		输入及修改程序		5	出现错误不得分				
		正确设定对刀点		3	出现错误不得分				
		建立刀补		4	出现错误不得分				
		自动运行		3	出现错误不得分				
8	工、量、刃具的正确使用	执行操作规程		2	违反规程不得分				
		使用工具、量具		3	选择错误不得分				
9	加工时间	超过定额时间5 min扣1分;超过10 min扣5分,以后每超过5 min加扣5分,超过30 min则停止考试							
10	文明生产	按有关规定每违反一项从总分中扣3分,发生重大事故取消考试。扣分不超过10分							

监考人		检验员		考评人	

数控车工中级操作技能考核试卷八

考件编号：_____ 姓名：_____ 准考证号：_____
单位：_____

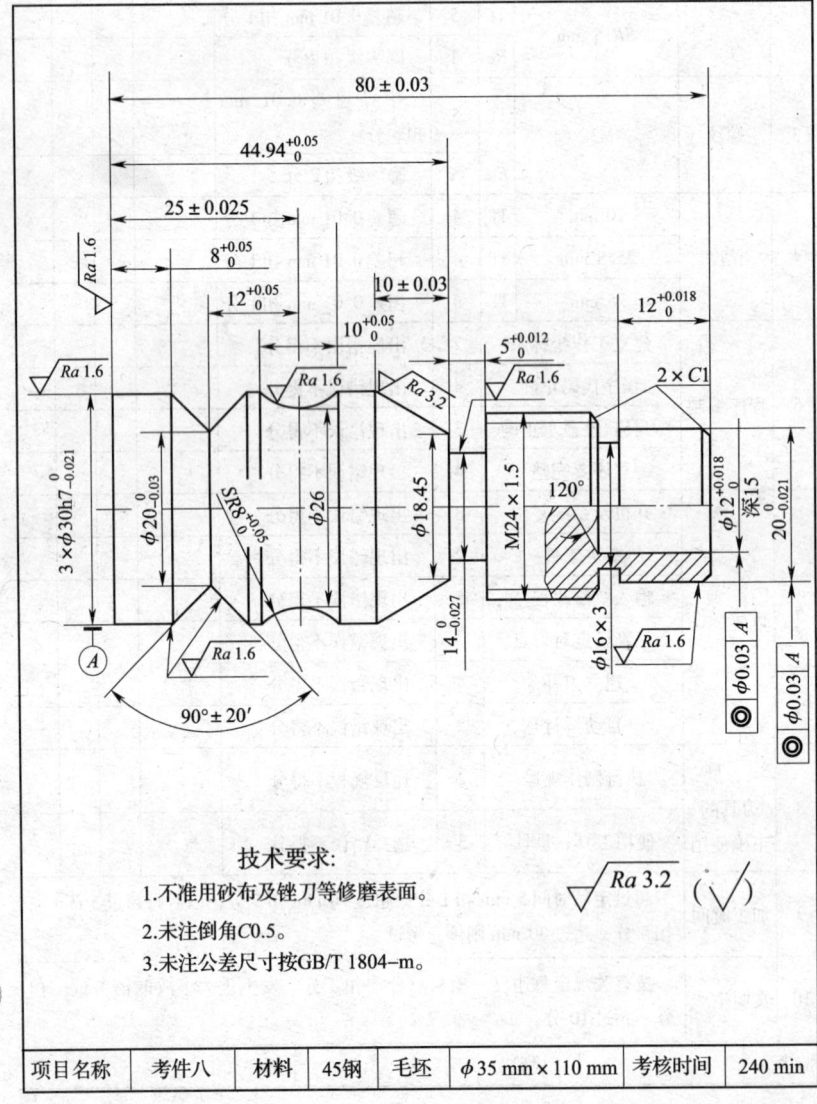

技术要求：
1. 不准用砂布及锉刀等修磨表面。
2. 未注倒角C0.5。
3. 未注公差尺寸按GB/T 1804–m。

| 项目名称 | 考件八 | 材料 | 45钢 | 毛坯 | $\phi 35\,\text{mm} \times 110\,\text{mm}$ | 考核时间 | 240 min |

工量具清单

序号	名称	规格	数量
1	高度游标尺	0~150 mm（0.02 mm）	1
2	游标卡尺	0~200 mm（0.02 mm）	1
3	外径千分尺	0~25 mm、25~50 mm、50~75 mm、75~100 mm、100~125 mm	各1
4	万能角度尺	0°~320°（2′）	1
5	半径样板	1~6.5 mm、7~14.5 mm、15~25 mm	各1
6	百分表（带表座）	0~10 mm	1
7	车刀	各种规格的外圆车刀、内孔车刀、切断车刀、螺纹车刀	若干
8	直柄麻花钻	ϕ5 mm、ϕ6 mm、ϕ8 mm、ϕ14.8 mm、ϕ15 mm、ϕ17.8 mm	各1
9	中心钻	ϕ3.15 mm	1
10	塞尺	0.02~1.00 mm	1
11	螺纹样板	各种规格	1套
12	车床及车床附件（根据所选机床定）		
备注	划线工具、软铜皮、靠铁、铜棒等自备		

数控车工中级技能操作考核考件八评分表

考件编号：_____　姓名：_____　准考证号：_____

单位：_____

序号	考核项目	考核内容及要求	配分		评分标准	检测结果	扣分	得分	备注
1	内孔	ϕ12 mm	IT	4	超差0.01 mm扣2分				
			Ra	2	降一级扣2分				
2	外圆	ϕ30 mm（三处）	IT	4	超差0.01 mm扣2分				
			Ra	2	降一级扣2分				
		ϕ20 mm	IT	4	超差0.01 mm扣2分				
			Ra	2	降一级扣2分				
		ϕ14 mm	IT	4	超差0.01 mm扣2分				
			Ra	2	降一级扣2分				
		ϕ20 mm	IT	4	超差0.01 mm扣2分				
			Ra	2	降一级扣2分				

续表

序号	考核项目	考核内容及要求		配分	评分标准	检测结果	扣分	得分	备注
3	球面	SR8 mm	IT	4	超差 0.01 mm 扣 1 分				
			Ra	2	降一级扣 2 分				
	螺纹	M24	IT	4	中径超差 0.01 mm 扣 3 分				
			Ra	2	降一级扣 2 分				
4	长度	80 mm	IT	2	超差 0.01 mm 扣 1 分				
		44.94 mm	IT	2	超差 0.01 mm 扣 1 分				
		8 mm	IT	2	超差 0.01 mm 扣 1 分				
		10 mm	IT	2	超差 0.01 mm 扣 1 分				
		12 mm	IT	2	超差 0.01 mm 扣 1 分				
		10 mm	IT	2	超差 0.01 mm 扣 1 分				
		12 mm	IT	2	超差 0.01 mm 扣 1 分				
		5 mm	IT	2	超差 0.01 mm 扣 1 分				
5	形位公差	◎ $\phi 0.03$ A		3	降一级扣 2 分				
6	程序编制	建立工作坐标系		2	出现错误不得分				
		程序代码正确		4	出现错误不得分				
		刀具轨迹显示正确		3	出现错误不得分				
		程序要完整		4	出现错误不得分				
7	机床操作	开机及系统复位		3	出现错误不得分				
		装夹工件		2	出现错误不得分				
		输入及修改程序		5	出现错误不得分				
		正确设定对刀点		3	出现错误不得分				
		建立刀补		4	出现错误不得分				
		自动运行		3	出现错误不得分				
8	工、量、刃具的正确使用	执行操作规程		2	违反规程不得分				
		使用工具、量具		3	选择错误不得分				
9	加工时间	超过定额时间 5 min 扣 1 分;超过 10 min 扣 5 分,以后每超过 5 min 加扣 5 分,超过 30 min 则停止考试							
10	文明生产	按有关规定每违反一项从总分中扣 3 分,发生重大事故取消考试。扣分不超过 10 分							

监考人		检验员		考评人	

数控车工中级技能操作考核试卷九

考件编号：_____ 姓名：_____ 准考证号：_____
单位：_____

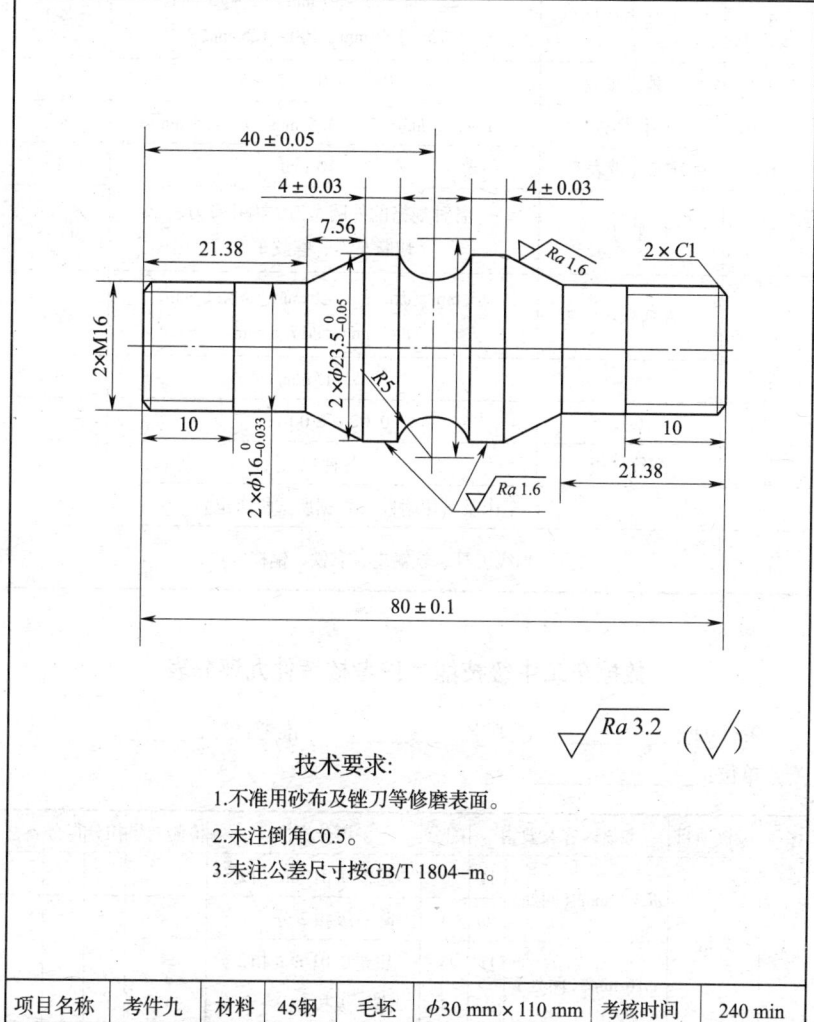

技术要求：
1. 不准用砂布及锉刀等修磨表面。
2. 未注倒角C0.5。
3. 未注公差尺寸按GB/T 1804-m。

| 项目名称 | 考件九 | 材料 | 45钢 | 毛坯 | $\phi 30$ mm × 110 mm | 考核时间 | 240 min |

> 数控车工

工量具清单

序号	名称	规格	数量
1	高度游标尺	0~150 mm（0.02 mm）	1
2	游标卡尺	0~200 mm（0.02 mm）	1
3	外径千分尺	0~25 mm、25~50 mm、50~75 mm、75~100 mm、100~125 mm	各1
4	万能角度尺	0°~320°（2′）	1
5	半径样板	1~6.5 mm、7~14.5 mm、15~25 mm	各1
6	百分表（带表座）	0~10 mm	1
7	车刀	各种规格的外圆车刀、内孔车刀、切断车刀、螺纹车刀	若干
8	直柄麻花钻	ϕ5 mm、ϕ6 mm、ϕ8 mm、ϕ14.8 mm、ϕ15 mm、ϕ17.8 mm	各1
9	中心钻	ϕ3.15 mm	1
10	塞尺	0.02~1.00 mm	1
11	螺纹样板	各种规格	1套
12		车床及车床附件（根据所选机床定）	
备注		划线工具、软铜皮、靠铁、铜棒等自备	

数控车工中级技能操作考核考件九评分表

考件编号：　　　　姓名：　　　　准考证号：
单位：

序号	考核项目	考核内容及要求	配分		评分标准	检测结果	扣分	得分	备注
1	外圆	ϕ23.5 mm（两处）	IT	6	超差0.01 mm扣2分				
			Ra	4	降一级扣2分				
		ϕ16 mm（两处）	IT	6	超差0.01 mm扣2分				
			Ra	4	降一级扣2分				
2	球面	R5 mm	IT	4	超差0.01 mm扣1分				
			Ra	2	降一级扣2分				

续表

序号	考核项目	考核内容及要求		配分	评分标准	检测结果	扣分	得分	备注
3	螺纹	2×M16	IT	4	中径超差0.01 mm 扣3分				
			Ra	2	降一级扣2分				
4	长度	4 mm	IT	4	超差0.01 mm 扣1分				
		40 mm	IT	4	超差0.01 mm 扣1分				
		10 mm	IT	4	超差0.01 mm 扣1分				
		21.38 mm	IT	4	超差0.01 mm 扣1分				
		7.56 mm	IT	2	超差0.01 mm 扣1分				
		80 mm	IT	4	超差0.01 mm 扣1分				
5	程序编制	建立工作坐标系		2	出现错误不得分				
		程序代码正确		4	出现错误不得分				
		刀具轨迹显示正确		3	出现错误不得分				
		程序要完整		4	出现错误不得分				
6	机床操作	开机及系统复位		3	出现错误不得分				
		装夹工件		2	出现错误不得分				
7		输入及修改程序		5	出现错误不得分				
		正确设定对刀点		3	出现错误不得分				
8	工、量、刀具的正确使用	建立刀补		4	出现错误不得分				
		自动运行		3	出现错误不得分				
		执行操作规程		2	违反规程不得分				
9		使用工具、量具		3	选择错误不得分				
10	加工时间	超过定额时间5 min扣1分；超过10 min扣5分，以后每超过5 min加扣5分，超过30 min则停止考试							
11	文明生产	按有关规定每违反一项从总分中扣3分，发生重大事故取消考试。扣分不超过10分							

监考人　　　　　　　检验员　　　　　　　考评人